과학기술학의 세계

STS
collection
1

과학기술학의 세계

과학기술과 사회를 이해하기

한국과학기술학회 지음

Humanist

▮ 차례

책 읽기에 앞서

오늘날 과학기술은 현대사회를 이루는 핵심적인 요소 중 하나이다. 과학기술은 세상을 바라보는 눈을 틀짓고, 일상적으로 내리는 판단에 영향을 미치며, 사람들의 주위를 에워싼 환경을 구성한다. 그런 점에서 좋은 쪽으로건, 나쁜 쪽으로건 우리의 일상생활과 밀접한 연관을 맺고 있다. 이처럼 현대의 인간사회에서 과학기술이 갖는 의미가 커짐에 따라 과학기술을 인문학과 사회과학의 눈으로 탐구하는 과학기술학(science and technology studies, STS)의 중요성도 높아졌다.

이는 과학기술학이라는 분야 그 자체가 걸어온 길을 돌아보아도 알 수 있다. 과학기술학의 역사를 주마간산 격으로 살펴보면, 1960년대 이전에는 주로 과학의 높은 인식론적 지위를 당연시하며 과학자 사회의 규범이나 작동원리에 주목하는 제도주의적 연구가 주를 이뤘다. 하지만, 1970년대 이후에는 과학의 중핵에 위치한 과학지식의 구성성을 해체하는 데 초점을 맞추는 과학지식사회학이 급부상했다.

1980년대부터는 이러한 논의가 기술 영역으로 확장된 기술사회학이 자리를 잡았다. 1990년대에는 과학지식의 지위를 둘러싼 인식론적 논쟁이 이른바 '과학전쟁(science wars)'으로 폭발한 사건도 있었지만, 그보다 더 중요했던 것은 광우병, 유전자변형(GM)식품, 고준위 핵폐기장 부지선정 등을 둘러싼 대중 논쟁이 서구 국가들을 휩쓸면서 과학기술학의 문제의식과 공공정책이 점차 융합하는 현상이 나타나기 시작했다는 사실이다. 2000년대 들어 이러한 융합은 더욱 가속화되어 서유럽에서는 과학기술학이 사실상 '주류' 학문분야로 부상했다.

이러한 성과에는 미치지 못하지만, 한국에서도 지난 10여 년 동안 과학기술학은 괄목할 만한 학문적 성장세를 보였다. 한국과학기술학회가 창립된 2000년도에만 해도 국내에서 과학기술학은 학문적 성과나 제도적 기반의 측면에서 아직 걸음마 단계였다. 관련 학자들의 수도 극히 적었고, 대학원에서 과학기술학 분야를 전공할 수 있는 프로그램은 한두 곳 정도에 불과했으며, 이제 막 첫발을 내딛은 학술지는 기반이 취약했다. 그러나 그로부터 10년 남짓 지난 지금은 상황이 크게 달라졌다. 관련 대학원 프로그램의 수는 5~6곳 정도로 많아졌고, 매년 두 차례 열리는 정기학술대회에 100여 명이 몰려 성황을 이룰 정도로 젊은 학자들의 수가 크게 늘었으며, 학부 수준에서 과학기술학을 개설적으로 가르치는 강좌도 많이 생겨났다. 이는 앞으로 한국에서 STS의 미래를 더욱 기대하게 만드는 요인이 되고 있다.

그러나 이처럼 반가운 변화에도 불구하고, 그동안 학회 차원에서 해결하지 못한 '숙원사업'이 하나 있었다. 과학기술학이 그간 거두었던 성과를 학부생이나 일반 독자 수준에서 소개하는 개론서 내지는 교과서의 집필이 그것이었다. 서구의 경우 1980년대 이후 여러 학자들이 집필한 개설서 내지 교과서들이 십여 종 이상 나와 있고, 2000년대 이후에 출간된 것만도 대여섯 종을 쉽게 찾을 수 있다. 이뿐 아니라 관련 학회 차원에서 10~20년 간격으로 이 분야의 대표적 학자들이 참여해 과학기술학의 학문적 성과들을 총 정리한 개요서(handbook)의 출간을 여러 차례 추진한 바도 있다. 반면 한국에서는 분량이 짧은 교재류의 책들이 두어 종 번역되어 소개되었으나 출간된 지 오래 지나 시의성이 떨어지거나 난이도가 맞지 않아 폭넓은 호응을 얻지 못했다. 1990년대 말부터 폭발적으로 증가한 한국 사회의 과학기술과 관련된 논쟁을 담아내지 못했다는 점에서도 역시 아쉬움을 남겼다.

이러한 상황을 타개해야 한다는 생각은 오래전부터 학회 내에 산발적으로 존재해 왔지만, 실제 교과서 출간을 위한 학회 차원의 노력이 처음 제안된 것은 2010년 겨울에 열린 정기 학술대회에서였다. 다음 해인 2011년 봄부터 편집인을 정하고 기획안을 만드는 등 움직임이 가시화되었으며, 그해 여름에 교과서의 구성과 집필진을 확정한 후 집필자들이 의견 교환을 위한 모임을 가지면서 교과서 출간 사업이 본격적인 궤도에 오르게 됐다. 원래 예정으로는 2012년 봄에 선을 보일 계획이었으나 원고를 집필하고 수정하는 과정에 시간이 많이 소요되면서 예상보다 2년 이상 늦게 발간을 맞게 되었다.

이 책은 모두 13개의 장으로 구성되어 있으며, 대체로 전반부(1장~6장)에서는 과학기술학의 학문적·제도적 배경과 그것의 근간을 이루는 이론과 개념, 사례연구들을 소개한다. 후반부(7장~13장)에서는 과학기술학의 이론과 개념을 과학기술과 관련된 현실 사회 속에서의 문제 해결에 접목한 '응용'의 문제의식을 담는 데 치중했다. 이 과정에서 집필진은 지난 수십 년간 축적된 과학기술학의 학문적 성과들을 충실히 담되 한국사회에서 있었던 과학기술 관련 사건과 논쟁들을 사례로 많이 포함시켰다. 책의 난이도에서는 이 분야를 처음 접하는 학부생이나 일반 독자들이 읽기에도 크게 무리가 없도록 최대한 애썼다. 구성 면에서는 중요한 개념이나 사례의 일부를 박스로 처리해 깊이 있게 다루었으며, 각 장의 말미에는 '더 생각해 볼 문제'와 더 읽어볼 만한 문헌들을 '심화학습을 위한 자료'로 넣어 깊이 있는 학습에 도움이 되도록 했다. 첫술에 배부를 리 없으니 아직 미흡하고 보완해야 할 점들이 많겠지만, 학회 차원에서 일단 교과서 출간에 첫발을 내디딘 데 의의를 두면서 지적되는 문제점은 앞으로 시간을 두고 차츰 보완해 가기로 하겠다.

이 책의 1장과 4장은 송성수, 2장은 박희제, 3장은 홍성욱, 5장은 김환석, 6장은 박진희, 7장은 김동광, 8장은 강윤재, 9장은 이영희, 10장은 김명진, 11장은 손화철, 12장은 김은성, 13장은 송위진이 집필하였다. 이상의 저자들이 해당 부분을 집필한 후에 송성수와 김명진이 검토 의견을 제시하고 이를 바탕으로 약간의 수정이나 보완을 하는 순서를 거쳤다.

끝으로 편집인들의 거듭된 원고 독촉을 받으면서도 바쁜 시간을 쪼개 집필에 애쓰고, 수정 요청도 마다하지 않고 기꺼이 들어준 여러 집필자들께 감사를 드리며, 상업성을 크게 기대하기 힘든 도서 출간에 발 벗고 나서 준 휴머니스트 출판사에도 감사를 드린다. 이 책의 출간이 한국 사회에서 과학기술학의 문제의식을 널리 알리는 데 작은 밑거름이 될 수 있다면, 집필진이나 편집인 모두에게 큰 보람이 될 것이다.

집필진을 대표하여 송성수, 김명진 씀

1장

과학기술학이란 무엇인가

송성수

송성수 (부산대학교 물리교육과 교수)

서울대학교 무기재료공학과를 졸업한 뒤 서울대 대학원 과학사 및 과학철학 협동과정에서 석사학위와 박사학위를 받았다. 한국산업기술평가원(ITEP) 연구원, 과학기술정책연구원(STEPI) 부연구위원, 부산대학교 교양교육원(기초교육원) 교수를 거쳐 현재 부산대학교 물리교육과 교수로 재직하고 있다. 저서로는 『과학기술과 문화가 만날 때』, 『사람의 역사, 기술의 역사』, 『과학기술과 사회의 접점을 찾아서』, 『한 권으로 보는 인물과학사』 등이 있다.

과학기술은 권위 있는 지식 체계이자 새로운 제품과 서비스를 개발하는 원천으로서 인간의 삶과 사회의 변화에 깊숙이 연결되어 있다. 이러한 중요성에 따라 과학기술의 변화에 대한 이론적 논의와 실천적 개입의 필요성도 점점 증가하고 있다. 우리가 과학기술학(science and technology studies, STS)에 관심을 기울여야 하는 일차적인 이유도 여기서 찾을 수 있다. 이 장에서는 과학기술학과 관련된 개념을 검토하고 과학기술학의 전개과정을 살펴본 후 과학기술학이 어떤 의미를 가지는가에 대해 논의하고자 한다.

1. STS의 다양한 차원

과학기술학이란 과학기술에 대한 인문·사회과학적 접근을 통칭하는 용어이자 학문 분야에 해당한다. 과학기술학의 범위를 엄밀하게 규정하기는 어렵지만, 통상적으로는 과학기술사회학이 중심이 되며, 과학기술사, 과학기술철학, 과학기술정책의 일부가 포함된다. 그중에서 과학사와 과학철학이 먼저 자리를 잡은 후 과학사회학, 기술사, 기술사회학, 과학기술정책 등이 형성되었고, 1970~1980년대에는 이러한 분야들이 과학기술학이란 우산 속으로 모이기 시작하였다. 이후에는 과학기술학이 과학기술인류학, 기술철학, 과학기술문화, 과학기술윤리 등으로 확장되고 있다.

과학기술학은 영문명의 머리글자를 따서 STS로 불리기도 하는데, 과학기술학이 본격적으로 정착되기 이전에는 STS가 과학기술과 사회(science, technology and society)를 뜻하는 용어로 널리 사용되었다. 과학기술과 사회가 과학, 기술, 사회의 역동적인 상호작용을 나타내고 있는 반면, 과학기술학은 그것의 의미를 포착하고 설명하기 위한 학문적 논의를 뜻한다. 과학기술과 사회가 학문의 대상이라면, 과학기술학은 학문의 영역인 셈이다. STS의 두 가지 용법은 오늘날에도 병행되어 사용되고 있는데, 예를 들어 매사추세츠 공과대학(MIT)에서는 과학기술과 사회란 이름으로, 코넬 대학교에서는 과학기술학이란 이름으로 제도화되어 있다. 몇몇 학자들은 전자를 ST&S, 후자를 S&TS로 구분하기도 한다.

과학기술과 사회 혹은 과학기술학 이외에도 STS가 거론되는 경우가 있다. 과학교육에서는 과학, 기술, 사회를 연계하는 교육을 STS 교육(science-technology-society education)이라고 한다. STS 교육은 과학적 소양(scientific literacy)을 강조하면서 예비 과학자를 넘어 모든 사람을 위한 과학교육을 지향하고 있다(예거, 1997). STS는 사회 속의 과학기술(science and technology in society)이나 사회를 위한 과학기술(science and technology for society)을 뜻하는 용어로 사용되기도 한다. 예를 들어, 한국과학창의재단은 사회 속의 과학기술이란 이름으로 STS 사업단을 지원하고 있으며, 일본에는 사회문제를 해결하기 위한 과학기술정책을 담당하는 기관인 사회기술연구개발센터(Research Institute of Science and Technology for Society, RISTEX)가 있다. 이처럼 STS는 다양한 방식으로 사용될 수 있지만, 일반적으로는 과학기술과 사회 혹은 과학기술학을 지칭하는 것으로 간주되고 있다.

과학기술학 대신에 과학학(science studies)이나 기술학(technology studies)을 사용하는 경우도 있다. 물론 과학과 기술 중에서 어느 쪽에 초점을 두느냐에 따라 과학학과 기술학을 거론할 수도 있지만, 오늘날에는 과학과 기술의 관계가 매우 밀접해졌기 때문에 과학기술학이란 용어를 사용하는 것이 적합해 보인다. 즉, 현대 사회에서는 과학 활동에도 기술이, 기술 활동에도 과학이 거의 필수적으로 요구되고 있으며, 이에 따라 과학과 기술 대신에 과학기술 혹은 기술과학(technoscience)이 종종 사용되고 있는 것이다. 어떤 경우에는 과학학이 과학에만 국한된 것이 아닌, 과학은 물론 기술을 대상으로 하는 과학기술학을 줄인 말로 사용되기도 한다(헤스, 2004).

이와 함께 과학기술학이 과학기술에 대한 인문·사회과학적 접근들을 완전히 통합한 것이 아니라는 점에도 주목할 필요가 있다. 예를 들어, 모든 과학기술사와 과학기술철학이 과학기술학은 아니며, 주로 과학기술의 사회적 성격에 주목하는 과학기술사와 과학기술철학을 과학기술학의 일부분으로 볼 수 있는 것이다. 사실상 과학기술사나 과학기술철학은 과학기술학보다 더욱 오래된 전통을 가지고 있으며, 이러한 점은 관련 학회의 구성에서도 잘 드러난다. 미국의 경우에는 과학사학회(History of Science Society, HSS, 1924년), 과학철학회(Philosophy of Science Association, PSA, 1934년), 기술사학회(Society for the History of Technology, SHOT, 1958년), 과학의 사회적 연구 학회(Society for Social Studies of Science, 4S, 1975년)의 순서로, 우리나라의 경우에는 한국과학사학회(1960년), 한국과학철학회(1995년), 한국과학기술학회(2000년)의 순서로 설립되었다.

2. 과학기술학의 전개

과학기술학은 제1세대, 제2세대, 제3세대를 거쳐 진화해 왔다고 볼 수 있다(Spiegel-Rösing and Price, 1977; Jasanoff, et al., 1995; Hackett, et al., 2007). 각 세대는 대략 1920~1960년대, 1970~1990년대, 2000년대 이후에 해당한다. 제1세대 과학기술학에서는 지배적인 접근법이 부재한 가운데 현대 사회에서 과학기술의 위치와 역할이 다양한 각도에서 탐구되었고, 제2세대 과학기술학에서는 과학기술의 인식론적 문제가 부각되는 가운데 사회구성주의의 시각에서 과거와 현재의 과학기술이 어떻게 구성되어 왔는가 하는 데 연구의 초점이 주어졌다. 최근에 거론되고 있는 제3세대 과학기술학은 기존의 연구 성과를 바탕으로 과학기술학에 대한 논의가 어떤 실천적 역할을 담당할 수 있는지에 대한 모색을 시도하고 있다.

제1세대에서는 과학사, 과학철학, 과학사회학, 과학기술정책 등의 형태로 과학과 기술에 대한 인문·사회과학적 접근이 시도되었다. 당시의 과학사에서는 과학의 내용에 중점을 두는 내적 접근법(internal approach)이, 과학철학에서는 과학의 본성으로 논리와 경험을 중시하는 논리실증주의가, 과학사회학에서는 과학제도를 구조기능주의의 시각으로 분석하는 것이, 과학기술정책에서는 기초연구→응용연구→기술개발→상업화로 이어지는 선형 모형(linear model)이 지배적이었다. 제1세대 과학기술학의 여러 분야들은 공통적인 개념이나 방법론을 공유하지는 않았지만, 과학이 보편적이고 합리적이며 사회로부터 자율적이라는 점에 대해서는 공감하고 있었다. 이는 표준적 과학관(standard view of science), 혹은 계몽적 합리주의(enlightened rationalism)로 불리기도 한다. 제1세대 과학기술학의 경향을 잘 보여주는 예로는 과학사회학의 창시자로 불리는 로버트 머튼(Robert K. Merton)의 과학규범에 대한 논의를 들 수 있다(2장 참조).

1960년대에 들어서는 다양한 각도에서 기존의 과학기술관에 대한 의문이 제기되었다. 우선, 1962년에는 토머스 쿤(Thomas S. Kuhn)이 『과학혁명의 구조(*The Structure of Scientific Revolutions*)』를 세상에 내놓음으로써 표준적 과학관에 상당한 타격을 입혔다. 쿤은 과학 활동의 안정성을 보장해 주는 것을 패러다임(paradigm)이라고 규정했다. 여기에서 패러다임은 한 과학자사회에 속한 과학자들이 공유하고 있는 가치 체계에서 구체적인 과학 활동의 방침을 정해 주는 범례(examplar)에 이르는 일련의 요소로 구성되어 있다. 패러다임은 마치 안경과 같아서 바꿔 쓸 수는 있을지언정 벗을 수는 없다. 과학자는 이 패러다임이라는 안경을 통해 탐구의 대상과 방법을 기획하며, 탐구의 결과 역시 특정한 패러다임을 통해 평가한다. 그렇다면 과학 활동은 알고리즘(algorithm)과 같은 기계적인 절차를 통해 이루어지는 것이 아니라 과학자사회가 공유하고 있는 패러다임이 과학 활동의 범위와 내용을 규정하게 된다. 이처럼 표준적 과학관에서는 과학 지식에 전혀 영향을 미치지 않았던 사회적 요소들이 쿤에 이르면 과학 활동에 없어서는 안 될 중요한 존재로 간주되기 시작하였다.

이러한 지적 유산은 1960~1970년대의 사회적 변화와 맞물려 표준적 과학관을 근본적으로 흔들었다. 그동안 산업화 과정에서 누적된 환경오염의 심각성에 대한 우려가 본격적으로 제기되기 시작하였다. 특히 여성 과학자이자 작가인 레이첼 카슨(Rachel Carson)이 『침묵의 봄(*Silent Spring*)』에서 폭로한 DDT라는 살충제의 역기능은 1965~1973년에 걸쳐 벌어진 베트남전쟁을 통해 뚜렷이 확인되었다. 쿤의 『과학혁명의 구조』와 카슨의 『침묵의 봄』이 같은 연도인 1962년에 발간됨으로써 표준적 과학관을 비판할 수 있는 다양한 계기를 제공했다는 점도 주목할 만하다. 또한 제2차 세계대전부터 급속히 개발되어 온 대량 살상무기에 대한 반대운동이 베트남전쟁을 계기로 본격적으로 전개되었다. 과학이 전쟁에 동원된 것은 이미 두 차례의 세계대전 때에도 있었던 일이지만, 그것은 인류의 민주주의를 수호하기 위해서 불가피한 것으로 어느 정도 용인될 수 있었다. 이와는 다르게 도덕적 차원은 물론이고 정치적 차원에서도 합리화되기 어려웠던 베트남전쟁은 과학기술의 군사화에 대한 근본적인 의문을 던지는 계기가 되었다. 이러한 문제점들은 1960년대 후반부터 한꺼번에 터져 나와 과학에 대한 강한 비판의식이 급속히 팽배해 갔다. 대중에게 과학은 합리적인 지적 유산이 아니라 국가와 자본의 손에 쥐어진 지배수단에 지나지 않았다.

과학기술과 사회의 관계에 대한 성찰이 필요하다는 자각은 학계에서도 제기되었고, 몇몇 대학에서는 새로운 교과과정으로 STS 프로그램을 운영하기 시작했다. 미국에서는 코넬 대학교, 펜실베이니아 주립대학교, MIT 등에서, 영국에서는 에든버러 대학교, 바스 대학교, 서섹스 대학교 등에서 STS 프로그램이 만들어진 것이다. 이러한 대학의 제도적 변화는 과학기술에 대한 새로운 관점이 실천적 차원뿐만 아니라 학문적 차원에서도 성장할 수 있는 비옥한 토양으로 작용하였다.

이와 같은 배경에서 과학기술학은 제2세대를 통해 본격적으로 그 모습을 드러내기 시작했는데, 특히 과학지식사회학(sociology of scientific knowledge, SSK)은 과학기술학이 본격적으로 형성될 수 있는 비옥한 토양이 되었다. 과학지식사회학은 기존의 과학사회학과 달리 과학제도보다는 과학지식에 초점을 맞추었다. 과학지식사회학은 과학지식이 사회와 무관하게 발전하는 것이 아니라 과학지식이 사회적으로 구성된다고 주장했으며, 흔히 과학에 대한 사회구성주의(social constructivism)로 불린다. 과학지식사회학은 스트롱 프로그램(strong programme)과 상대주의 경험프로그램(empirical programme of relativism, EPOR), 그리고 실험실 연구(laboratory studies) 등의 형태로 발전해 왔다(3장 참조). 사회구성주의는 과학적 사실은 물론, 기술적 인공물에도 적용되기 시작했는데, 기술의 사회적 구성론(social construction of technology, SCOT)이 그 대표적인 예이다(4장 참조). 이와 함께 과학과 기술을 함께 다루면서 과학기술과 사회의 공동생산(co-production) 혹은 이질적 구성(heterogeneous construction)을 강조하는 행위자-연결망 이론(actor-network theory, ANT)도 출현하게 되었다(5장 참조).

사회구성주의자들은 이미 만들어진 과학(ready-made science)이 아니라 만들어지고 있는 과학(science-in-the-making)에 주목하고 있다. 그들은 다양한 경험적 연구를 통해 과학과 기술의 변화에는 관련된 행위자나 사회집단의 갈등과 협상이 수반되는 복잡한 과정이 매개된다는 점을 잘 보여 주고 있다. 사회구성주의는 제2세대 과학기술학의 이론적 기반으로 작용해 왔으며, 과학적 사실과 기술적 인공물의 사회적 구성은 물론 과학기술과 대중, 과학기술과 여성, 과학기술과 공공정책 등으로 연구의 범위를 확장해 왔다. 즉, 대중은 어떤 맥락에서 과학기술을 이해하는가, 기존의 과학기술은 남성 중심적이지 않은가, 과학기술정책은 어떤 식으로 만들어지는가 등을 사회구성주의의 시각에서 탐구해 왔던 것이다.

그러나 제2세대 과학기술학이 주로 과학기술의 인식론적 문제에 천착하게 되면서 원래의 실천적 문제의식은 점점 사라지고 아카데미즘에 함몰되고 있다는 비판이 제기되었다(Martin, 1993). 이와 관련하여 스티브 풀러(Steve Fuller)는 STS의 두 가지 전통을 고교회파(high church)와 저교회파(low church)라는 이름으로 정식화하기도 했다(Fuller, 1997). 전자가 STS를 순수학문으로 간주하면서 과학기술에 대한 설명적·해석적 접근을 강조하고 있다면, 후자는 더욱 문제 중심적이고 활동가 지향적이며 과학기술을 둘러싼 현실의 변혁에 관심을 둔다는 것이다. 고교회파가 STS를 과학기술학(S&TS)의 약어로 보는 반면, 저교회파는 STS를 과학기술과 사회(ST&S)의 약어로 보고 있다는 점도 흥미롭다.

이러한 맥락에서 최근에 모색되고 있는 제3세대 과학기술학은 고교회파와 저교회파라는 두 가지 전통을 생산적으로 결합하기 위해 노력하고 있다. 제2세대 과학기술학의 키워드가 구성(construction)이었다면, 제3세대는 관여(engagement)를 표방하고 있다. 제2세대 과학기술학이 주로 과학기술과 사회의 상호작용에 관한 이론적 시각을 마련하는 것에 초점을 두었다면, 제3세대 과학기술학은 과학기술과 사회에 관한 이론과 실천을 통합하려는 방향으로 나아가고 있는 것이다. 제3세대 과학기술학은 관련 이론을 정교화하는 것은 물론 과학기술정책과 민주주의, 과학기술과 사회운동, 과학기술논쟁과 전문성, 과학의 상업화, 과학기술과 위험, 첨단 과학기술의 윤리적 쟁점 등에도 주의를 기울이고 있다. 그 문제의식을 잘 보여 주는 예로는 탈(脫)정상과학(post-normal science)에 관한 논의를 들 수 있다(8장 참조).

3. 과학기술학의 의미

과학기술학은 과학기술을 매개로 세상을 보는 기획에 해당한다. 현대 사회가 과학기술의 시대라고 불리듯이, 과학기술을 고려하지 않고서는 오늘날의 많은 사회적 현상이나 담론을 충분히 이해할 수 없는 것이다. 이와 관련하여 세상을 바꾸는 전략적 장소가 중세 사회에서는 성당이었고, 근대 사회에서는 공장이었으며, 현대 사회에서는 실험실이라는 지적도 있다(Latour, 1983). 이 장의 처음에서 언급했듯이, 오늘날 과학기술은 인간의 삶과 사회의 변화에 매우 중요한 역할을 담당하고 있는 것이다.

이와 함께 과학기술학은 과학기술의 사회적 성격에 주목한다. 특정한 과학기술은 출현, 선택, 확산, 효과 등과 같은 일생을 거치게 되는데, 각 단계마다 과학기술이 다양한 사회적 요소들과 영향을 주고받는다는 것이 과학기술학의 핵심적인 논지라 할 수 있다. 세부적인 이론에 따라 개념이나 방법론의 차이는 존재하지만, 기본적으로 과학기술학은 과학기술이 내적 논리에 의해 발전하는 것이 아니라 사회적으로 구성되는 과정을 거치는 것으로 파악하고 있다.

이를 종합해 보면, 과학기술학은 사회 속의 과학기술을 찾고, 과학기술 속의 사회를 찾으려는 특성을 가지고 있다. 즉, 사회를 논의할 때에는 과학기술을, 과학기술을 논의할 때에는 사회를 필수적으로 고려한다. 과학기술학은 우리가 어떤 문제를 탐구하고자 할 때, 한 축에는 과학기술을 놓고 다른 한 축에는 사회를 놓으면서 접근하는 것을 요구하고 있는 셈이다. 최근 우리 사회에서 인문사회계와 이공계의 통섭(統攝, consilience)이 강조되고 있는데, 과학기술학은 그 자체의 성격상 통섭하기의 전형을 잘 보여 준다.

과학기술학이 중요한 탐구 주제로 주목하고 있는 것은 과학기술과 관련된 논쟁이다. 여기에는 특정한 과학기술의 이론이나 방법을 둘러싼 과학기술자사회 내부의 논쟁도 있고, 생명윤리나 원자력과 같은 과학기술의 사회적 논쟁도 있다. 이러한 논쟁은 결과적으로는 간단해 보일 수 있으나 실제로 전개되는 과정에서는 과학기술의 불확실성, 당시의 사회적 맥락, 관련된 행위자나 집단의 전략 등이 복잡하게 얽혀 있다. 과학기술학은 주로 논쟁 연구를 통해 마치 블랙박스를 개방하는 것과 같은 작업을 수행함으로써 과학기술과 사회의 복잡한 역동성을 드러내고자 하는 것이다.

마지막으로 과학기술학의 키워드라 할 수 있는 구성(construction)에 대해 언급하고자 한다. 여기서 구성은 해체(deconstruction)와 재구성(reconstruction)의 두 가지 의미를 가지는 것으로 풀이할 수 있다. 과학기술학은 과학기술이 만들어지는 과정을 해체하여 보여 줌으로써 기존의 과학기술을 성찰할 수 있는 기회를 제공한다. 이와 함께 과학기술학은 현재의 과학기술에 문제가 있다면 과학기술이 보다 건전한 방향으로 발전할 수 있도록 과학기술과 사회를 재구성하는 데에도 관심을 기울이고 있다. 이러한 구성의 이중적 의미는 과학기술학이 인식론적 논의는 물론 실천적 차원의 문제에도 적극적으로 대응해야 하는 근거가 될 것이다.

2장

과학자사회는 어떻게 작동하는가

박 희 제

박희제(경희대학교 사회학과 교수)

서울대학교 사회학과를 졸업한 뒤 미국 위스콘신대학교(University of Wisconsin-Madison)에서 PUS를 주제로 박사학위를 받았다. 경희대학교 사회학과 교수로 재직 중이며 동 대학에 "과학기술사회연구센터(CSTS)"를 설립하고 센터장을 맡고 있다. 지금까지 과학사회학과 환경사회학 분야에서 40여 편의 논문을 국내외에 발표했으며 저서로는 『한국의 과학자사회』(공저) 등이 있다.

* 이 장은 박희제(2007)와 김명심 · 박희제(2011)를 보완하여 재정리한 글이다.

20세기 중반 과학기술에 관심을 가진 연구자들은 과학지식을 생산하는 사회제도로서의 과학, 혹은 과학자사회에 대한 연구를 통해 과학에 대한 새로운 연구영역을 만들어 나갔다. 특히 과학사회학의 초기 연구들은 과학자사회의 성격과 과학제도가 작동하는 방식을 이해하기 위한 노력들로 채워져 있다. 이전까지 과학철학과 과학사에 머물러 있던 과학기술에 대한 연구가 본격적으로 사회과학의 영역으로 확대되는 계기를 맞게 된 것이다. 과학자사회의 작동방식에 대한 연구는 이론적으로는 과학자사회의 규범에 대한 논쟁으로, 경험적으로는 과학자사회의 계층화에 대한 논쟁으로 대표된다. 이 장은 자연에 대한 지식의 주요 생산자인 과학자사회가 어떤 특징을 갖고 있으며 어떻게 작동하는가를 과학자사회의 규범과 계층화를 중심으로 살펴본다.

1. 과학자사회의 규범구조와 보상체계

과학자사회에 대한 연구의 선구자인 마이클 폴라니(Micheal Polany)와 로버트 머튼은 과학자들이 서로를 공통의 가치와 규범 그리고 전통을 공유하는 동료들로 인지하고 있음을 강조하며, '과학자 공동체

(scientific community)'라는 개념을 통해 과학자사회의 독특한 성격을 설명하고자 했다(Polanyi, 1962; 머튼, 1998). 특히 현대 과학사회학의 초석을 놓은 머튼은 과학자사회의 특성을 이해하기 위해 과학자사회의 독특한 규범구조에 주목했다. 머튼의 주된 문제의식은 과학혁명과 함께 태동한 과학이라는 하나의 사회제도가 불과 300여 년이라는 짧은 기간 동안 다른 사회제도들보다 훨씬 성공적으로 발전할 수 있었던 이유를 설명하는 것이었다. 그는 과학자사회의 독특한 규범구조와 이에 조응하는 보상체계에서 그 답을 찾았다. 즉 머튼의 논의에서 과학자사회의 규범구조는 과학자들의 행위를 통제하는 메커니즘인 동시에 과학발전을 위한 핵심적인 필요요건이다.

머튼이 과학사회학이라는 새로운 영역을 개척하던 1940~1950년대는 구조기능주의 이론이 미국 사회학의 지배적인 패러다임으로 군림하던 시기다. 구조기능주의는 사회를 유기적으로 상호 연관된 사회제도들로 이루어진 것으로 가정하고, 각 사회제도의 고유한 목표와 공유된 가치규범에 의한 구성원들의 통합을 그 사회제도의 존속을 위한 핵심적인 조건이라고 보았다. 이러한 시각에서 머튼은 자연스럽게 과학자들의 사회적 행위를 규제하고 통합하는 과학자사회의 공유된 가치와 규범을 통해 과학이라는 제도를 분석하려고 시도한다(윤정로, 2000). 머튼에 따르면 16세기 이후 과학이 '공인된 지식의 확대(extension of certified knowledge)'라는 제도적 목표를 성취하는 데 큰 성공을 거둘 수 있었던 핵심적인 원인은 과학자사회가 경험적 증거, 논리적 일관성, 체계적인 예측과 같은 인지적 규범과 공유성, 보편성, 조직화된 회의, 그리고 탈이해관계라는 사회적 규범을 갖고 있었기 때문이다.

머튼은 특히 과학적 연구와 동료에 대한 태도와 행위를 규정짓는 기능을 수행하는 사회적 규범들에 관심을 집중했으며, 비록 이 규범들이 성문화되어 있지는 않지만 과학자들의 행동과 언술에서 이러한 규범의 존재를 충분히 추론할 수 있다고 주장했다. 과학자사회의 규범들은 "법규, 금지, 선호 및 허용 등의 형태로 표현되고, 제도적 가치들에 의해서 정당화되며" 나아가 "훈계와 모범의 형태로 전승되고 제재에 의해서 보강되며 과학자에 의해서 다양하게 내면화"되는 것이다(머튼, 1998: 505). 머튼 이후 과학자사회의 규범의 내용에 대해 독창성, 겸허, 합리성, 개인주의, 독립성, 감정중립성 등 다양한 주장들이 더해졌지만 과학자사회의 규범구조에 대한 연구들은 흔히 머튼이 과학자들의 행동특성을 규정한다고 주장했던 다음의 네 가지 규범들에 초점을 맞추어 왔다.

먼저 보편성(universalism) 규범은 주로 과학적 연구의 평가와 업적에 대한 인정과 관계있는 규범으로 과학적 연구의 타당성이나 과학자의 업적은 인종, 성, 국적, 소속기관의 명성과 같은 과학자의 귀속적 지위와 무관하게 비인격화된 정당화 기준에 따라 평가되어야 한다는 것이다. 보편성 규범은 과학자사회 내부 평가시스템의 객관성과 공평성에 대한 것이므로 과학자사회 계층화의 정당성에 대한 내부구성원들의 인정과 직접적인 관계를 갖는다.

공유성(communism 혹은 communality) 규범은 과학적 발견은 과학자 공동체의 집단적 노력의 산물이기 때문에 모든 과학적 발견은 개방적 교류를 통해 신속히 다른 과학자들과 공유되어야 한다는 것이다. 학술논문이나 학회발표를 통한 과학적 발견의 공표는 공유성 규범이 제도화된 것으로 이해될 수 있는데, 후에 핵스트롬은 이를 과학자들이 연구결과와 과학자사회의 인정(scientific recognition)을 교환하는 메커니즘으로 이론화했다(Hagstrom, 1965).

탈이해관계, 혹은 이해관계의 초월(disinterestedness) 규범은 연구 관련 활동의 동기들을 통제하는 규범이다. 이 규범은 흔히 과학자의 연구주제 선택에 있어 순수한 지적 호기심을 강조하는, 소위 '과학 자체를 위한 과학(science for the sake of science)'을 요구하는 것으로 해석되어 왔다(Gaston, 1978). 그러나 최근에는 연구주제 선택과정보다 연구를 수행하거나 동료의 연구를 평가함에 있어 과학 이외의 개인적 이해관계에 영향을 받아서는 안 된다는 의미가 더 강조되고 있다(Ziman, 2000).

마지막으로 조직화된 회의(organized skepticism) 규범은 과학적 증거에 입각하여 확실한 지식에 도달할 때까지 모든 주장에 대해 그 출처의 권위와 상관없이 비판적이고 회의적인 태도를 견지해야 한다는 것이다. 이 규범은 과학적 증거 이외에 다른 권위에 의해 과학적 판단이 영향을 받아서는 안 된다는 측면과 과학적인 검증이 이루어지기 전에는 어떤 주장도 편견 없이 탐구대상이 되어야 한다는 측면을 동시에 갖고 있다.

이들 네 규범은 머리글자를 따서 흔히 CUDOs라 불리며, 머튼은 이들 네 규범들이 서로를 지지하며 과학자사회의 규범구조를 형성해 과학자들의 행위를 통제하는 규범적 환경으로 기능하는 동시에 과학자사회가 건전한 과학적 지식을 효과적으로 생산하도록 돕는다고 보았다. 나아가 과학자사회의 규범구조는 과학이라는 사회제도의 제도적 명령(institutional imperatives)이며, 과학은 과학자사회의 규범구조가 잘 수용될 수 있는 민주적 사회구조에서 가장 잘 발전할 수 있다고 주장한다(머튼, 1998).

과학자사회의 독특한 보상구조는 머튼이 주장한 과학자사회의 규범구조와 과학의 발전을 연결하는 매개고리다. 실제로 머튼 이후 제도주의 과학사회학자들은 과학자사회가 동료들의 인정의 배분이라는 내적 보상체계에 따라 통제되며 이 보상체계는 과학자사회의 규범에 대한 준수에 기초한다고 보았다. 예를 들면, 과학자사회에서 동료들의 인정은 각 과학자가 연구결과를 통해 동료과학자의 연구에 기여한 정도에 비례해 주어진다. 그런데 과학자는 자신의 연구결과를 학술지와 학회발표라는 제도를 통해 동료들이 자유롭게 공유할 수 있도록 허용해야 동료들의 인정을 얻을 수 있고 이것은 바로 공유성 규범의 반영이라는 것이다. 또한 저자와 심사자에 대한 정보를 가린 채 이루어지는 학술지 투고 논문에 대한 이중눈가림(double-blinded) 동료심사제도와 같은 독특한 제도는 보편성과 탈이해관계 규범을 반영하고 있다고 주장된다. 이처럼 과학자사회의 보상체계는 머튼이 주장한 과학자사회의 규범을 반영하고 있어 과학자가 이들 규범을 위반할 때는 비난과 제재가, 그리고 이것을 잘 따를 때는 동료의 인정이 주어진다.

2. 머튼의 과학자사회 규범구조에 대한 평가

머튼의 과학자사회의 규범구조에 대한 정식은 경험적 검증과정에서 많은 비판을 받아 왔다(김경만, 2004). 대표적으로 이언 미트로프(Ian Mitroff)는 과학자사회에는 머튼이 주장한 네 가지 규범들뿐 아니라 이들과 상충되는 다양한 대항규범들(counter-norms)이 공존하며, 과학자들은 이들 규범과 대항규범을 상황에 따라 선택적으로 적용해가며 자신의 행동을 정당화한다고 주장했다. 미트로프에 따르면 머튼이 주장한 규범들뿐 아니라 그 반대의 대항규범들도 과학에 기능적일 수 있다(Mitroff, 1974).

그러나 머튼이 제기한 과학자사회의 규범구조 개념에 대한 가장 큰 비판은 과학자들이 실제로 머튼이 주장한 규범을 따르고 있는가라는 질문에 모아졌다. 과학자사회의 규범구조 개념에 대해 회의적인 학자들은 머튼의 규범구조에 대한 논의가 실제로 존재하는 과학자사회를 기술하는 것이 아니라, 20세기 초반 선진국의 연구대학들에서나 부분적으로 발견되는 이상적인 과학자사회를 그리고 있을 뿐이라고 보았다. 이러한 회의적 시각은 실제 과학자사회는 규범에 의해 통제되지 못하고 비밀주의, 자료조작, 특수주의에 입각한 평가 등과 같은 과학자들의 일탈적 행위가 만연할 것이라는 인식과 궤를 같이 하는 것이다. 유사한 맥락에서 일부 비판가들은 머튼이 주장한 과학자사회의 규범구조를 과학자사회의 현실을 기술(description)한 것이 아니라 과학자들이 어떻게 행동해야하는가에 대한 당위적 처방(prescription)을 제시한 것으로 이해해야 한다고 주장한다(헤스, 2004).

머튼이 주장한 과학자사회의 규범구조에 대한 더욱 급진적인 비판은 그것이 과학자들이 사회의 통제로부터 독립적이기 위해 주장하는 수사 혹은 이데올로기에 불과하다는 주장이다. 과학자사회의 규범과 대항규범은 모두 실제로 제도화된 내용이 아니라 단지 과학자사회가 과학자들의 행동을 기술하기 위한, 특히 과학자들의 행위

규범의 성격에 대한 논쟁

규범의 성격에 대한 인식은 단지 규범뿐 아니라 사회현상을 바라보는 커다란 시각의 차이를 반영한다. 에밀 뒤르켐(Emile Durkheim)의 집합의식에서 푸코의 규율, 그리고 신제도 조직사회학의 절차적 동조에 이르기까지 많은 사회학자들은 외적인 강제력에 의해서가 아니라 규범적 압력에 의해 한 사회의 구성원들의 행위가 통제되는 현상에 주목해 왔다. 상이한 규범의 존재와 그 역할에 대한 이해가 다양한 사회, 집단, 조직에서 찾아볼 수 있는 사회적 행위의 차이를 설명하기 위한 열쇠로 광범위하게 강조되어 온 것이다. 반면 규범의 이데올로기적 성격에 대한 논의는 단지 "과학자사회에서 규범이 어떻게 작동하는가?"라는 질문을 넘어 "과학자들이 규범을 어떻게 이용하는가?"라는 질문으로 과학사회학자의 관심을 인도한다. 이는 사회학에서 현상학이나 민속지방법론이 미리 결정된 사회적 규칙의 존재를 부정하고 행위자들이 특정한 상황에서 사회적 규칙을 어떻게 해석하고 평가하는지에 관심을 기울이는 것과 같은 맥락에서 이해될 수 있다. 20세기 후반, 과학사회학의 주도권이 제도주의 과학사회학에서 과학지식의 사회학으로 넘어가면서 과학기술학 연구자들의 관심은 점차 과학자사회의 규범에서 과학자의 행위로 이동하게 된다.

가 규범을 통해 잘 통제되고 있으므로 사회의 감시와 통제가 불필요하다고 주장하기 위해 이용하는 수사적 도구에 불과하다는 것이다. 특히 마이클 멀케이(Michael Mulkay)는 규범이 항상 해석의 대상임을 강조하며 똑같은 상황을 규범에 대한 준수로도 또 규범에 대한 위반으로 상반되게 해석할 수 있다고 주장하였다(Mulkay, 1976). 이것이 사실이라면 규범이 어느 정도 준수되고 있는가라는 질문은 무의미하게 되고 규범은 단지 과학자들이 자신의 행위와 신념을 표현하기 위해 동원되는 자원(resources)에 불과하게 된다(Sismondo, 2004).

이처럼 과학자사회의 규범구조가 얼마만큼 과학자들의 행위를 통제하고 있는지, 그리고 그것이 과학의 발전에 얼마나 기능적인지에 대한 회의와 비판은 과학자사회 규범구조의 의미와 가치에 대한 재해석을 불가피하게 했다. 실제로 지금까지 누적된 연구들은 머튼이 제시한 과학자사회의 규범구조와 과학발전의 관계, 그리고 과학자사회에서 규범이 준수되는 정도가 경험적으로 확인되기 매우 어려운 것임을 보여 주고 있다. 그러나 이것을 머튼의 규범구조 개념의 유용성을 부정하는 것으로 해석할 필요는 없다. 여기서 한 사회 혹은 조직에서 특정한 규범 혹은 가치관의 존재는 겉으로 보이는 통제력이 뚜렷하지 않은 경우에도 학문적 탐구의 가치가 있다는 점을 기억할 필요가 있다. 즉 사회의 모든 구성원들이 한 규범을 내면화하고 이에 따라 행동해야만 그 규범의 존재와 가치를 증명할 수 있는 것은 아니다. 비록 현실세계에서 '정직'이라는 규범이 거짓말이라는 행위를 통제하는 데는 분명한 한계를 보이고 있지만, 사람들로 하여금 자신의 거짓된 행동을 숨기게 만들고 내적인 갈등을 유발한다는 점에서 정직이라는 규범은 사회구성원에게 일정한 영향력을 행사하고 있는 것이다. 마찬가지로 만약 과학자들이 연구주제의 선택이나 결과로부터 얻어지는 부나 권력에 대한 욕심을 드러내놓지 못하고 외면적이라도 이러한 모습을 비난한다면 이는 소극적으로나마 탈이해관계라는 규범이 과학자사회에 영향을 미치는 것으로 보아야 할 것이다.

또한 과학자사회의 규범구조 개념을 과학자사회의 이데올로기나 바람직한 행위에 대한 규정으로 인식하는 학자들은 흔히 과학자사회 내에서 머튼이 정식화한 규범의 정당성에 대해 (적어도 겉으로는)

전반적인 합의가 존재하는 것으로 전제하고 있으나 이 역시 검증이 필요하다. 실제로 경험적 연구들은 과학자들이 전공이나 소속에 따라 머튼이 정식화한 규범구조에 대한 수용정도나 규범의 작동여부에 대한 인식이 상이함을 보여 주고 있다. 일례로 전공분야와 대학의 종류에 따라, 그리고 대학 소속 과학자들과 산업체 소속 과학자들 사이에 상이한 규범들이 강조되고 있다(Hagstrom, 1965; Blisset, 1972; Krohn, 1972).

한 걸음 더 나아가 최근 많은 연구들은 과학의 상업화와 더불어 산업체에 소속된 과학자들에게서만 통용되던 규범들이 대학의 과학자들이 공유하던 전통적인 규범들과 융합하면서 과학자사회의 규범 자체가 변화를 겪고 있음에 주목하고 있다(Krimsky, 2003; Ziman, 2000; 1985; Etzkowitz, Webster, and Healey, 1998; Hackett, 1990; 1987, 11장 참조). 공유성 규범의 경우 과학적 지식이 상업적 이익과 깊게 결부되면서 상업적 이익의 성취를 위해 과학적 정보의 교류를 제한하는 행위, 특히 지적재산권 확보를 위한 비밀주의가 과학자사회에서 점차 용인되는 모습을 보여 주고 있다는 것이다. 탈이해관계 규범 역시 큰 변화를 겪고 있다고 주장되는데, 자이먼에 따르면 지식생산 자체보다 문제해결을 지향하는 현대과학에서 연구주제선택에 있어서의 탈이해관계 규범은 유지되기 어렵다. 그러나 동시에 연구과정과 평가에 있어 탈이해관계 규범의 적용은 현대과학에서도 여전히 강조되며, 따라서 과학의 사회적 객관성은 유지될 수 있다(Ziman, 2000).

지금까지 살펴보았듯이 머튼이 제시한 과학자사회의 규범구조는 이미 존재하는 현실에 대한 기술로 볼 수 없다. 오히려 특정한 역사적 시기의 특정한 과학자사회에서 어떤 규범이 어느 정도로 인정되며 통제력을 행사하고 있는가에 대한 경험적 연구를 위한 도구로 인식하는 것이 바람직해 보인다. 머튼 역시 근대과학의 에토스에 대한 연구를 과학의 제도적 구조에 대한 비교연구라는 더 큰 연구 과제를 위한 첫걸음으로 보았기 때문에 이러한 입장은 과학자사회의 규범구조가 처음 논의될 때 함축되어 있던 문제의식과도 일맥상통하는 것이다(머튼, 1998). 아울러 과학자사회의 규범구조에 대한 지금까지의 논의들은 과학자사회의 규범구조 개념을 당위적 규정으로 보는 시각과도 거리를 둘 것을 요구하고 있다. 머튼이 정식화한 규범구조와 과학의 발전과의 관계에 대한 경험적 검증이 어려울 뿐더러 현대과학에서의 규범변화라는 현상도 머튼이 정식화한 전통적인 규범의 당위성을 주장하기 어렵게 하기 때문이다. 따라서 머튼의 규범구조를 현실에 대한 기술로 보는 시각이나 이상적 과학자사회의 당위적 규정으로 보는 시각을 고집하는 것보다는 과학자사회의 규범구조 개념을 베버의 이념형(ideal type)처럼 가치를 배제한 채 비교를 위한 방법론적 도구로 이용하는 것이 유익할 것으로 보인다.

3. 한국 과학자사회의 규범적 특성: 국가주의 가치관

일부 학자들은 머튼이 규정한 규범구조가 20세기 초반 선진국의 연구대학에서나 발견되는 이상적인 과학자사회를 그리고 있다고 주장한다. 그렇다면 한국 과학자사회를 특징짓는 규범이나 가치관은 없을까?

이와 관련해 한국 과학자사회의 중요한 특성의 하나로 국가주의적 또는 도구주의적 과학관이 자주 지적되고 있다. 역사적으로 서구의 과학기술이 한국에 처음 도입될 때 서구의 과학을 특징짓는 문화나 세계관은 배제된 채 과학기술이 단지 서구열강의 힘의 원천으로, 즉 부국강병을 위한 실용적인 도구로 수용되었다(김영식·김근배, 1998). 이러한 경향은 과학기술을 산업발전을 위한 도구로 간주하며 국가적인 차원에서 과학기술자를 동원한 박정희 정권에 의해 더욱 강화된다. 1960년대 이래 우리나라의 과학기술정책 입안가들의 생각은 시종일관 한국의 과학기술은 전통적인 학문연구가 아니라 국가산업에 필요한 응용연구를 지향해야 한다는 것이었다.

과학이 국가의 자부심이나 국가의 정치적·경제적 이익을 위한 도구로 간주되는 경우는 다른 나라에서도 찾아볼 수 있는 보편적 현상이지만, 한국의 경우 1960년대 이후 국가경제개발을 위해 과학기술자를 국가적 차원에서 동원하여 왔다는 점에서 독특한 사례다(송성수, 2003). 이 과정에서 우리나라의 과학기술자들이 자신의 활동을 과학 본연의 가치보다 국가발전을 위한 도구라는 가치를 통해 정당화하는 도구주의 가치관이 더욱 심화되었다. 즉 한국사회에서 과학기술자에게 부여된 역할은 산업발전을 위한 도구적 지식의 산출이었고, 특히 국가가 이러한 가치에 따라 보상(특히 연구비)을 분배했기 때문에 연구활동에서 산업발전 혹은 국가발전에 대한 기여 정도를 중시하는 것이 우리나라 과학자사회의 독특한 규범의 하나로 자리 잡게 된다.

한국 과학기술제도의 독특한 특징 중 하나인 정부출연연구소의 설립배경은 우리나라에서 과학기술정책이 처음부터 산업정책의 일환으로 추진되었음을 잘 보여 준다. 한국에서 과학적 연구와 개발의 중요한 부분을 담당하고 있는 정부출연연구소의 대부분은 1970년대에 중화학공업 육성에 필요한 지식과 기술의 제공을 목적으로 설립되었다. 1980년대 이전까지 정부의 연구개발비 지원은 이들 정부출연 연구기관에 집중되는데, 1970년대 초반까지 국공립을 모두 포함한 대학이 사용한 연구개발비는 국공립 및 출연연구소가 사용한 연구개발비의 10분의 1에도 미치지 못했다(김영우 외, 1997; 박성래 외, 2001; 박희제 2006b). 이러한 역사적 배경 때문에 우리나라의 과학자사회는 처음부터 연구결과의 산업적 응용추구라는 가치와 함께 발전해 왔고 그 결과 한국의 과학자사회는 과학적 연구활동을 과학 본연의 가치보다 국가발전이라는 목적을 위한 도구차원에서 바라보는 가치관을 형성하게 되었다(한경희, 2004; 김동광, 2004; 송성수, 2003).

이처럼 과학을 그 자체의 가치보다 국가발전을 위한 도구로 인식하는 도구주의적 혹은 국가주의적 과학관은 최근 과학자들을 대상으로 한 경험적 연구에서도 보고된 바 있다. 일례로 서구 학자들은 지적재산권 등을 이유로 6개월 이상 논문발표를 미루는 경우 연구윤리에 위배되는 것으로 간주하는 반면 한국 과학자사회는 대체로 이를 정당한 것으로 수용하고 있다(박희제, 2008). 이에 대해 박희제는 한국 과학자사회가 공유성이나 탈이해관계 규범 이상으로 지적재산권에 대한 강조와 상업적 응용성에 대한 강조와 같은 규범을 광범위하게 수용하고 있으며, 그 주요원인으로 한국 과학자사회의 국가주의적 과학관과 국가주도의 과학의 상업화를 들고 있다. 과학의 상업화와 더불어 나타나는 지적재산권과 상업적 응용성 추구라는 새로운 가치는 공유성 규범과 충돌하며, 일견 과학자 개인의 경제적 이익추구로 비추어질 가능성이 크다(11장 참조). 그러나 국가주의적 과

그림 2-1. 한국과학기술연구원(Korea Institute of Science and Technology, KIST): 산업기술의 개발과 보급을 목적으로 1966년 설립된 대표적인 정부출연연구기관이다.

학관과 국가주도의 과학의 상업화는 이러한 새로운 가치들을 개인의 이익추구가 아니라 국가발전을 위한 것으로 보이게 하고, 따라서 한국의 과학자사회가 새로운 가치와 규범을 수용하기 쉽게 만든다(박희제, 2006a; 2006b).

4. 과학자사회의 보상과 계층화

제도주의 과학사회학은 과학자사회의 독특한 규범구조와 함께 과학자사회에서 보상체계가 어떻게 작동하는지를 알면 과학제도의 구조를 이해할 수 있다고 보았다. 과학자사회는 생산성과 보상 양 측면에서 고도로 계층화된 사회다. 이 분야의 고전적 연구에 따르면 약 15퍼센트의 과학자들이 전체 논문의 약 50퍼센트를 발표하고 있고, SCI(Science Citation Index)에 속한 저널에 발표된 논문 중 70퍼센트의 논문이 단지 한 차례만 인용된 반면, 100회 이상 인용되는 논문은 0.009퍼센트에 불과하다. 또한 소수의 엘리트 과학자들은 과학자사회의 명예와 자원의 분배에 지배적인 영향력을 행사한다(Long and Fox, 1995: 51-52).

제도주의 과학사회학에 따르면 과학자사회에서 보상은 과학자가 산출한 연구업적에 대한 동료의 인정을 기초로 한다. 연구비나 학계에서의 지위 등의 자원 역시 동료의 인정에 뒤따르는 부산물이다. 여기서 동료의 인정이 중요한 이유는 다른 전문직에서와 마찬가지로 과학적 업적에 대한 평가는 전문지식이 요구되기 때문에 제3자에 의해 평가되기 어렵고 동료에 의해 평가될 수밖에 없기 때문이다. 이러한 전문지식의 속성은 과학자사회에 상당한 정도의 자율성을 가져다주며, 자율적인 과학자사회에서 동료의 인정이 연구비나 명성이 높은 대학의 교수직과 같은 자원의 배분을 결정할 수 있게 한다.

그런데 과학자사회에서 동료 과학자들은 자신의 관심과 연구에 도움이 되는 새로운 지식을 생산한 과학자를 높게 평가하게 되고, 따라서 동료의 인정을 얻기 위해 과학자는 '동료들의 연구에 도움이 되는 지식'을 생산하기 위해 노력하게 된다. 과학자들은 자신의 연구에 도움을 주는 정보를 제공한 동료의 연구에 '인정'이라는 보상을 주고, 이에 따라 과학자들은 과학자사회 전체에 도움이 되는 과학적 지식의 생산을 위해 노력하게 된다는 것이다. 이러한 방식으로 동료의 인정에 따른 보상체계는 과학 전체의 발전을 유도하는 핵심적인 기제가 되고, 진리탐구를 위한 학문적 기여는 제도적 목표이면서 동시에 개인적 보상의 원천이 된다.

나아가 제도주의 과학사회학은 과학자사회의 규범구조란 이러한 과정이 제대로 작동하기 위한 필요요건이라고 주장한다. 예를 들어, 보편성 규범은 과학적 업적에 대한 평가가 과학자의 귀속적인 사회적 특성을 고려하지 않고 과학적 연구의 질에 의해서만 이루어지도록 유도하며, 공유성 규범은 과학자가 그들의 연구 성과를 신속하게 공표해 동료 과학자와 공유하고 그것을 이용하는 다른 과학자들은 인용을 통해 과학적 공헌의 유용성을 인정하도록 유도한다(머튼, 1998; Gaston, 1978).

물론 현실세계의 과학자사회가 얼마나 이러한 원칙에 충실한지는 과학사회학 연구 초창기 이래 오랜 논쟁의 대상이 되어 왔다. 과학사회학이 발전하면서 과학자사회의 보상체계가 작동하는 원리와 과정에 대한 이러한 이상주의적 설명은 많은 비판을 받아 온 것이다. 제도주의 과학사회학 외부의 비판으로 가장 영향력 있는 것은 과학자사회의 보상이 반드시 동료 과학자의 인정에 기초하지 않는다는 주장이다. 대표적으로 피에르 부르디외(Pierre Bourdieu)는 과학자사회를 과학기관·학과·각종 위원회에서의 중요한 위치라는 제도적 권력과 지식생산능력에 대한 동료 과학자들의 인정과 신뢰라는 상징적 권력이 서로 경쟁하고 갈등하는 장(場)으로 개념화한다. 그에 따르면 과학이 사회로부터 자율적인 경우에만 연구비나 학계의 직위 배분이 동료 과학자의 인정에 기초하게 된다(Bourdieu, 1975; 부르디외, 2002; 김환석, 2002).

제도주의 과학사회학 역시 이러한 문제를 인식하고 있었다. 그러나 제도주의 과학사회학은 이 문제를 과학장(scientific field)의 자율성이라는 구조적인 개념으로 접근하기보다 보상체계에 영향을 미치는 특수주의적 요인의 영향으로 접근한다. 머튼 이후 과학자사회에 대한 제도주의 연구는 보상체계에 대한 연구를 토대로 지위획득과 계층화에 대한 분석을 본격화했는데, 이들 연구에 따르면 업적에 대한 평가와 인정은 단지 연구 성과물에 기인하는 성취적 특성만을 가지는 것이 아니라 과학자가 어떠한 사회적 배경, 즉 귀속적 특성을 가지고 있는가에 따라 다르게 나타난다.

대표적으로 다이애나 크레인(Diana Crane)은 생산성이 동일하게 높은 두 과학자 중 일류 대학에 소속된 과학자가 그렇지 않은 대학에 소속된 과학자보다 더 많은 인정을 받는 것을 발견하고, 인정이란 생산성과 과학적 기여에 의해서만 주어지는 것이 아니라 과학자가 속한 사회적 배경에 의해 영향을 받는다고 주장한다(Crane, 1965). 심지어 과학자사회가 전반적으로 보편주의, 공유주의 등의 규범구조에 의해 작동된다고 본 머튼조차 '마태효과(Matthew effect)'라는 개념을 통해 과학자사회의 보상메커니즘에 특수주의 요소가 작동하고 있음을 인정한다. 저명한 과학자들은 그들의 과학적 기여에 대해서 그 기여 이상의 큰 인정을 얻는 반면에 이름 없는 과학자들의 경우 전자와 비견할 만한 기여를 하더라도 상대적으로 적은 인정밖에 얻지 못한다는 것이다. 특히 한 번 두드러진 인정을 받은 과학자는 이후의 연구에서도 성공적인 결과를 거둬 동료들로부터 재차 그에 대한 인정을 받으며, 또 다시 그에 상응하는 보상이 주어지는 누적이익이 발생하게 될 가능성이 크다. 결과적으로 경력 초기에 획득한 우위가 지속적인 강화효과를 통해 과학자의 계층적 위치를 결정짓게 되는 것이다(머튼, 1998). 반대로 마거릿 로시터(Margaret Rossiter)는 '마틸다 효과(Matilda effect)'라는 개념을 통해 역사적으로 여성의 과학적 업적이 간과되는 현상을 지적한다. 마태효과와 대조적으로

누적이익과 과학자사회

'누적이익(cumulative advantage)'이론은 생애주기에 따른 불평등을 설명하기 위한 것으로 사회이동, 소득, 범죄, 교육, 세대 등을 다룬 사회학 연구에서 광범위하게 사용된다. 그중에서도 과학자사회는 누적이익이론이 가장 잘 적용되는 영역으로 알려져 있으며, 누적이익 이론은 과학자사회가 계층화되는 과정을 설명하는 일반이론으로 간주된다(DiPrete and Eirich, 2006). 과학자사회에서 누적이익은 과학자가 경력 초기에 획득한 우위가 이후 인정과 자원획득에 유리하게 작용하며, 이것이 다시 더 높은 생산성으로 발전하는 강화효과를 낳게 되는 현상을 말하는 것으로 마태효과 역시 누적이익의 한 부분이다. 과학자사회에 대한 많은 경험적 연구들은 누적이익의 존재와 작동방식을 경험적으로 증거하고 있으며, 한국의 과학자사회 역시 예외가 아니다(조혜선, 2007).

여성의 과학적 업적은 당대에서 인정을 받지 못하고 무시되고 잊히는 경향이 있다는 것이다(Rossiter, 1993).

이후의 연구들은 머튼이 제기한 마태효과를 토대로 누적이익 또는 누적불이익이 형성되는 메커니즘을 확인하는 경험적 연구를 통해 누적이익이 축적되는 과정에서 행운이나 특수주의적 차별이 큰 역할을 하고 있음을 보고한다. 비록 초기 생산성이 처음에는 보편성 규범에 따라 획득한 성취물이라 할지라도 경력의 다음 단계에서는 귀속적 지위의 형태로 전환될 뿐 아니라, 동료 과학자들의 인정 역시 과학적 업적 외에 성, 인종, 지도교수, 출신 학교의 위신과 같은 다양한 특수주의적 요인들에 영향을 받는다는 것이다(Reskin, 1977, 1979; Long, 1978; 1990; Allison, Long and Krauze, 1982; Long and Fox,

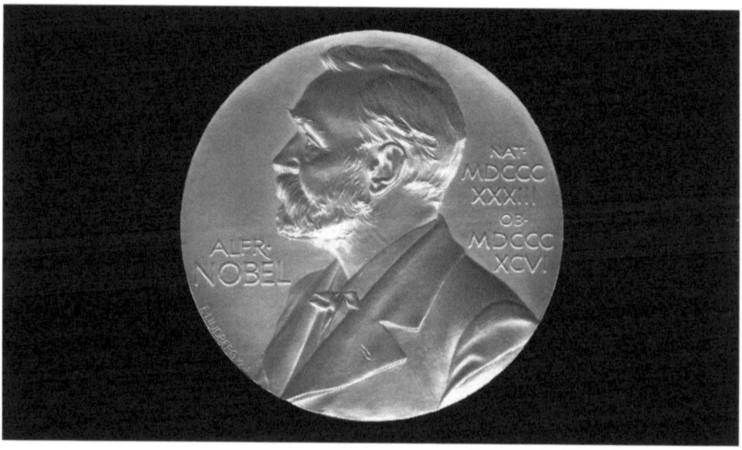

그림 2-2. 노벨상은 과학자에게 최고의 영예로 알려져 있다.

1995; Xie and Shauman, 1998). 일례로 롱은 연구생산성을 통제하더라도 여성 과학자의 승진률이 남성에 비해 낮다는 점을 발견하고, 이를 여성 과학자가 남성 과학자보나 낮은 지위에서 경력을 시작하는 데서 비롯된 누적불이익뿐 아니라 사회전반의 성차별이 여성 과학자의 경력과정에 영향을 미치기 때문인 것으로 해석한다(Long, 1990; 2001). 이미 사회구조 자체가 특정 집단의 이익에 유리하도록 형성되었기 때문에 모든 과학자들이 동일한 출발선에서 그들의 경력을 시작하지 않을 뿐더러, 공평하지 않은 경쟁의 조건이 구조화된 상황에서 가지지 않은 자의 불이익은 계속 누적된다는 것이다.

반면 기능주의자 머튼은 특수주의적 요인이 인정의 분배에 미치는 영향을 인정하면서도 이것의 사회적 기능을 강조한다. 과학 커뮤니케이션의 측면에서 볼 때 마태효과는 연구결과물의 가시성을 높여 정보의 활발한 교환을 도울 수 있어 과학발전을 위해 기능적일 수 있다(머튼, 1998). 계층화가 개인적인 차원에서는 역기능적이지만 사회적인 차원에서는 기능적일 수 있다는 이러한 주장은 누적이익으로 인한 차등적인 보상을 정당한 것으로 보이게 한다. 나아가 일부 학자들은 원초적인 우위와 이 우위의 누적과정이 과학자사회의 규범에 근거한 동료 과학자들의 합당한 인정에 따라 이루어지는 것이라면, 제한적인 자원을 과학자의 연구능력에 따라 차등적으로 배분하는 것은 합리적이고 보편적인 과정이 될 수 있다고 본다. 유사한 관점에서 콜 형제와 개스톤은 다른 제도들과 비교했을 때 과학이 보편주의 이상에 보다 가깝다고 주장하면서, 완벽하지는 않을지라도 과학자사회에서의 보상분배는 대체로 과학적 기여에 대한 보편주의적 인정에 따라 이루어진다고 주장한다(Cole and Cole, 1973; Gaston, 1978).

5. 과학자사회의 생산성과 불평등

만약 과학자사회의 계층화가 과학자의 연구생산성에 기초해 이루어진다면, 과학자사회는 보편성 규범에 따라 작동한다고 볼 수 있을까? 제도주의 과학사회학은 과학의 보상체계에서의 핵심기제를 가치 있는 연구결과에 대한 동료의 인정으로 보았기 때문에 과학자의 연구생산성을 계층화를 설명하는 핵심적인 변수로 사용해 왔다. 연구생산성은 보통 출판된 논문의 수나 인용빈도 측정치로 측정되었는데, 이는 논문발표가 과학적 연구가 소통, 교환, 검증되는 주요 통로일 뿐더러 상대적으로 측정이 용이하기 때문이다. 과학자사회가 보편성 규범에 지배된다면 과학자에 대한 인정과 보상은 그 과학자가 과학의 발전에 도움이 되는 과학적 지식을 생산하는 정도에 기초하게 된다. 따라서 생산성과 동료의 인정 및 보상이 높은 정적 상관관계를 가질수록 보상체계는 보편성 규범에 부합하는 것으로, 반대로 낮은 상관관계를 가질수록 특수주의적 원인에 의해 보상체계가 왜곡되었을 가능성이 큰 것으로 해석된다.

그러나 생산성과 인정 사이에 정적인 상관관계가 두드러진다 하더라도 보편성 규범이 의심의 여지없이 작동하고 있는 것으로 볼 수만은 없다. 표면적으로 드러나는 보편적 과정이 어떠한 맥락에서 발생하는지 고려해야 하기 때문이다. 같은 이유로 그동안 생산성 연구는 생산성 차이에 영향을 미치는 요인들을 찾기 위해 과학자의 구조적 위치를 분석하는 데 노력을 기울여 왔다. 여기서 구조적 위치는 과학자사회 내부의 계층화된 특성을 반영하는 것으로 성, 인종, 계층적 지위, 출신 대학(원)의 위신, 좋은 훈련과정의 경험, 소속기관에서의 지위 및 역할 등 생산성에 직접적인 영향을 미치거나 개인적 특성이 생산성에 미치는 영향을 매개하는 것으로 개념화된다. 이중 대표적인 것이 출신 대학(원)의 위신(prestige)이 미치는 영향이다.

출신 대학(원)의 위신이 생산성에 미치는 영향은 보편주의적 성격과 특수주의적 성격을 모두 갖는다. 즉 좋은 대학이라는 명망을 얻은 대학에 유능한 인재들이 지원하고 있고 또 유능한 인재들이 많은 대학은 좋은 연구 결과를 생산할 가능성이 크므로, 개인의 성과와 소속 대학의 명망은 높은 상관관계를 가지게 된다. 그러므로 위신이 낮은 대학 출신의 연구자들보다 위신이 높은 대학 출신의 연구자들을 선호하는 현상은 평균적인 능력의 차이를 감안한 합리적인 선호로 설명될 수 있을 것이다. 하지만 이렇게 형성된 상위 대학 출신자들에 대한 선호는 다시 해당 대학의 명망과 위신을 강화하게 되는데, 이때 대학에 주어지는 명성과 위신은 성취적 특성과 귀속적 특성을 함께 갖게 된다. 한편으로는 각 대학들의 뛰어난 성과(성취적 업적)에 대한 평가이지만, 동시에 이전의 명성(귀속적 업적)에 의한 후광효과가 작용하기 때문이다.

경험적 연구들은 대체로 위신이 높거나 낮은 기관에 소속되는 것이 생산성의 효과라기보다 오히려 그 원인임을 밝히고 있다(헤스, 2004). 위신이 낮은 대학은 위신이 높은 대학보다 연구에 필요한 자원의 접근성이 상대적으로 낮기 때문에 여기에 소속되어 있는 연구자들 역시 위신이 높은 대학의 연구자들보다 생산성이 낮을 수밖에 없다는 것이다. 그러므로 위신이 낮은 비주류 대학에 소속되어 있는 과학자는 경력 시작 초기부터 불리한 구조적인 위치로 인해 생산성이 낮고, 지위획득에 불리하며, 이로 인한 차이는 곧 누적적인 불이익을 초래한다(Berelson, 1960; Reskin, 1979; Hargens and Hagstrom, 1967; Allison and Long, 1990; Keith, Layn, Babchuk and Johnson, 2002). 또한 과학자의 경력 초기에는 지위와 생산성 간에 상관관계가 약한 반면 시간이 지남에 따라 상관관계가 강해져 소속 학과의 위신의 크기는 현재 생산성에 대한 초기 생산성의 영향을 강화하는 효과를 갖는다. 일단 어떤 기관에 소속이 되면 생산성 수준은 그 사람이 속한 기관의 생산성 수준에 상응하게 되는 것이다(헤스, 2004; Long, 1978). 나아가 지위획득에 있어서도, 논문수나 인용빈도보다 대학원 교육과 지도교수의 후원, 그리고 박사 후 과정의 연구 등이 대학의 초기 채용에 큰 영향을 미치는 것으로 나타났다(Crane, 1965; Long, Allison and

McGinnis, 1979).

생산성에 영향을 미치는 또 다른 구조적 요인은 지도교수의 후광효과다. 레스킨은 학문적 후원과 경력에 대한 연구에서 지도교수의 생산성은 박사과정 기간의 생산성에 영향을 주며, 박사학위를 받은 학과의 명성은 박사 후 연수과정의 생산력에 영향을 준다고 보고한다(Reskin, 1979). 학위취득 대학원의 명성과 마찬가지로 지도교수의 영향은 성취적 특성과 귀속적 특성을 모두 가지고 있다. 우선 지도교수는 지도학생들에게 그들의 지위획득에 영향을 미칠 수 있는 과학적 지식, 기술적 숙련, 전문적 가치를 전수하기 때문에 지도교수의 과학적 연구의 질은 학생들의 과학적 성취에 잠재적인 영향을 미친다. 반면 지도교수의 직업적 지위에서 비롯된 네트워크의 효과는 귀속적 영향을 제공한다. 즉, 지도교수를 통해 동원되는 네트워크의 효과가 지도학생의 경력에 영향을 미치기 때문에 누가 지도교수로서 과학적 숙련의 기회를 제공하느냐에 따라 이후의 생산성과 지위에 영향을 미치게 된다.

지도교수의 후광효과 중 지도교수 네트워크의 영향은 특히 많은 조명을 받아 왔다. 과학자들 간의 네트워크는 연구결과에 대한 정보 공유뿐만 아니라 실제 연구조직의 구성과 연구 성과에 영향을 미친다. 특히 공동연구는 과학자들로 하여금 문제의식과 연구주제에 대한 의견을 교환하고 연구방법과 증거 평가 방식을 공유하게 하며, 이를 통해 연구 과정과 연구 결과에 직접적인 영향을 미친다(김용학 외, 2007). 따라서 지도교수의 명성과 네트워크에 기초한 공동연구의 경험은 지도학생들에게 귀속적인 이익을 부여하고, 이는 나아가 지도학생의 졸업 이후의 생산성과 인정, 그리고 지위획득에 영향을 미치게 된다(Crane, 1965; Long and McGinness, 1985; Friedkin, 1993).

또한 지도교수를 통한 네트워크의 영향은 지도학생의 논문에 대한 동료평가에서도 찾아볼 수 있다. 지도교수가 강력한 네트워크와 명망 있는 학과에 소속되어 있는 경우, 지도학생은 지도교수가 학술지 논문 평가, 연구비 및 직장에 대한 지원자 평가 등에서 갖는 유리한 위치로부터 혜택을 받을 수 있는 것이다(헤스, 2004: 127). 만약 지도교수의 네트워크가 지도학생의 연구 성과에 대한 동료평가에 영향을 준다면, 이는 곧 특수주의가 영향을 미치는 것으로 해석할 수 있다. 이처럼 생산성의 차이는 과학자 개인의 재능과 숙련 정도뿐 아니라 개인이 속한 구조적 위치와 네트워크에 따른 차이이며, 이는 성취적 특성과 귀속적인 특성을 동시에 갖는다.

6. 한국 과학자사회의 계층화와 생산성

지금까지 살펴본 과학자사회의 생산성과 계층화에 관한 연구는 대부분 미국의 과학자사회를 대상으로 이루어졌다. 따라서 이 장에서 살펴본 연구들이 다른 사회에 얼마나 적용될 수 있을지는 미지수다. 비록 과학자사회가 국경을 초월하는 보편적 특징들을 보여 준다고 알려져 있으나, 특히 특수주의적 요인의 영향은 각 국가의 사회적, 문화적 환경에 민감할 수밖에 없다.

한국의 경우 대학(원)의 서열화와 외국 대학(원) 학위자에 대한 선호가 강한 것이 한 특징이 될 수 있다. 한국은 각 대학의 교육이나 연구 수준보다 과거로부터의 명성에 고착되어 있는 대학의 서열화가 강하게 자리 잡고 있으며, 국내 대학원보다 외국 대학원의 박사학위 취득자를 선호하는 경향이 크다. 또한 국내 박사학위 취득자 중 약 30퍼센트가 상위 5개 대학에 집중되어 있을 정도로 상위권 대학에 대한 인력과 연구비 집중화 현상도 두드러진다. 따라서 대학의 서열에 따른 연구 자원의 차등적 배분은 연구 생산성과 인정의 불평등으로 이어졌을 가능성이 크다.

실제로 한 경험적 연구는 출신 대학원의 위신이 높거나 국내 대학원보다 해외 대학원 학위자가 전반적으로 대학원 재학기간과 박사 후 3년간 생산성이 높고, 보다 많은 인정을 받고 있음을 확인하고 있다. 특히 박사학위 직후 국내 상위 3개 대학원 학위자의 생산성과 인정이 급속히 증가하여 해외 대학원 학위자와 차이가 거의 없어지는 반면, 국내 기타 대학원 학위자의 생산성과 인정은 다른 그룹에 비해 더욱 뒤처진다. 국내 대학원 중에서도 상위 3개 대학원과 기타 대학원 학위자들이 박사학위 후 생산성과 인정이라는 측면에서 극명하게 분화되는 한국 과학자사회의 특징이 나타난 것이다(김명심·박희제, 2011).

반면 생화학 분야 여성 과학자의 교수임용과정에 영향을 미치는 요인들을 살펴본 박찬웅(2006)은 대학원 위신 순위나 외국 대학에서의 학위 여부가 교수임용 가능성에 영향을 미치지 않는다고 보고하고 있어 우리의 상식과 배치되는 결과를 보여 준다. 조혜선과 김용학(2005)의 연구 역시 공동연구 네트워크의 차이를 통해 성이 과학자사회 계층화에 미치는 영향을 보여 주면서도, 출신 대학교의 위신은 대형연구과제 수주에 별다른 영향을 미치지 못한다고 보고한다. 이들 두 연구에서 생산성의 영향은 모두 의미가 있었다.

일견 이러한 경험적 연구결과들은 한국 과학자사회의 계층화과정이 생산성에 기초한 보편성 규범에 따르고 있다는 인상을 준다. 그러나 앞서 살펴본 것처럼 생산성 자체가 능력과 성취의 지표일 뿐 아니라 특수주의적 영향으로부터 자유롭지 못하다면 이러한 해석은 오류가 될 수 있다. 같은 맥락에서 한국 과학자의 초기생산성 결정요인을 분석한 김명심과 박희제(2011)는 과학자의 경력 초기 연구생산성 차이가 단지 개인의 능력을 반영하는 것이 아니라 대학원위신과 지도교수의 후광효과를 반영하고 있음을 보여 주면서, 생산성의 영향 역시 상당부분 특수주의 요인에 의해 형성된 누적이익의 영향으로 보아야 한다고 주장한다.

더 생각해 볼 문제

1. 머튼이 말한 과학자사회의 규범들이 다른 사회제도가 갖고 있는 규범들과 다른 독특한 것일까? 그렇다면 어떤 점에서 다른지 토론해 보자.
2. 과학의 상업화와 더불어 나타나는 지적재산권과 상업적 응용성 추구라는 가치가 과학자사회에 내면화될 때, 이것이 과학의 발전 경로에 어떤 영향을 줄지를 논의해 보자.
3. 황우석 사태는 과학자사회의 규범이 제대로 작동하지 않았기 때문에 생긴 일인가? 황우석 사태를 과학자사회의 규범과 보상구조와 연관지어 논의해 보자.
4. 과학자들에게 가장 중요한 보상은 무엇일까? 현 한국사회의 과학자들이 중요하게 간주하는 보상이 무엇인지를 이공계기피현상에 대한 논의와 연관지어 토론해 보자.

〈심화학습을 위한 자료〉

- 김경만(2004), 『과학지식과 사회이론』, 한길사.
- 김환석 외(2010), 『한국의 과학자사회: 역사, 구조, 사회화』, 궁리.
- 머튼, 로버트, 석현호 · 양종회 · 정창수 옮김(1998), 『과학사회학』, 민음사.
- 윤정로(2000), 『과학 기술과 한국 사회: 구조와 일상의 과학사회학』, 문학과 지성사.
- 헤스, 데이비드, 김환석 외 옮김(2004), 『과학학의 이해』, 당대.

3장

과학지식의 사회적 구성에 관하여

홍성욱

홍성욱(서울대학교 생명과학부 교수)

서울대학교 물리학과를 졸업하고 같은 대학에서 과학사 및 과학철학으로 석·박사 학위를 받았다. 1992년 미국 과학사학회에서 박사 과정 학생을 대상으로 수여하는 최우수 논문상인 슈만상을, 1996년에는 미국 기술사학회의 IEEE 종신회원상을 받았다. 캐나다 토론토대학 교수를 거쳐 현재 서울대학교 생명과학부 교수로 재직하고 있다. *Wireless: From Marconi's Black-Box to the Audion*, 『잡종, 새로운 문화읽기』, 『생산력과 문화로서의 과학기술』, 『네트워크 혁명, 그 열림과 닫힘』, 『파놉티콘, 정보사회 정보감옥』, 『하이브리드 세상읽기』, 『과학은 얼마나』, 『인간의 얼굴을 한 과학』, 『홍성욱의 과학 에세이』, 『그림으로 보는 과학의 숨은 역사』 등의 책을 냈으며, 『2001 싸이버스페이스 오디쎄이』, 『남성의 과학을 넘어서』, 『뉴턴과 아인슈타인』, 『인간, 사물, 동맹』 등의 책을 엮었고, 2013년에는 토머스 쿤의 『과학혁명의 구조』(4판)를 공역했다.

• 이 글은 홍성욱(1999)과 홍성욱(2004)에서 많은 부분을 가지고 왔으며, 여기에 사회구성주의에 대한 최신 논의와 필자의 최근 생각을 첨가했다.

'사회구성주의(social constructionism)'는 지난 30년 동안 과학기술학 분야에서 가장 많이 사용되었고, 지금도 가장 자주 사용되고 있는 개념일 것이다. 사회구성주의는 과학지식과 믿음이 사회적으로 구성되었다고 주장한다. 이러한 주장은 과학기술학의 정체성을 형성하는 데 중심이 될 정도로 1980년대 이후 과학기술학의 발전에서 중요한 역할을 했지만, 동시에 과학이 합리적 지식이라고 믿는 과학자들과 과학철학자들의 격렬한 비판을 불러 일으켰다.

우리는 보통 사회적으로 합의된 대상에 대해서 '사회적 구성'이라는 표현을 쓴다. 예를 들어, '일부일처제의 사회적 구성,' '남북 긴장 관계의 사회적 구성,' '민주주의의 사회적 구성' 등에 대해서는 시비를 걸 사람이 많지 않을 것이다. 그런데 자연을 대상으로 하는 과학에 대해서도 같은 표현을 쓸 수 있을까? '진화론의 사회적 구성,' '양자물리학의 사회적 구성,' '쿼크의 사회적 구성'과 같은 표현이 의미가 있는 것일까? 이러한 과학지식이 사회적으로 구성되었다면, 과학의 객관성과 합리성은 어떻게 되는 것일까? 이번 장은 이런 물음을 염두에 두면서 과학지식의 사회적 구성을 주장하는 사회구성주의의 여러 측면들을 하나씩 점검해 볼 것이다.

1. 사회구성주의의 전사(前史)

1970년대 초반에 에든버러 대학교에서 과학사회학을 가르치던 데이비드 블루어(David Bloor)와 배리 반즈(Barry Barnes) 등은 "스트롱 프로그램(Strong Program)"이라는 새로운 과학사회학 프로그램을 제안했다. 그들은 이 프로그램이 과학지식을 사회학적 연구의 대상으로 삼을 수 있다고 하면서, 여기에서 더 나아가 과학지식의 구성에 '항상' 사회적 요소가 개입한다고 주장했다. 이들의 프로그램이 '스트롱' 프로그램인 이유는 과학지식의 구성에 '항상' 사회적 요소가 개입한다는 주장이 강한(스트롱) 주장이었기 때문이다. 스트롱 프로그램의 주창자들이 모두 에든버러 대학교에 모여 있었기 때문에 이들은 에든버러 학파라고도 불렸는데, 이들의 이러한 주장은 사회구성주의 과학지식의 사회학(SSK)의 출범을 알린 것이었다(Bloor, 1976; Shapin, 1982).[1]

스트롱 프로그램 사회구성주의가 자신들의 출발점으로 삼은 지점은 로버트 머튼(Robert Merton)의 과학사회학에 대한 비판이었다(2장 참조). 이들은 머튼의 과학적 에토스(ethos)와 규범이 실제 과학자들의 연구를 인도하는 원리가 아니라, 과학자들이 자신들의 규범이라고 자칭한 것에 불과하다고 주장했다. 또 머튼은 자연과학과 사회과학을 엄격하게 구분한 상태에서 사회과학의 경우에는 지식사회학의 방법론이 적용될 수 있지만 자연과학은 그렇지 못하다고 주장했는데, 스트롱 프로그램은 머튼의 이러한 구분도 강하게 비판하면서 자

1 국내 연구자들의 초기 논의로는 윤정로(1994), 김경만(1994), 김환석(1997) 등을 참조.

연과학도 지식사회학적으로 분석할 수 있다고 강조했다. 그 이유는 사회적 요소가 사회과학의 이론에 영향을 미치듯이, 자연과학과 수학적 지식의 형성에도 영향을 미치며, 이러한 요소들을 찾아내는 것은 지식사회학의 본령이기 때문이었다(Barnes and Dolby, 1970).

그림 3-1. 사회구성주의 과학사회학의 형성에 큰 영향을 주었던 토머스 쿤의 『과학혁명의 구조』 초판(1962).

사회구성주의 과학지식사회학 프로그램의 형성에는 여러 가지 다양한 지적 요소들이 영향을 미쳤다. 첫째, 미국의 과학사학자이자 과학철학자인 토머스 쿤은 『과학혁명의 구조』에서 정상과학이 과학자사회가 공유한 패러다임을 완벽하게 하는 형태로 발전한다고 주장하면서 과학이 본질적으로 갖는 공동체적이고 사회적인 성격을 강조했는데(그림 3-1), 이러한 주장은 당시 사람들에게 자연과학의 지식이 과학자사회가 공유한 패러다임이라는 사회적 특성을 가질 수 있다고 생각하게 만들었다(Kuhn, 1962).

둘째로, 과학철학자 노우드 러셀 핸슨(Norwood Russel Hanson)은 모든 과학적 관찰이 이론에 의존한다는 '관찰의 이론적재성(theory-ladenness of observation)'이라는 개념을 주창했는데(Hanson, 1965), 여기에서 과학에서의 관찰이 의존하는 이론은 한 과학자가 가지고 있는 선입관으로까지 확대될 수 있었다. 이렇게 생각하면 과학적 관찰은 객관적이라기보다는 과학자의 선입견에 좌우될 수 있는 것이 되었다. 게다가 이 이론적재성 개념은 이론이 주어진 증거에 의해 '불충분하게 결정되고(underdetermined)', 따라서 같은 증거의 집합에 대해서 하나의 이론만이 아니라 이를 비슷하게 만족스럽게 설명하는 대안적 이론이 언제나 존재할 수 있다는 윌러드 반 오만 콰인(Willard van Orman Quine)의 '과소결정원리(underdetermination of theory by evidence)'과 결합했다(Quine, 1953). 만일 이론이 과학적 증거만으로는 충분하게 결정되지 못한다면, 무엇이 그것을 '온전히' 결정지을 것인가? 스트롱 프로그램은 사회적 요인 같은 과학 외적인 이해관계(interests)가 과학내용과 결합함으로써 과학이론을 온전히 결정짓는다고 주장했다. 과학에서 논쟁은 이렇게 사회적 이해관계가 개입해서 해결되는데, 이러한 의미에서 과학적 진리와 사실은 과학자들 사이의 합의이며, 이 합의는 자연의 증거가 결정한 것이 아니라 "사회적으로 중재된 협상"인 것이다(Barnes, 1977).

마지막으로 과학과 사회의 밀접한 연관성을 보여 준 과학사의 몇몇 저작도 큰 영향을 주었다. 예를 들어, 과학사학자 로버트 영(Robert Young)은 다윈의 진화론이 빅토리아 시대의 정치경제학과 상호영향을 주면서 발전했고, 이런 의미에서 이 둘이 뗄 수 없는 관계에 있었음을 설득력 있게 보여 주었다. 다른 과학사학자 폴 포먼(Paul Forman)은 바이마르 공화국 시대의 독일에서 비인과적인 양자역학이 발흥한 것은 물리학자들이 결정론적 물리학에 적대적이었던 바이마르 공화국의 지적 환경에 적응하려고 노력했고, 그 결과 인과론에서 멀어졌기 때문이라고 해석했다. 이러한 역사적인 사례에 대한 연구는 사회적 요소가 과학지식의 형성에 영향을 미친다는

다윈의 진화론에 미친 사회적 요소의 영향

비글호의 여행(1831~1836)에서 돌아온 찰스 다윈(Charles Darwin)은 자신이 남미를 여행하면서 관찰한 수많은 동물의 종에 대해서 고민하기 시작했다. 그는 영국에 있을 때는 상상도 하지 못했던 많은 유기체의 종을 남미에서 보았으며, 신이 한 순간에 이 많은 생명종들을 다 창조했다고 보기 힘들다는 결론을 내렸다. 영국에 돌아와서 종의 기원에 대해서 고민하던 다윈은 사육사들이 동물의 우수한 개체만을 교배해서 몇 세대를 거치면서 거의 새로운 종에 가까운 종자를 얻어낸다는 사실을 관찰하고, 이러한 사육사의 '인위적 선택'이 '인위적 적응'을 낳는다는 것을 알게 되었다. 그는 이를 확장해서 자연에도 이와 같은 '자연 선택'이 있으면 지금 보는 수많은 종들의 존재, 즉 '자연 적응'을 설명할 수 있겠다는 생각이 들었지만, 자연에는 사육사와 같이 선택을 담당하는 존재가 없다는 문제에 직면했다.

인위적 선택 ──→ 인위적 적응

자연 선택?? ──→ 자연 적응

다윈은 오랫동안 이 문제를 고민했는데 답을 얻을 수 없었다. 그러다 1838년 9월, 다윈은 18세기 말엽에 활동했던 영국 정치경제학자 맬서스의 『인구론』을 읽다가 여기에서 '생존경쟁'이란 개념에 주목했다. 맬서스가 지적했듯이, 지금 생존하는 개체보다 훨씬 더 많은 개체가 태어나고 이 중 극히 일부만 생존한다면, 이렇게 생존하는 개체와 그렇지 못한 개체 사이의 차이가 세대를 거듭하면서 더 벌어질 수 있다는 생각이 들었던 것이다. 즉 '생존경쟁'이 자연에서 사육사의 역할을 대신할 수 있다는 것이 다윈이 이 책에서 얻은 영감이었다. 다윈은 '생존경쟁을 통한 자연선택'이 진화의 메커니즘(mechanism)이라고 결론지었고, 이 핵심은 그가 1859년에 출판한 『종의 기원』에서 상세히 서술되었다. 바로 이 점 때문에 유럽의 많은 생물학자들은 진화는 옳지만 진화의 메커니즘에 대한 다윈의 설명은 전형적으로 철저하게 영국적인 것이라고 생각했고, 오랫동안 이를 받아들이지 않았던 것이다.

것을 구체적으로 보여 주면서, 과학지식이 자연 속에 존재하는 진리를 반영할 뿐이라는 사람들의 믿음을 상당히 약화시켰다(Young, 1969; Forman, 1971).

2. 스트롱 프로그램과 상대주의 경험프로그램

사회구성주의 과학기술학은 이러한 다양한 흐름들이 수렴되는 배경에서 출범했는데, 그 프로그램의 출범을 선포한 것은 데이비드 블루어의 『지식과 사회의 상(*Knowledge and Social Imagery*)』이었다. 그는 이 책에서 스트롱 프로그램의 핵심 주장을 인과성(causality), 공평성(impartiality), 대칭성(symmetry), 성찰성(refexivity) 명제라는 네 가지 명제로 정리했다. 인과성이란 스트롱 프로그램의 과학지식에 대한 설명이 사회적 조건과 지식 사이의 인과적 관계로 맺어져야 한다는 의미이며, 공평성이란 이 사회학적 설명이 진실과 허위, 합리성과 비합리성, 성공과 실패 등의 대립항들을 각각 공평하게 설명할 것을 요한다는 의미이다. 대칭성은 이를 좀 더 확장한 것인데, 과학에서 참이라고 알려진 믿음과 거짓이라고 알려진 믿음을 설명할 때 같은 종류의 원인이 적용되어야 한다는 것이다. 마지막 성찰성은 스트롱 프로그램식의 사회적 설명이 자기 자신에게도 적용되어야 한다는 것이다. 이러한 네 가지 명제 위에 블루어는 방법론적 상대주의를 주창하고, "객관성은 사회학적이다(Bloor, 1976: 158)"라고 선언했다.

특정한 과학지식의 형성에 어떤 종류의 사회적 요인이 관여하는

지를 우리는 어떻게 알 수 있을까? 스트롱 프로그램에서는 여기에 논리적인 연관은 없으며, 이 관계는 오직 역사적, 사회학적, 인류학적 분석과 같은 경험적 연구에 의해서만 확인될 수 있다고 본다. 이런 입장에서 스트롱 프로그램은 과학과 사회의 관계를 잘 볼 수 있는 경우가 과학적 논쟁을 살펴보는 것이라고 보는데, 논쟁을 하던 이론들 사이에서 하나가 다른 하나를 누르고 선택되는 과정을 보면 사회적 요소의 개입을 어렵지 않게 발견할 수 있기 때문이다. 스트롱 프로그램에 따르면 논쟁은 과학이라는 '블랙박스'를 열어서 우리에게 '만들어지는 과정에 있는 과학(science-in-the-making)'을 살펴볼 수 있게 해 주는 창인 것이다.

사회구성주의자인 영국의 과학사학자 해리 콜린스(Harry Collins)는 블루어의 스트롱 프로그램과 비슷한 '상대주의 경험프로그램(Empirical Program of Relativism, EPOR)'을 주창했는데, 이 프로그램은 과학과 사회의 연결고리를 찾는 데 유용한 방법론을 제공한다(Collins, 1981). 상대주의 경험프로그램의 첫 단계는 과학 논쟁의 분석을 통해 과학의 '해석적 유연성(interpretative flexibility)'을 발견하는 것이다. 해석적 유연성은 과학이 서로 다른 방향으로 나아갈 수 있었던, 즉 다양한 해석이 가능했던 상태를 의미한다. 둘째 단계에서 연구자는 해석적 유연성을 제한하고 그럼으로써 논쟁을 종결지은 기제(mechanism)를 찾아야 한다. 셋째 단계는 이러한 기제와 좀 더 넓은 사회구조 사이의 관계를 찾는 것이다. 이렇게 과학에서 해석적 유연성을 찾아서 과학지식이라는 블랙박스를 열고, 유연성을 제한하는 기제를 찾고, 이러한 기제 배후에 있는 사회적 요인을 찾는 것이 상대주의 경험프로그램의 세 단계이다. 콜린스는 이러한 프로그램을 응용해서 물리학자들 사이에서 벌어졌던 중력파 논쟁을 분석했다(이 장의 5절 참조).

이 절에서는 스트롱 프로그램의 초기 연구 두 가지 사례를 소개하겠다. 첫 번째 연구는 스티븐 섀핀(Steven Shapin)과 사이먼 섀퍼(Simon Schaffer)의 '보일-홉스 논쟁'에 대한 것이다. 1660년대 영국에서는 첫 번째 과학자단체인 왕립학회가 설립되고, 실험과학자들은 이전의 과학에 대한 비판과 대안으로 실험적 방법론을 제시했다(Shapin and Schaffer, 1985). 이러한 상황에서 영국의 자연철학자 로버트 보일(Robert Boyle)은 진공펌프를 이용해서 진공을 만들고, 이 속에서 다양한 실험을 수행함으로써 진공이 존재하지 않는다는 아리스토텔레스의 자연철학을 비판했을 뿐만 아니라, 갈릴레오의 낙하법칙 같은 새로운 과학을 실험적으로 증명하기도 했다(그림 3-2). 그런데 당시 이러한 진공 실험에 대해서 사회계약론을 설파한 『리바이어던(*Leviathan*)』의 저자로 유명했던 정치철학자 토머스 홉스(Thomas Hobbes)가 이를 격렬하게 비판하고 비난했다. 보일과 홉스 사이의 논쟁을 분석한 섀핀과 섀퍼는 보일의 승리가 당시 혁명과 왕정복고를 연속해서 겪으며 위기를 느꼈던 영국 사회에서 어떻게 자연철학적 지식이 사회적 안정을 만드는 데 기여할 수 있는가를 놓고 이루어진 사회적 합의에 근거해서 이루어졌다고 주장했다. 철학의 독단성을 주장한 홉스보다, 실험과학지식의 안정성과 확실성을 주장한 보일의 과학이 이런 사회적 목적에 더 잘 부합했다는 것이 이들의 주장이었다.

또 다른 사례는 통계학에 대한 것이다. 19세기 말과 20세기 초, 통계학의 기초를 놓았던 칼 피어슨(Karl Pearson)과 조지 율(George Undy

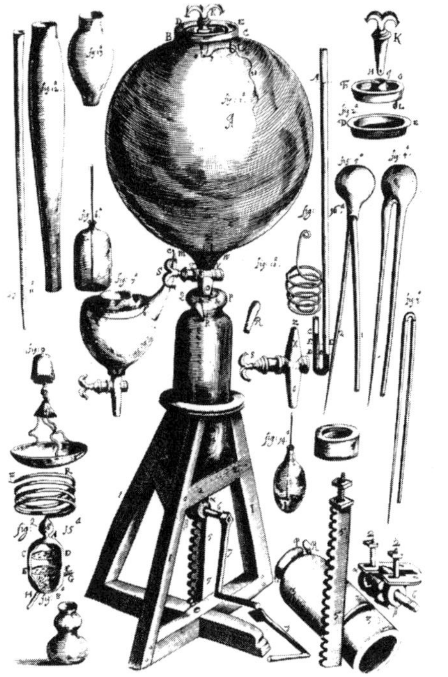

그림 3-2. 로버트 보일의 진공펌프. 펌프 위의 유리구에 진공을 만들었는데, 이 유리구에는 뚜껑이 있어서 물체를 넣을 수 있었다.

Yule)은 '변수 결합에 대한 계수 이론'에 대해 두 가지 다른 접근을 시도했다. 결합 계수를 참작할 때 율은 변수의 분포를 불연속적인 것으로 본 반면, 피어슨의 이론은 연속 정상분포에 기초했던 것이다. 여기에 대하여 에든버러 학파의 멤버였던 과학사회학자 도널드 맥켄지(Donald MacKenzie)는 "어째서 이 두 사람은 같은 문제에 대해 두 가지 다른 접근을 채용하고 발전시켰는가?"를 질문하고, 이 대답을 피어슨이 당시의 우생학 이데올로기의 신봉자였다는 데에서 찾았다. 연속적인 변수를 다루는 정상분포는 전문직 계층이 노동 계층이나 토지소유 귀족보다 우월하다는 주장을 폈던 우생학 이데올로기를 입증하는 데 중요한 논리를 제공했고, 바로 이것이 그가 계수이론을 다룰 때 불연속적인 방법이 아닌 연속적인 방법을 선호한 이유였다. 반면에 우생학적인 이념과 무관했던 율은 불연속적인 계수이론을 채택했다는 것이 맥켄지의 주장이었다(MacKenzie, 1978).

이러한 연구는 이해관계와 같은 사회적·정치적 요소의 개입이 과학지식을 왜곡으로 이끄는 것이 아니라, 정당한 지식을 만들어내는 데 기여한다는 점을 보여 줌으로써 사회구성주의의 설득력을 높였다. 이러한 연구에 따르면 과학지식은 근본적으로 그 지식이 만들어진 사회문화적 맥락(context)에 의존하며, 따라서 국지적(local)이다. 그렇지만 모든 사람들이 이에 동의한 것은 아니었다. 과학은 자연에 존재하는 진리를 발견하는 것이라고 생각했던 과학자나 철학자들은 사회적 요소의 개입이 참된 과학지식을 낳는다는 주장을 수용하기 힘들었다. 다음 절은 사회구성주의에 가해진 여러 종류의 비판과 이에 대한 사회구성주의자들의 답변을 다룬다.

3. 사회구성주의에 대한 비판과 대응

스트롱 프로그램의 사회구성주의는 일련의 논쟁을 불러일으켰다. 과학지식이 사회적으로 구성되었다고 하는 주장이나, 참이나 거짓을 대칭적으로 봐야 한다는 대칭성 명제는 과학이 실험과 논리와 같은 이성적인 과정을 통해 발전해 왔고, 따라서 합리성을 대표하는 것이라는 당시의 주류 과학관에 대한 심각한 도전이었기 때문이다.

여기에서는 사회구성주의 스트롱 프로그램 과학사회학에 가해진 비판을 다섯 가지로 분류하고, 이에 대한 사회구성주의자들의 대응을 살펴볼 것이다.[2]

첫 번째로, 비판자들은 과학지식에는 국지적인 특성을 가지는 것보다 비국지적이고(non-local), 보편적인 특성을 가지는 지식이 훨씬 더 많다는 점을 강조했다. 뉴턴의 운동법칙은 런던과 파리에서만 참인 것이 아니라, 스리랑카의 시골에서도 참이라는 것이다. 비슷한 관점에서 비판자들은 서양과학의 객관성과 합리성은 서양과학이 중국과 같은 타 지역의 과학과 대면했을 때 이를 누르고 결국 타 지역에서도 수용이 되었던 원인이었다고 강조했다.

두 번째 비판은 스트롱 프로그램이 근거한 철학적 원리인 '과소결정원리'에 대한 것이었다. 앞서 보았듯이, 과학이론은 실험적 증거만으로 충분히 결정되지 않는다는 콰인의 '과소결정원리'에 근거해서 사회구성주의자들은 이론을 확정짓기 위해서 여기에 사회적인 이해관계가 개입된다고 주장했다. 이에 대해서는 두 가지 반론이 등장했다. 하나는 역사적 이해에 근거한 반론으로, 이론의 과소결정이라는 것이 철학적 원리로서는 참이지만 실제로 과학자들이 수많은 이론 중에 하나를 선택해야 하는 경우는 거의 없다는 것이다. 예를 들어, 실제 상황은 "왜 (19세기 프랑스 물리학자) 프레넬이 수많은 이론 중에 빛의 파동설을 택해서 이를 지지했는가"라기보다는 "왜 프레넬이 빛의 입자설과 파동설 중에 후자를 지지했는가"에 가깝다는

2 이 소절에서 제기된 첫 네 가지 비판은 Laudan(1981), Brown(1989), Hesse(1980), Freudenthal(1979)에서 정리한 것들이다.

것이다. 이렇게 보면 두 이론 중에 하나를 선택한 것은 이해관계의 개입이 없이도 과학 내적으로도 충분히 설명될 수 있다는 것이다. 두 번째 반론은 철학적인 반론인데, 과학적 증거의 집합만으로 이론이 충분히 결정되지 못한다면, 여기에 사회문화적·정치적 이해관계가 개입해서 증거를 보완해도 마찬가지로 이론을 결정할 수 없다는 것이다. 과소결정원리는 어떤 종류의 증거인지, 혹은 얼마나 많은 증거인지와 무관하게 증거 그 자체가 이론을 충분히 확정짓지 못한다는 논리적 명제이기 때문이다.

세 번째 비판은 대칭성 명제에 대한 것이었다. 블루어는 같은 종류의 원인을 사용해서 합리적 믿음과 비합리적 믿음, 과학에서의 성공과 실패를 모두 설명해야 한다는 것을 대칭성 명제라고 칭했는데, 왜 이런 명제를 따라야 하는지, 혹은 이런 명제를 따랐을 때 의미 있는 연구 결과가 나올 것인지에 대해서는 언급하지 않았다. 비판자들은 과학에서의 참과 거짓을 같은 종류의 원인을 사용해서 설명해야 한다는 대칭성 명제는 결국 과학에서 충분히 근거를 가진 주장과 그렇지 못한 주장을 대칭적으로 보아야 한다는 주장에 다름 아니라고 비판했다. 예를 들어 사회구성주의 연구자들은 진화론과 창조과학을 대칭적으로 이해하고 평가해야 한다는 딜레마에 직면한다는 비판이었다. 이러한 비판은 사회구성주의를 반대하는 사람들은 물론, 사회구성주의 내부에서도 제기되었다.

네 번째 비판은 성찰성 명제에 대한 것이었다. 비판자들은 성찰성 명제가 스트롱 프로그램 그 자체의 기반을 침식한다고 주장했다. 왜냐하면 만약 그 명제가 참이라면 스트롱 프로그램의 네 가지 명제 또한 사회적으로 구성된 것이 되고, 따라서 자신들의 명제 역시 참이 아닐 수도 있다는 말이 되기 때문이다. 만약 모든 주장이 상대적이고 모든 객관성이 사회적이라면, 바로 이를 주장하는 스트롱 프로그램 자체의 타당성을 판가름할 길도 없다는 것이 비판자들의 주장이었던 것이다.

마지막 비판은 사회구성주의가 과학과 사회를 분리해서 이분법적으로 사고한다는 비판이었다. 이러한 비판은 특히 행위자-연결망 이론(5장 참조)의 진영에서 주로 제기되었는데, 이런 비판에 의하면 사회구성주의는 '사회'의 영역과 '과학'의 영역을 구별한 뒤에 사회적 원인에 의해 과학지식의 구성이라는 결과가 나타난다고 주장한다는 것이다. 그런데 여기에서 문제가 되는 점은, 사회구성주의자들이 과학지식을 구성하는 사회에 대해서는 잘 알고 있다고 가정하면서, 과학이 사회를 구성하는 복잡한 과정에 대해서는 주의를 기울이지 않는다는 것이다(Latour, 1983; 1987).

사회구성주의자들은 이러한 비판에 대해서 자신들의 입장을 강하게 옹호했다. 우선 과학의 보편성을 무시했다는 첫 번째 비판에 대해서 사회구성주의자들은 과학의 보편성이 그냥 주어진 것이 아니라 이것 역시 사회적 산물이라고 주장했다. 예를 들어, 뉴턴의 물리학이 처음 만들어졌을 때에 이것은 뉴턴 개인이 신봉했던 연금술과 신학적 요소를 다 담고 있었지만, 시간이 지나고 뉴턴 물리학이 다른 지역에 전파되면서 이러한 사회문화적 맥락이 서서히 탈색되는 '탈맥락화' 과정이 진행되었고, 이 과정이 뉴턴 물리학에 객관성과 보편성을 부여했다는 것이다. 이런 맥락에서 이들은 지금도 뉴턴의 물리학은 보편적인 것이 결코 아니라는 사실을 강조한다. 서양의 과학이 잘 정착해서 교육되는 곳에서 뉴턴의 물리학은 참이지만, 스리랑카의 시골에서는 그렇지 않다는 것이다. 뉴턴 물리학이 스리랑카의 시골에서도 참이기 위해서는, 뉴턴의 물리학을 가르치는 학교와 교사, 교재와 실험기구 등이 있어야 될 뿐만 아니라 잘 유지가 되어야 하는데, 이런 사회적 조건이 갖춰지지 않은 상태에서는 그곳에서 뉴턴 물리학이 잘 작동한다고 볼 수는 없다는 것이다(Collins and Shapin, 1989).

두 번째 '과소결정원리'와 관련된 비판에 대해서도 사회구성주의자들은 자신들의 입장을 옹호했다. 수많은 이론이 아니라 두 이론 중에서의 선택은 합리적인 기준에 의해서 가능하다는 비판에 대해서 사회구성주의자들은 두 가지 경쟁하는 이론 사이의 선택의 경우에도 '결정적 실험(crucial experiment)'이 효과적으로 작동하는 경우가 많지 않으며, 이러한 사실은 두 이론 사이에서 하나의 이론을 선택하는 것이 과학적 데이터에 의해서만 이루어지는 것이 아니며 이는 오히려 사회구성주의를 지지하는 사례가 된다고 반박했다. 또 데이터 같은 과학적 증거들이 이론을 결정하지 못한다면 여기에 이해관계가 개입해도 이론을 결정할 수 없다는 비판에 대해서 사회구성주의자들은 실제 과학에서 이러한 무한 회귀가 일어나지 않는 이유가 결국에는 모든 이들이 인정하는 어떤 종류의 '규칙'이 사회적으로 합의된 상태로 존재한다는 것을 의미한다고 주장했다(Bloor, 1991).

대칭성 명제에 대한 세 번째 비판에 대해서 사회구성주의자들은 대칭성 명제가 참/거짓의 구분을 인정하지 않는 극단적인 상대주의를 지향하는 것이 아니라, 방법론적인 상대주의를 의미한다고 주장했다. STS 연구자들은 참인 것을 믿지 않는 사람에 대해서 연구할 수도 있고, 거짓을 참으로 믿는 사람에 대해서 연구할 수도 있다. 그리고 이러한 연구를 할 때 연구자는 자신의 대상이 되는 사람이 (예를 들어 창조과학의 경우에는) 잘못된 믿음을 가지고 있다고 평가할 수도 있다. 그렇지만 대칭성 명제가 강조하는 것은 이러한 참 믿음과 거짓 믿음이 서로 다른 근거에서 연유한 것이라는 선험적인 판단을 하지 말고 연구에 접근하자는 것이다. 즉 사회구성주의의 대칭성 명제는 참 믿음과 거짓 믿음이 구별이 안 된다는 심리적인 대칭성이나, 참과 거짓이 구별이 안 된다는 논리적인 대칭성이 아니라, 참 믿음이 거짓 믿음과는 다른 특별한 이유 때문에 가능하다는 특권적 지위를 이에 미리 부여하지 말자는 '방법론적인 대칭성'을 강조한다는 것이다(Bloor, 1981; 1991).

네 번째 성찰성 명제에 대한 비판은 가장 단순한 비판이다. 사회구성주의자들의 상대주의는 절대적 진리를 옹호하는 절대주의에 대한 비판이지 아무런 진리도 존재하지 않는다는 것도 아니며, 모든 주장이 다 같은 진리라는 것은 더더욱 아니기 때문이다. 사회구성주의자들은 서로 경합 중인 주장을 판단할 수 있는 실질적 기준이 없다고 주장한 적도 없을 뿐더러, 자신들의 이론이 절대적으로 옳다고 주장하지도 않았기 때문이다. 비유적으로 말하면, 우리는 일상생활 가운데 서로 다른 여러 의견과 마주치지만, 만약 우리가 그 주어진 의견들과 그들이 속한 맥락을 자세히 살펴본다면 무엇이 절대적으로 옳은지는 알 수 없더라도 누구의 의견이 옳고 그른지는 판단할 수 있는 것과 마찬가지다. 사회구성주의자들의 상대주의는 참/거짓이 존재하지 않는다던가, 모든 지식이 다 똑같다는 것이 아니라, 참/거짓의 기준 자체가 구성된 것이고 변할 수 있다는 얘기다. 즉 절대적 진리가 존재하지 않는다는 의미에서 상대주의인 것이다.

마지막 비판에 대해서는 조금 더 자세히 살펴볼 필요가 있다. STS가 제도적으로 막 자리를 잡아가던 1970년대와 1980년대만 하더라도 스트롱 프로그램 사회구성주의와 행위자-연결망 이론은 STS 내에서 비슷한 방법론과 인식론으로 인식되었다. 행위자-연결망 이론 진영의 대표적인 연구자인 브뤼노 라투르(Bruno Latour)의 첫 저서 『실험실 생활(*Laboratory Life*)』의 부제가 "과학적 사실의 사회적 구성"이었음을 보면 이 점을 잘 알 수 있다. 그런데 두 학파의 차이는 1980년대 중반 이후에 서서히 드러났는데, 이를 상징적으로 보여 준 사건이 라투르가 1986년에 책의 재판을 내면서 그 부제를 "과학적 사실의 사회적 구성"에서 "과학적 사실의 구성"으로 바꾸었다는 것이다(Latour and Woolgar, 1979; 1986). "사회적"이란 말이 빠진 데에서 볼 수 있는 변화는 사회구성주의와 행위자-연결망 이론 사이의 긴 논쟁의 서막이었다.

이 두 학파 사이의 논쟁은 4장에서 상세히 다루어지기 때문에 여기에서는 간단히 그 핵심만을 지적하겠다. 행위자-연결망 이론가들은 사회구성주의가 대칭성의 원리를 주창하면서 참/거짓, 과학/비과학의 경계를 나누지 않고 이를 대칭적으로 파악한 점을 높게 산다. 그렇지만 행위자-연결망 이론가들은 사회구성주의가 대칭성의 원리를 끝까지 밀어 붙이지 않고 적당한 지점에서 멈췄다고 비판적으로 평가한다. 행위자-연결망 이론가들에 따르면 이 지점은 사회를 주어진 것으로 보고, 사회에 의한 자연의 구성을 강조한 지점이다. 스트롱 프로그램의 사회구성주의 프로그램 속에서 자연과 사회의 이분법은 계속 유지되며, 자연은 사회에 의해서 구성된 것이 되는데, 이러한 관점은 실제로 사회를 구성하는 과정에서 과학기술이 담당하

과학전쟁

사회구성주의에 대한 비판은 1990년대에 발생한 '과학전쟁'에서 그 절정을 이루었다. 과학전쟁은 사회구성주의를 비판하는 과학자들과 과학학자들 사이에 벌어졌던 일련의 논쟁을 말한다. 1992년 영국의 생의학 교수인 루이스 월퍼트(Lewis Wolpert)는 『자연과학의 비자연적 본질』이라는 책에서 과학은 상식과 반(反)하는 특수한 지식이며, 과학이 사회적으로 구성되었다고 주장하는 스트롱 프로그램은 반과학주의이며, 현대과학과 원시 사회의 자연관을 구별하지 못한 결과라고 비판했다. 그 다음해 물리학자 스티븐 와인버그(Steven Weinberg)는 『최종이론의 꿈』에서 '쿼크의 사회적 구성'을 과학사회학자 앤드류 피커링을 비판하면서, 20세기 과학철학 전반이 과학의 발전에 거의 영향을 미치지 못했다고 비난했다. 1994년에는 생물학자 폴 그로스(Paul Gross)와 수학자 노만 레빗(Norman Levitt)이 사회구성주의 과학사회학, 페미니스트 과학론자, 환경론자, 다문화주의자들을 한꺼번에 비판하는 『고등미신』을 출판했다. 과학전쟁의 정점은 1995년에 물리학자 앨런 소칼(Alan Sokal)이 포스트모더니즘 과학관을 흉내낸 엉터리 논문을 포스트모던 학술지인 《소셜텍스트(*Social Text*)》에 출판하고, 이것이 날조(hoax)된 논문임을 고백한 데에서 정점에 달했다. 소칼은 이후 스트롱프로그램 과학사회학, 포퍼와 쿤의 과학철학, 프랑스 포스트모던주의 철학자들의 과학관 등을 비판하는 『지적 사기』라는 책을 출판하기도 했다.

과학자들의 이러한 비판에 대해서 과학학 진영에서는 다양한 방식으로 과학학의 핵심 주장을 옹호했고, 의미 없는 포스트모던 '잡설'과 의미 있는 과학학 연구를 구별해서 제시했으며, 상대주의 과학학을 비판하는 과학자들과 함께 학회 등을 개최해서 차이를 좁히고 의견을 모아보는 작업 등을 수행했다. 지금 돌이켜 보았을 때 한 가지 분명한 사실은 과학전쟁 이후 과학학의 철학적 토대나 핵심 주장들이 더 탄탄해 졌고, 물론 과학학의 연구 범위와 연구 집단 모두 훨씬 확장되었다는 점이다.(홍성욱, 1999: 제2장, 홍성욱, 2004: 제3장 참조)

는 중요하고 적극적인 역할을 간과하게 된다는 것이다(Callon, 1986).

반면에 사회구성주의자들은 자연과 자연에 대한 믿음을 구별해야 한다고 강조한다. 사회구성주의의 관심 대상은 자연 그 자체가 아니라 자연에 대한 믿음, 즉 과학지식이라는 것이다. 사회구성주의는 자연과 사회의 이분법을 유지하는 것이 아니라, 자연에 대한 과학지식의 형성에 사회적 요소가 개입하고, 자연을 다루는 과학자는 동시에 사회적 존재라는 것을 보임으로써, 자연과 사회의 이분법을 비판하고 이를 극복하는 것을 꾀한다는 것이다. 이 두 학파 사이의 거리는 1990년대의 논쟁을 겪으면서도 좁혀지지 않았고, 이들의 논쟁은 지금도 계속되고 있다(5장 참조).

4. 실험자의 회귀

1980년대 이후 STS 연구자들은 과학의 실행(practice)에 많은 관심을 두었다. 과학자들의 실험, 실험결과를 놓고 벌어지는 논쟁, 실험의 재연(replication), 실험과 이론의 관계, 기구의 제작과 개량, 실험기구를 표준기구에 맞춰서 눈금을 매기는 캘리브레이션(calibration), 실험실의 기능과 구조, 현장에서의 작업, 실험을 통한 새로운 현상의 창조, 단위와 표준, 정밀도, 시연실험(demonstration experiments) 등에 대해서 자세하고 흥미 있는 연구들이 이루어졌다. 그중 사회구성주의와 관련해서 많은 논쟁을 불러일으킨 개념이 콜린스가 제시한 '실험자의 회귀(experimenters' regress)'이다.

과학자가 어떤 새로운 현상을 발견하는 과정을 상상해 보자. 그 과학자가 미지의 새로운 현상 X를 발견하기 위해 T라는 기구를 제작했다. X는 T가 잘 작동하는지를 통해서 발견되었는지를 알 수 있다. 그런데 X는 과거에 발견된 적이 없었기 때문에 우리는 X에 대해서 모르고 있고, 따라서 T가 잘 작동한다는 것은 X가 발견되어야 알 수 있는 것이다. 이것이 바로 콜린스의 실험자의 회귀 문제였다.

콜린스가 분석한 예는 운동을 하는 거대한 천체에서 발생된다고 알려진 중력파를 둘러싼 논쟁이었다. 일찍이 아인슈타인의 일반상대성 이론이 천체의 항성들처럼 부피가 큰 운동체에서 발생하는 중력파를 예측했지만 그 검출은 실패를 거듭했다. 일반 상대성 이론을 지지하는 사람들은 중력파가 너무 약해서 탐지되기가 어렵다고 간주했지만, 물리학자들 중에는 그 존재를 의심하는 사람도 있었다. 이러던 중, 1969년 미국 메릴랜드대학교의 물리학자 조셉 웨버(Joseph Weber)는 중력파를 발견했다고 공표했다. 1970년대 초반에 웨버는 멀리 떨어진 두개의 검파기에서 같은 효과를 발견하는 등, 개량된 실험에 입각한 추가적 발견을 공표했다(Collins, 1975).

웨버의 검파기는 진공 속에 매달린 거대한 알루미늄 실린더로 되어 있었다(그림 3-3). 중력파는 실린더에 미세한 요동을 야기하고, 이 요동은 전기신호로 바뀌어 증폭될 수 있다는 것이 웨버의 생각이었다. 그는 이를 이용해서 탐지한 신호가 우주로부터의 중력파라고 해석했던 것이다. 여기에서 콜린스는 '실험자의 회귀'를 발견했다. 아직까지 아무도 발견하지 못한 중력파를 발견하기 위해 웨버는 민감한 중력파 검파기를 조립했다. 그런데 그것이 좋은 중력파 검파기인지는 그 장치를 써서 중력파를 찾아낼 때까지는 알 수 없는 것이었다. 반면에 중력파는 한 번도 발견된 적이 없었기 때문에 어떤 신호가 중력파인지 알 수 없고, 결과적으로 그 검파기가 잘 작동하는

그림 3-3. 조셉 웨버와 알루미늄 실린더 모양의 중력파 검파기.

것인지도 알 도리가 없었다는 것이다.

문제는 웨버의 실험이 재연(replication)되는 과정에서 더 복잡해졌다. 웨버의 발표 이후, 1970년대 초엽부터 1975년까지 약 열 개의 서로 다른 연구그룹이 웨버의 결과를 재연하려는 실험을 했다. 이때 웨버의 실험을 반복한 연구그룹들은 웨버가 사용한 막대기 모양의 검파기를 제작했지만, 웨버의 막대 검파기와 똑같은 거대한 원통형 알루미늄 검파기를 만들어서 실험을 한 집단은 단 하나도 없었다. 그들은 각자 자기들 나름대로의 검파기를 만들었고, 이를 통해 실험을 한 뒤에 중력파를 발견하지 못했고 웨버가 틀렸다는 부정적인 결과를 발표했다. 1975년이 되면 중력파를 둘러싼 논쟁은, 웨버의 실험이 틀렸다는 쪽으로 (즉 중력파가 존재하지 않는다는 쪽으로) 종결되었다(Collins, 1992).

콜린스는 논쟁이 종결된 이유를 두 가지에서 찾았다. 그는 중력파 실험에 참여한 과학자들에 대한 인터뷰를 통해서 웨버의 실험을 평가하는 과정에 '객관적인 기준' 이외에 과학자의 명성과 출신 대학에 대한 평가 등 심리적·사회적 요소가 포함되어 있었음을 주장했다. 사회적 요소에 대한 또 다른 증거로 콜린스는 웨버의 실험 결과를 처음부터 의심했던 물리학자 'Q'의 영향을 지적했다. Q는 작은 검파기를 만들어서 간단한 실험을 수행한 뒤에 그 결과를 무척 강력한 톤으로 한 학회에서 발표했으며, 대중적인 잡지에 중력파가 존재하지 않는다는 글을 게재하기도 했다. 그는 처음부터 웨버의 실험을 믿지 않았고, 그의 영향력은 많은 과학자들로 하여금 중력파가 존재하지 않는다고 믿게 만들었다는 것이다.

중력파 논쟁에서 콜린스가 찾아낸 사회적 요소들은 다음과 같다.

- 이전의 파트너십에 근거한 실험능력과 정직성에 대한 믿음
- 인간성과 실험의 이해도
- 거대한 실험실을 운영하는 명성
- 실험자가 기업에 있는가 대학에 있는가의 판단
- 이전의 실패에 대한 역사
- '내부 정보'
- 스타일과 결과의 보고 방식

- 실험에 대한 심리적 접근
- 출신 대학의 규모와 명성
- 과학 네트워크에 편입되어 있는 정도
- 국적

물론 이러한 사회적인 요소들만이 논쟁의 종결에 기여한 것은 아니었다. 콜린스에 의하면 논쟁을 종식한 또 다른 요소는 '캘리브레이션'이었다. 간단히 말해서 캘리브레이션은 새 기구의 계기판의 눈금을 이미 잘 확립된 방법(혹은 표준 시그널)을 써서 결정해서 매기는 것이다. 웨버의 비판자들은 자신들의 검파기를 정전력(electrostatic force)을 사용해서 눈금을 매겼고, 웨버에게도 같은 방식으로 그의 기구를 표준화할 것을 강요했다. 웨버가 이를 받아들인 순간에 웨버의 '해석적 자유'는 심각하게 제한되었다는 것이 콜린스의 주장이었다. 즉 캘리브레이션은 분명히 과학적인 절차이지만, 어느 표준을 선정할 것인가의 문제는 사회적 합의를 포함하는 사회적인 문제이며, 이렇게 캘리브레이션이 안고 있던 사회적 과정이 실험자의 회귀를 종결한 것이었다(Collins, 1992: 100-106).

이러한 해석은 콜린스의 상대주의 경험프로그램과 잘 부합한다. 초기 중력파 실험은 다양한 해석적 유연성을 가지고 있었지만, 여러 가지 사회적 요소들에 의해서 이 해석적 유연성이 사라져버리면서 결국에는 '중력파는 존재하지 않는다'는 쪽으로 논쟁이 종결되었다는 것이다. 이 종결은 웨버에 반대하는 사람들의 실험이 웨버의 실험에 비해서 더 큰 과학적 설득력을 가져서라기보다는, 다양한 사회적 요인이 개입한 결과라는 것이다. 이러한 콜린스의 해석에 대해서는 그가 실험의 미묘한 차이와 과학 내적인 설득력을 고려하지 않고 사회적인 측면만을 너무 강조했다는 비판이 있지만, 그가 주목한 실험자의 회귀라는 현상은 복잡한 과학의 블랙박스를 열어서 과학지식의 구성에서 사회적 요소들의 역할을 발견하게 하는 중요한 기회를 제공했다는 점에서 그 의의를 찾을 수 있다.

5. 과학지식의 사회적 구성의 이해

사회구성주의는 과학지식의 사회적 성격을 드러냄으로써 과학을 연구하는 STS의 연구 영역을 크게 넓혔다. 그렇지만 아직도 STS 학계 바깥에서는 과학지식의 사회적 구성에 대해 격한 반감을 갖는 사람들이 많다. 과학이 사회적으로 구성되었다고 보기 힘들다는 비판자들의 생각의 근거로는 두 가지를 생각해 볼 수 있다. 하나는 우리 주변의 과학자들을 볼 때, 이들이 낸 모든 연구에 사회적 요소가 들어 있다고 평가하기가 쉽지 않다는 것이며, 두 번째는 사회구성주의의 사례에서 자주 등장하는 과학자들이 자신들의 연구가 사회적으로 구성되었다고 생각하지 않고 그렇게 회고하지도 않는다는 것이다. 이 문제들은 결국 '사회적 구성'을 어떻게 이해할 것인가와 연결이 되어 있다.

첫 번째 문제를 이해하기 위한 한 가지 방법은 과학을 두 부분으로 나누어 생각하는 것이다(Latour, 1998 참조). 아직 알려지지 않은 영역을 개척하는 연구 프런티어(research frontier)에서는 정형화된 과학적 방법론을 사용한 연구보다는 일단 불확실한 가설과 이론을 채택하고 이를 발판으로 삼아 한 단계 더 나아가 보는 식의 연구가 주를 이룬다. 여기서 과학자들은 숙련에 근거한 '동물적인 영감'에 의존하는 경우도 많다. 연구 프런티어는 불확실성, 미결정성, 개방성, 유연성 등으로 특징 지워지며, 과학자가 속한 연구전통, 미적 취향, 형이상학적 믿음, 사회문화적인 요소들이 이론적이고 실험적인 요소와 함께 과학 활동을 좌우할 수 있다. 연구 프런티어에서는 만장일치의 합의보다는 이견과 논쟁이 주를 이루며, 실험은 잘 재연이 안되고, 실험 데이터의 분석을 놓고 논쟁이 끊이지 않는다. 반면에 프런티어에서 한발 떨어진 '후방'에서는 확실하게 정립된 가설, 이론, 데이터가 존재하고, 논쟁과 불평보다는 합의와 수용이 주를 이룬다. 후방의 과학에는 합리성, 객관성, 중립성, 보편성 등 과학의 특징이라고 간주되는 요소들이 훨씬 더 뚜렷하게 나타난다. 물론 몇백 년 동안 과학 교과서에 실린 이론도 받아들이지 않는 사람들이 종종 있지만, 이들의 견해는 그저 괴팍한 취향으로 간주된다.

이렇게 생각하면, 연구 프런티어의 영역에서 진행되는 연구에는 사회적 요소가 영향을 미치거나 개입할 가능성이 커지고, 후방의 영역에서는 상대적으로 과학 내적인 요소들만으로도 과학적 설명이 충분히 이루어 질 수 있다. 다른 말로 하자면, 사회적 요소가 개입할 가능성이 큰 연구들이 더 창의적이고, 모험적이고, 새로운 것을 찾는 탈추격형에 가까운 연구라는 것이다(홍성욱, 2011). 일상적이고, 그저 그렇고, 창의성이 크지 않고 안정적인 연구는 과학 내적인 요소들의 결합만으로 진행될 수 있다. 대학생들이 실험실에서 하는 실험에 사회적 요소가 개입할 여지는 거의 없다. 이는 왜 우리가 교과서에서 보는 과학, 우리 주변에서 보는 일상적 연구들 속에서 사회적 요소를 발견하기 쉽지 않은지를 설명해 준다.

두 번째 문제를 역사적 사례를 살펴봄으로써 분석해 보자. 사회구성주의에 공감하는 과학사 연구자들은 20세기 초에 양자물리학의 코펜하겐 해석을 완성한 닐스 보어(Niels Bohr)의 핵심적인 '상보성(complementarity)' 개념이 윌리엄 제임스(William James)의 심리철학과 제임스의 영향을 받았던 해럴드 회프딩(Harald Høffding)의 철학에서 영향을 받았다고 주장했으며, 알베르트 아인슈타인(Albert Einstein)의 특수 상대성 이론에 나타난 시간에 대한 혁명적인 생각은 그가 특허국 직원을 하면서 취급한 표준시 설정을 위해 시계 동기화의 기술을 대상으로 한 특허에서 기인했다고 주장했다(Faye, 1988; Galison, 2003). 그런데 문제는 보어 자신이 자신의 연구에 대해서 이런 회고를 하지 않았고, 이는 아인슈타인도 마찬가지였다는 것이다. 사회구성주의자들의 설명은 이런 점에서 과학자 자신들의 설명과 일치하지 않으며, 사회구성주의에 비판적인 사람들은 이 점을 들어 사회구성주의적 설명이 임의적인 것이라고 비판한다.

사회구성주의는 과학지식의 구성 과정에서 과학 내적인 인식적(epistemic) 요소와 사회적인 요소가 마치 벡터처럼 합쳐진다는 것을 주장한다. 인식적 요소와 사회적 요소가 산술적으로 (스칼라scalar 식으로) 더해지는 것이 아니라, 그림 3-4에서 보듯이 벡터의 성분들이 더해지듯이 합쳐져서 과학의 발전 방향을 결정한다는 것이다(Bloor, 1976). 이러한 모델에서는 상이한 요소들이 합쳐져서 새로운 방향의 지식을 낳는다는 점을 잘 보여지지만, 인식적 요소와 사회적 요소는 질적으로 상이한 요소로 남아 있다.

그렇지만 연구 프런티어에서의 과학자들의 실행에 주목하면, 사

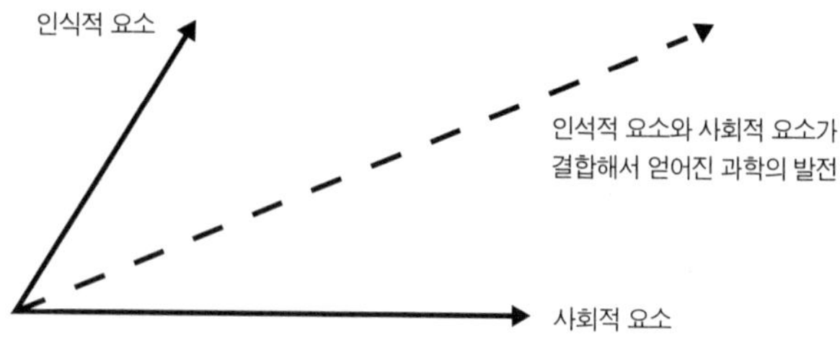

그림 3-4. 사회구성주의에서 보는 인식적 요소와 사회적 요소의 결합. 이 둘이 결합해서 새로운 지식을 낳지만, 인식적 요소와 사회적 요소는 서로 질적으로 상이한 요소로 존재한다.

회적 요소는 다른 인식적 요소들과 마찬가지로 과학자들이 동원하는 여러 '밑천(resources)'의 하나로 작용하는 경우가 대부분이다. 이럴 경우 사회적 요소는 인식적인 요소로 변형되어 과학자들의 실천 속에 다른 인식적인 요소와 함께 융합된다. 즉 위의 평행사변형식의 두 벡터들은 과학자들 자신들에 의해서는 서로 다른 요소로 인식되지 않는다는 것이다(홍성욱, 2004). 즉 그림 3-5에서 보듯이 사회적 요소는 과학자의 실행(이론적·실험적) 속으로 침투해서 과학자의 '밑천'으로 탈바꿈한 뒤에, 다른 인식적 요소와 혼재되어 과학자의 실행을 규정한다. 과학자의 실행 속에서 인식적 요소와 사회적 요소의 차이는 거의 존재하지 않을 정도로, 사회적 요소는 과학의 한 구성 요소로 변하는 과정을 겪는다.

그 기원은 사회적인 것이었지만, 사회적인 요소들은 과학자들의 실천 속에서 다른 인식적인 요소들과 함께 그 실천을 구성한다. 그렇기 때문에 대부분의 과학자들은 그것이 과학 외적인, 사회문화적 종류의 영향이었다는 사실도 잘 느끼지 못한다. 뉴턴의 연금술과 신플

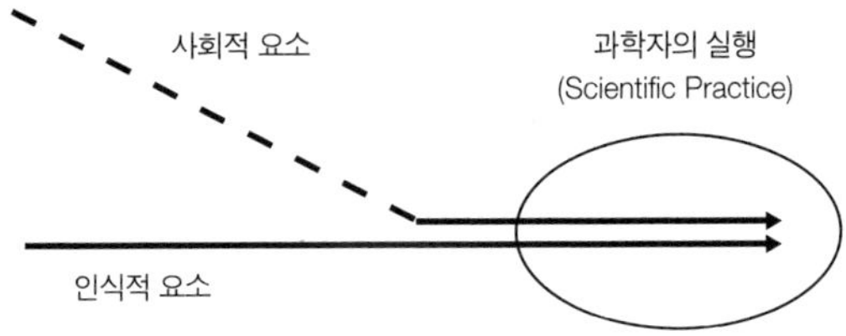

그림 3-5. 실제 과학자의 실행에서는 사회적 요소와 인식적 요소가 같이 녹아들어가 과학자의 밑천(resource)으로 작동한다. 이 실행 과정에서 사회적인 요소와 인식적 요소 사이의 질적 차이는 거의 소멸된다.

라톤주의, 다윈의 정치경제학, 아인슈타인의 시계, 바이마르 시대의 물리학에 적대적이었던 지적 분위기 등이 과학으로 침투하면, 과학자들의 실천 속에서 이러한 외적 요소들은 인식적·합리적 요소들과 같이 혼재되어 사실과 설명을 구성하는 데 사용된다. 즉, 인식적 요소와 사회적 요소가 따로 존재하는 것이 아니라, 그것이 과학자들에 의해서 사용될 때에는 다르지 않은 것으로 간주된다는 것이다. 다른 말로 하자면, 과학자의 실행 속에 섞였을 때, 사회적인 것과 인식적인 것의 차이는 존재하지 않는다. 과학의 실행 속에서는 사회적인 것이 합리적이고, 합리적인 것이 사회적인 것이다.

더 생각해 볼 문제

1. 스트롱 프로그램의 네 가지 명제와 상대주의 경험프로그램의 세 단계는 무엇인가? 이 두 프로그램의 공통점과 차이점은 무엇인지 토론해 보자.
2. 스트롱 프로그램 사회구성주의에 대해서 제기된 다섯 가지 비판은 무엇인가? 이에 대한 스트롱 프로그램의 대응은 어떤 것이 있었는가? 여러분들이 보기에 이 책에서 제기된 비판 외에 다른 비판이 있는가? 동료들과 짝을 이뤄서 비판과 이에 대한 논박을 해 보자.
3. 행위자-연결망 이론가들의 주장 중에 사회구성주의자들이 특히 받아들이기 힘들었던 것이 "〔전자, 세균, 가리비 같은〕 비인간행위자(nonhuman actor)가 행위능력(agency)을 가지고 있다"는 것이었다(4장 참조). 이러한 주장을 사회구성주의적으로 해석할 여지가 있는지 생각해 보자.
4. 새로운 현상이나 사실을 발견한 역사적 사례를 놓고 '실험자의 회귀'가 있었는지 생각해 보자. 무한한 회귀가 없었다면 (즉, 이러한 새로운 현상이나 사실이 곧 받아들여졌거나 거부되었다면) 그 이유가 무엇이었는가에 대해서도 생각해 보자. 콜린스가 주장했듯이 이러한 이유가 '사회적'인 이유라고 할 수 있는가?
5. 과학이 사회적으로 구성되었다고 해도 과학지식에는 분명히 어떤 종류의 합리성, 객관성, 보편성이 존재한다. 과학의 사회성을 강조하는 입장과 과학의 합리성을 강조하는 입장은 평행선을 달릴 수밖에 없는가? 과학이 이 두 특성을 모두 지니고 있다는 방식으로 이 둘을 융합할 수 있는 가능성은 없는지 토론해 보자.

〈심화학습을 위한 자료〉

- 김경만(2004), 『과학지식과 사회이론』. 한길사.
- 김환석(2006), 『과학사회학의 쟁점들』. 문학과지성사.
- 블루어, 데이비드, 김경만 옮김(2000), 『지식과 사회의 상』, 한길사.
- 송성수 엮음(1999), 『과학기술은 사회적으로 어떻게 구성되는가』, 새물결.
- 콜린스, 해리 · 트레버 핀치, 이충형 옮김(2006), 『골렘: 과학의 뒷골목』, 새물결.
- 홍성욱(1999), 『생산력과 문화로서의 과학기술』, 문학과 지성사.
- 홍성욱(2004), 『과학은 얼마나』, 서울대학교 출판부.

4장

기술과 사회를 보는 시각

송성수

송성수(부산대학교 물리교육과 교수)

서울대학교 무기재료공학과를 졸업한 뒤 서울대 대학원 과학사 및 과학철학 협동과정에서 석사학위와 박사학위를 받았다. 한국산업기술평가원(ITEP) 연구원, 과학기술정책연구원(STEPI) 부연구위원, 부산대학교 교양교육원(기초교육원) 교수를 거쳐 현재 부산대학교 물리교육과 교수로 재직하고 있다. 저서로는 『과학기술과 문화가 만날 때』, 『사람의 역사, 기술의 역사』, 『과학기술과 사회의 접점을 찾아서』, 『한 권으로 보는 인물과학사』 등이 있다.

* 이 글은 송성수(2011: 35-61)를 재구성하고 보완한 것이다.

오늘날 기술은 급속한 변화를 겪고 있으며, 사회에 미치는 영향도 날로 증가하고 있다. 우리는 기술과 밀접하게 연관된 생활을 영위하면서도 여전히 그 실체와 본질을 충분히 이해하지 못하고 있다. 그렇기 때문에 첨단기술과 관련된 각종 이데올로기에 쉽게 빠져들기도 한다. 기술의 발전은 삶의 질 향상과 사회의 진보를 보장할 것인가, 아니면 기술이 사회의 통제를 벗어나 오히려 인간이 기술의 노예로 전락할 것인가? 이제 우리는 이러한 문제를 심각하게 재고(再考)하지 않으면 안 된다. 기술과 사회의 관계에 관한 세련된 시각을 정립하는 것이 매우 중요한 과제로 부상하고 있기 때문이다.

1. 기술은 역사를 만드는가

기술과 사회의 관계에 대해 널리 수용되고 있는 관점으로는 기술결정론(technological determinism)을 들 수 있다. 기술결정론은 기술이 그 자체의 고유한 발전 논리라는 공학적 논리를 가지고 있기 때문에, 기술의 발전은 구체적인 시간과 공간에 관계없이 동일한 경로를 밟는다고 가정한다. 이러한 관점에 따르면, 사회구조는 기술의 논리 자체에 영향을 미치지 않으며 단지 기술발전의 속도를 조절할 수 있을 뿐이다. 반면 사회와 무관하게 자율적으로 발전한 기술은 사회의 변화에 막대한 영향을 미치며, 심지어 사회의 변화가 모두 기술의 속성과 영향력으로만 설명되기도 한다. 더 나아가서 낙관적 형태의 기술결정론은 기술의 발전이 모든 사회집단에게 보편적인 이익이 된다고 간주하고 있다.

이처럼 기술결정론은 기술의 중립성과 기술 중심적인 사고를 주요한 특징으로 삼고 있다. 기술은 두 가지 의미에서 중립적이다. 기술은 사회와 무관하게 중립적으로 발전하며, 특정한 집단에게 이익을 주는 것이 아니라 모든 사회집단에게 공동의 선(善)이 된다는 것이다. 또한 기술결정론에 의하면 기술이 모든 변화를 일으키는 판도라의 상자이며, 다른 변수들은 모두 기술발전의 부산물에 지나지 않는다. 기술은 독립변수이며 사회는 종속변수인 것이다.

기술결정론의 대표적인 예로는 등자(鐙子, stirrup)가 봉건제를 낳았다는 주장, 인쇄술이 르네상스를 만들었다는 주장, 기계가 자본주의를 낳았다는 주장 등이 있다. 그중에서 기술결정론의 사례로 가장 많이 거론된 것은 린 화이트(Lynn White, Jr.)가 제기한 등자와 봉건제에 관한 문제이다(화이트, 2005). 등자는 말을 탈 때 두 발로 디디는 기구로 인도나 중국에서 유래된 후 8세기에 유럽으로 전파되었다. 이전에는 말에서 떨어질 위험 때문에 기마전이 제한되었지만, 등자가 사용되는 것을 계기로 말과 기수가 밀착되어 단일한 전투 단위를 형성할 수 있게 되었다. 이처럼 전쟁이 기마충격전투(mounted shock combat)의 형태로 변하면서 말을 사육하고 갑옷과 투구를 마련하고 기병을 양성하는 데 많은 비용이 소요되었다. 이에 프랑크 왕국의 궁재인 샤를 마르텔(Charles Martel)은 교회의 재산을 몰수하여 기사

그림 4-1. 중세의 기마충격전투에 대한 상상도. 당시 기병의 전투력은 등자라는 조그마한 기술에서 많은 도움을 받았다.

들에게 주면서 그들로부터 군사적으로 도움을 받는 계약을 체결하였다. 주군과 기사 간의 주종서약을 기본으로 하는 봉건제가 등자라는 기술로 인해 성립되었다는 것이다.

이와 같은 주장에는 적지 않은 문제점이 있다. 무엇보다도 화이트의 설명은 역사가 실제적으로 전개된 과정을 지나치게 단순화시키고 있다. 예를 들어, 프랑크 족과 앵글로색슨 족은 모두 등자를 사용했지만, 프랑크 족만이 8세기에 봉건제를 성립시켰다. 동일한 기술이라도 지역적 환경에 따라 그 효과가 달랐던 것이다. 또한 기술적 요소로만 봉건제의 출현을 설명하기는 어렵다. 화이트의 주장이 가능하기 위해서라도 유럽의 무역이 쇠퇴함에 따라 토지가 유일한 부의 원천이 되었다는 점이나 주군이 기사에게 재분배할 토지가 확보되어야 한다는 점 등이 고려되어야 하는 것이다. 그 밖에 프랑크 족이 등자를 널리 활용할 수 있었던 데에는 그것의 가치를 알아본 샤를 마르텔이라는 지도자가 존재했다는 점에도 주의를 기울여야 한다. 새롭게 도입된 기술이 사회의 변화를 유발하기 위해서는 중요한 행위자의 선택과 행동이 있어야 하는 것이다.

기술결정론은 과거 사회를 해석하는 것은 물론, 현재 사회의 변화를 규명하고 미래 사회를 전망하는 데에도 적용되고 있다. 흔히 미래학자로 분류되는 대니얼 벨(Daniel Bell)의 정보사회론이 그 대표적인 예이다(벨, 2004). 벨은 첨단기술이 현대 사회의 성격을 규정함을 전제한 후에, 인류의 역사가 농업사회, 산업사회, 탈(脫)산업사회 혹은 정보사회로 변천해 왔다고 주장하였다. 정보사회에서는 기존의 기계적 기술이 지적 기술로 대체됨에 따라 경제활동, 사회구성, 정치형태, 생활양식, 가치판단의 기준이 급격한 변동을 겪는다. 경제부문의 중심은 제2차 산업에서 제3차 산업으로 이동하고, 기술직 · 서비스직 · 관료직에 종사하는 사람들이 급격히 증가한다. 또한 현대 사회는 지식을 바탕으로 하는 개방 사회이기 때문에 지식 엘리트가 정책 결정 과정에 큰 영향을 미치며, 첨단기술의 보급으로 국가 간의 관계가 더욱 밀접해지고 국제 사회의 규모도 거대해진다. 정보통신의 발전에 따라 인간 사이에는 새로운 네트워크가 형성되어 조화로운 공동체 사회가 건설되며, 인간의 가치도 합리적이고 미래지향적인 것으로 바뀐다. 효율적인 경제활동, 합리적인 사회제도, 생활의 편리함, 인류의 행복을 약속해 주는 유토피아가 바로 정보사회인 것이다.

이러한 논의에서 우리는 중립적인 기술의 발전이 모든 사람에게 이상적인 미래를 보장해 준다는 기술결정론의 전형적인 논리를 읽을 수 있다. 그러나 과연 기술이 '모든' 사람에게 편리함과 행복을 가져다주는가? 그리고 기술이 발전하면 기존 사회의 모순이 저절로 해결될 수 있는가? 정보사회가 모든 사람에게 이익을 제공하는 것은 결코 아니다. 오히려 정보화가 진행될수록 정보 부자(information rich)와 정보 빈자(information poor)라는 새로운 권력 관계가 형성된다. 정보를 독점한 소수 권력층이 정보에서 소외된 대다수의 사람들을 통제하거나 조정할 수 있을 가능성이 많아지는 것이다. 이와 관련하여 20세기 후반부터 광범위하게 확산된 극소전자기술은 감시 활동의 기반을 확장시켜 현대 사회가 이른바 '전자감시사회(electronic surveillance society)'로 변모했다는 주장이 제기되고 있다. 또한 기술이 발전한다고 해서 사회의 모순이 저절로 해결되는 것도 아니다. 우리는 기술발전의 이면에 실업, 노동 강화, 산업재해, 환경오염, 유해약품 등과 같은 부작용이 발생하는 것을 어렵지 않게 목격할 수 있다. 기술 유토피아라는 환상은 현대 기술을 둘러싼 부정적인 측면을 가리는 효과를 가지고 있는 것이다.

더구나 정보사회론은 지배 집단의 이데올로기로 사용될 소지를 안고 있다. 정보사회라는 유토피아를 눈앞에 두고 이에 도달하기 위해서 기술혁신에 매진하는 것이 올바른 일이기 때문에, 이에 대한 비판을 바탕으로 사회적 혼란을 야기하는 것은 무지와 오해에서 비롯된 불필요한 행위로 간주된다. 이러한 관점에 입각하여 지배 집단은 기존 사회의 모순에 대한 근본적인 원인의 인식과 올바른 대안의 수립을 방해함으로써 결국 현존 질서(status quo)의 효과적인 유지를 확고하게 하는 것이다. 그리고 미리 예정된 정보사회라는 미래는 인간을 무력하고 수동적인 존재로 전락시킨다. 기술의 발전은 역사의 진보와 동일하기 때문에 기술의 발전에 저항하는 것은 역사의 진보를 거역하는 것으로 간주되는 것이다.

사실상 기술과 사회의 관계에 대해 보다 분석적으로 접근한다면 기술결정론의 약점은 어렵지 않게 찾아낼 수 있다. 기술결정론은 '기술의 일생'이나 '기술의 사이클'을 고려하지 않고 '기술'과 '사회'라는 분화되지 않은 거시적 개념에만 입각하고 있다. 그러나 기술이 생성되어 그것이 사회에 영향을 미치는 과정에는 기술의 개발, 기술의 선택, 기술의 사용, 기술의 사회적 효과와 같은 여러 단위들이 존재한다. 이처럼 기술이 사회에 영향을 미치기 위해서는 다양한 매개 고리가 필요하기 때문에, 기술의 변화는 사회활동의 양식과 범위에 한계를 부과하는 것이지 기술 변화가 곧바로 사회변동을 유발하지는 않는다. 더구나 위의 각 부문들은 서로 영향을 주고받기 때문에 문제는 더욱 복잡해진다.

기술결정론에 대한 보다 근본적인 비판은 기술이 독립변수가 아니라 기술 변화 역시 사회의 영향을 받는다는 점에 있다. 여기서 우리는 기술의 사회적 형성론(social shaping of technology)에 주목할 필요가 있다(MacKenzie and Wajcman, 1999). 기술의 사회적 형성론자들은 "무엇이 사회적 영향을 가지는 기술을 형성하는가", "기술을 형성하는 데 사회가 담당하는 역할은 무엇인가" 등과 같은 질문을 제기한다. 다시 말해서 특정한 시간과 공간에서 특정한 기술이 개발된 이유는 무엇이고 어떠한 조건에서 기술이 발전했는가를 이해하기 위해서는 기술을 형성하도록 한 사회적 관계를 고려해야 한다는 것이다. 많은 사례연구들은 기술의 개발, 선택, 사용 과정에 다양한 사회적 요소들이 개입함을 보여 주고 있다. 어떤 기술이 생산성을 높일 수 있는가, 어떤 기술이 노동 통제를 보다 원활히 하는가를 비롯하여 어떤 기술이 기존 사회의 권력 구조에 적합한가 등이 기술 변화의 과정에 영향을 미치는 것이다.

2. 기술의 사회적 형성

데이비드 노블(David F. Noble)은 공작기계에 관한 사례연구를 통하여 기술의 선택에 관여하는 사회적 요소를 검토하였다(노블, 1995). 20세기 중엽에 금속절삭을 위한 공작기계는 두 가지 형태로 개발되었다. 하나는 기록재생(record playback) 공작기계였고, 다른 하나는 수치제어(numerical control, N/C) 공작기계였다. 전자를 활용하면 노동자의 작업내용이 자기테이프에 기록되어 기계가 노동자의 작업을 그대로 반복할 수 있었고, 후자의 경우에는 프로그래밍 언어에 의해 작업내용이 기계에 전달되기 때문에 프로그램만 있으면 숙련노동자 없이도 작업의 초기화가 가능했다. 이러한 두 가지 기술적 가능성 중에서 당시의 기계 산업이나 항공 산업 분야에서 선택된 것은 후자였다.

여기서 노블은 N/C의 선택을 기술적 차원이나 경제적 차원으로 설명할 수 없다고 지적하였다. N/C는 여러 개의 축을 가진 항공기 형판과 같은 복잡한 기계가공에 적합했고, 기록재생 공작기계는 시스템 자체를 변경하지 않고도 작업 내용을 다양화할 수 있었다. 특히 정밀한 기계가공의 경우에는 오차가 자주 발생하는데, 기록재생 공작기계는 생산이 시작되기 전의 프로그래밍 과정에서 오류를 제거할 수 있는 장점을 가지고 있었다. 한편 경제적 측면에서 N/C는 부착물의 감소와 노무비 절감의 효과를 가지고 있었지만, 그것을 완전한 시스템으로 통합하고 작업 중에 발생하는 오차를 제거하는 데에는 엄청난 비용이 소요되었다. 그러나 당시 미 공군이 N/C에 막대한 지원을 했기 때문에 비용의 최소화는 절실히 요구되지 않았다. 두 가지 기술의 개발에 핵심적인 역할을 수행했던 한 엔지니어가 지적했듯, N/C의 선택은 작업장에 대한 경영진의 통제를 강화하기 위한 것이었다. "보라. 기록재생 시스템에서는 급송, 속도, 작업량, 산출고에 대한 통제권이 기계공에게 주어져 있다. N/C시스템에서는 통제권이 경영진으로 이동한다. 경영진은 더 이상 기계공에 의존하지 않고, 따라서 기계의 사용을 최적화할 수 있다. N/C를 사용하면 노동과정에 대한 통제권이 경영진의 손에 확고하게 주어진다. 그런데 왜 우리가 그것을 선택하지 않겠는가?"(노블, 1995: 218). 그것은 노동자들의 파업이 절정에 달했던 1946년에 제너럴 일렉트릭의 공작기계 자동화 프로젝트가 강력히 추진되었다는 사실에서 잘 드러난다.

더 나아가 노블의 사례연구는 기술이 실제로 사용되는 방식이나 결과가 최초의 선택에 내포된 기대와 종종 일치하지 않음을 보여 준다. N/C를 선택했던 경영진은 작업 속도의 강화, 기계 작동자의 탈숙련화, 은밀한 태업의 제거를 염두에 두었지만 그것은 이내 희망사항으로 끝나고 말았다. N/C의 속도는 터무니없이 빨라서 노동자의 저항은 물론 기계의 부작용을 유발하였다. 또한 N/C가 도입된 공장

새로운 기술을 도입한 까닭은?

랭든 위너(Langdon Winner)가 주목했던 다른 사례도 기술의 도입이 즉각적인 수지타산과 무관함을 보여 준다(위너, 2010: 34-35). 1880년대에 미국 시카고에 있던 사이러스 맥코믹(Cyrus McCormmick)의 수확기 제조 공장은 50만 달러의 비용을 지출하여 공기 압축식 주형 기계라는 거의 테스트되지 않은 새로운 기술을 도입하였다. 당시 맥코믹 2세는 철강 주형공 전국 노동조합(National Union of Iron Molders)과 마찰을 빚고 있었다. 그는 새로운 기술의 도입을 "노동자 중에서 나쁜 인자", 즉 시카고의 노동조합 지부를 조직했던 노동자를 제거하는 방법으로 삼았다. 여기서 특기할 만한 사실은 미숙련 노동자가 작동시키는 새 기계가 기존의 기계보다 많은 비용을 들였음에도 품질이 떨어지는 주물을 생산했다는 점이다. 노조의 파괴라는 목적이 달성되자 맥코믹 2세는 새 기계의 사용을 중단하였다. 그는 단기적인 수입보다는 장기적인 이익을 추구했으며, 기술의 직접적인 사회적 효과를 예상하고 기술 변화를 추진했던 것이다.

에서는 프로그래밍의 오류와 기계의 부작용이 빈번히 발생하였고, 이를 교정하기 위하여 기계 작동자는 작업의 진행 과정이나 심지어는 계획 과정에도 수시로 개입해야만 했다. 이처럼 생산에 관한 지식이 여전히 숙련 노동자들에게 남아 있었기 때문에 그들은 미숙련 노동자로 대체되지도 않았고 작업 속도를 3/4 정도로 조절할 수 있었다.

루스 코완(Ruth S. Cowan)은 냉장고에 대한 사례연구를 통해 기술의 개발에 관여하는 경제적 요소와 조직적 관계를 포괄적으로 다루고 있다(코완, 1995). 1920년대부터 시판된 가정용 냉장고 시장을 석권했던 것은 가스 흡수식이 아니라 전기 압축식이었는데, 당시에는 전기냉장고가 가스냉장고보다 기술적으로 뛰어나지 않았다. 전기 압축식에서는 압축기라는 별도의 전기 펌프가 냉매의 기화와 응고를 조절했던 반면, 가스 흡수식은 냉매가 가스 불꽃에 의해 가열되고 물에 흡수되면서 농축되는 매우 간단한 구조를 가지고 있었다. 압축기로 인하여 전기냉장고는 윙윙하는 소리가 심하게 났지만 가스 흡수식의 경우에는 작동 부품이 거의 없었고 정비도 용이하였다. 전기냉장고의 승리는 제너럴 일렉트릭을 비롯한 대기업들의 적극적인 기술적·경제적 활동에 기인한 것이었다. 그들은 충분한 자본을 바탕으로 냉장고의 개발에 막대한 물적·인적 자원을 투자했으며 적극적이고 기발한 판촉 활동을 벌였다. 또한 대기업들 사이의 생산적인 경쟁과 전력 회사들의 적극적인 지원은 전기냉장고에 관한 기술혁신과 시장확보를 용이하게 하였다. 이러한 과정을 통해 등장한 전기 압축식은 지금도 냉장고의 지배적인 패러다임으로 군림하고 있다.

기술개발의 과정에서 중심적인 위치를 차지하는 설계(design)의 경우에도 사회구조는 막대한 영향을 미치고 있다. 위너는 「인공물은 정치적인가(Do Artifacts Have Politics?)」라는 논문에서 1970년대 뉴욕 롱 아일랜드의 공원길을 가로지르는 고가도로를 검토하면서 그것의 설계에 계급적·인종적 편견이 반영되어 있음을 주장했다(위너, 2010: 32-34). 그 고가도로는 높이가 약 2.7미터로 설계되어 있어서 3.7미터 정도 높이의 버스는 그 아래를 통과할 수 없었다. 미국 사회에서 자동차를 사용하는 사람들은 주로 중상위 계층의 백인으로서 그들은 고가도로를 통해 출퇴근도 하고 드라이브도 한다. 반면 버스와 같은 대중교통수단을 이용하는 빈민이나 흑인들은 고가도로가 낮게 설계되어 있기 때문에 고가도로를 우회하여 목적지에 도달해야만 한다. 빈민이나 흑인들에게는 뉴욕의 고가도로가 무용지물일 뿐만 아니라 오히려 생활을 불편하게 하는 기술로 현상하고 있는 것이다. 여기서 우리는 어떤 기술이 선택되고 사용되기에 앞서서 특정한 사회질서를 체현하는 형태로 설계됨을 알 수 있다.

이상의 논의에서 알 수 있듯, 기술의 사회적 형성론은 기술결정론에서 간과되고 있는 문제를 제기함으로써 기술과 사회의 관계에 접근하는 새로운 시각을 제시하고 있다. 기술의 사회적 형성론에 의하면, 기술은 자체의 논리에 의하여 단선적으로 발전하지 않으며 기술이 중립적이거나 인류의 행복을 보장하는 것도 아니다. 오히려 기술 변화의 과정은 정치적·경제적·조직적·문화적 요소와 같은 사회적 요인들이 개입되는 복합적인 과정이며, 이에 따라 기술 변화의 속도와 방향, 기술의 형태, 기술의 결과는 사회구조의 성격에 따라 달라질 수 있는 것이다.

3. 기술은 사회적으로 어떻게 구성되는가?

이처럼 기술 변화의 사회적 성격을 강조하면서 기술의 효과뿐만 아니라 기술의 내용까지 논의의 대상으로 삼는 관점은 기술의 사회구성주의(social constructivism)에서도 공유되고 있다(Bijker, Hughes and Pinch, 1987; Bijker and Law, 1992). 기술의 사회구성주의는 트레버 핀치(Trevor J. Pinch)와 위비 바이커(Wiebe E. Bijker)의 기술의 사회적 구성론(social construction of technology, SCOT), 토머스 휴즈(Thomas.

P. Hughes)의 기술시스템(technological system) 이론, 브뤼노 라투르와 미셸 칼롱(Michel Callon), 존 로(John Law)의 행위자-연결망 이론(ANT, 5장 참조)으로 분류할 수 있다. 그러나 이러한 세 분파 사이에도 상당한 차이와 논쟁이 존재하기 때문에 기술의 사회구성주의를 기술의 사회적 구성론에 국한하기도 한다. 기술의 사회구성주의는 앞서 소개한 기술의 사회적 형성론과는 다르게 기술 변화를 설명하는 데 필요한 개념과 방법론을 의식적으로 부각시키는 특징을 보이고 있다.

핀치와 바이커는 과학지식사회학에서 비롯된 상대주의 경험프로그램(EPOR, 3장 참조)을 기술의 영역으로 확장하여, 과학적 사실이 사회적으로 구성되는 것처럼 기술적 인공물도 사회적으로 구성된다고 주장한다. 특정한 기술과 관련된 사회집단(relevant social groups)은 해석적 유연성(interpretative flexibility)을 가지고 있어서 자신의 이해관계에 따라 기술이 지니고 있는 의미와 문제점을 서로 다르게 파악한다. 이에 따라 각 사회집단은 문제점에 관한 해결책으로서 상이한 기술적 인공물을 제시하며 그것을 둘러싼 논의가 확산되는 과정에서 사회집단들 사이에는 문제점과 해결책에 관한 갈등이 발생한다. 이러한 갈등은 집단적이고 정치적인 성격을 가진 협상이 진행되는 매우 복잡한 과정을 거쳐 결국 어느 정도 합의에 도달한 기술적 인공물의 형태가 선택된다. 이처럼 논쟁이 종결되는 단계, 즉 안정화 단계에 이르게 되면 관련된 사회집단들은 자신들이 설정한 문제점이 해결되었다고 인식하게 되며 이전과는 다른 차원의 새로운 문제를 제기하기 시작한다.

자전거의 변천과정에 대한 사례연구는 이러한 점을 잘 보여 주고

그림 4-2. 19세기 중엽까지 자전거의 지배적인 형태는 앞바퀴가 높은 자전거였다. 그것은 주로 남성들이 선호했지만 치마를 입은 여성들을 위해 변형된 모델이 만들어지기도 했다.

있다(핀치와 바이커, 1999). 자전거와 관련된 사회집단에는 자전거를 만든 기술자뿐만 아니라 남성 이용자, 여성 이용자, 심지어 자전거 반대론자까지 포함된다. 각 집단은 자전거의 의미를 자신의 이해관계나 선호도에 따라 다르게 해석했다. 앞바퀴가 높은 자전거(19세기에는 이런 자전거를 'ordinary bicycle'로 불렀다)는 스포츠를 즐겼던 젊은 남성에게 남성적이고 속도가 빠른 인공물로 해석되었지만, 여성이나 노인에게는 안전성을 결여한 인공물에 지나지 않았다. 공기타이어가 처음 등장했을 때 여성이나 노인은 진동을 줄이는 수단으로 간주했으나, 스포츠를 즐기는 사람에게는 쿠션을 제공하는 공기타이어가 오히려 불필요한 것이었다. 자전거 반대론자들은 공기타이어를 미적 측면에서 꼴불견인 액세서리로 치부하였고, 일부 엔지니어는 공기타이어 때문에 진흙길에서 미끄러지기 쉬워 안전성이 더욱 떨어진다고 생각하였다. 자전거와 관련된 사회집단들은 자전거의 문제점들에 대해 다양한 해결책을 내놓았다. 진동 문제의 해결책으로는 공기 타이어, 스프링 차체 등이 거론되었고, 안전성 문제를 해결하는 대안으로는 오늘날과 같은 안전자전거(safety bicycle) 이외에도 낮은 바퀴 자전거, 세발자전거 등이 제안되었다. 여성의 의상 문제에 대한 해결책으로 그림 4-2에서 나타난 것과 같은 특수한 형태의 높은 앞바퀴 자전거가 설계되기도 했다. 19세기 말에 앞바퀴가 높은 자전거 대신 안전자전거가 정착하는 데에는 자전거 경주가 중요한 역할을 담당하였다. 사람들의 일반적인 예상을 깨고 공기타이어를 장착한 안전자전거가 다른 자전거보다 빠르다는 것이 자전거 경주를 통해 입증되었던 것이다. 이를 통해 공기타이어의 의미는 진동을 억제하는 장치에서 속도 문제에 대한 해결책으로 다시 정의되었다.

휴즈는 전등 및 전력 시스템에 관한 역사적 연구를 통해 기술시스템 이론을 제창하고 있다(휴즈, 1999). 기술시스템은 물리적 인공물, 조직, 과학기반, 법적 장치, 자연자원 등으로 구성되며, 각 요소는 다른 요소들과 상호작용하면서 시스템 전체의 목표에 기여하게 된다. 기술시스템에 포함되지 않은 요소들은 주변환경(surroundings)에 해당하는데, 기술시스템과 주변환경은 정태적으로 분리된 것이 아니라 기술시스템이 진화하면서 주변환경의 일부를 시스템의 구성요소로 포섭하기도 하며 반대로 시스템의 구성요소가 주변환경으로 해체되기도 한다. 휴즈는 이러한 이질적인 요소들을 시스템으로 통합하고 주변환경에 있는 요소들을 시스템으로 끌어들이는 핵심 주체를 시스템 구축가(system builder)로 규정하고 있다. 시스템 구축가들

시스템 구축가로서의 에디슨

전기의 본격적인 활용은 에디슨이 1879년에 백열등을 개발하면서 시작되었다. 에디슨은 기존의 가스등 시스템과 경제적으로 경쟁할 수 있는 전등 시스템을 개발하고자 하였다. 그는 엄밀한 비용 분석을 통하여 값비싼 구리가 전등 시스템의 개발에서 걸림돌이 된다는 점을 밝혀낸 후, 전등에 필요한 에너지를 충분히 공급하면서도 전도체의 경제성을 보장하는 것을 핵심적인 문제로 규정하였다. 그는 옴의 법칙과 줄의 법칙을 활용하여 전도체의 길이를 줄이고 횡단면적을 작게 하는 방법을 탐색하였고, 결국 오늘날과 같은 1A 100Ω짜리 고저항 필라멘트라는 개념에 도달하였다. 이처럼 에디슨은 체계적인 비용 분석을 통해 백열등을 발명하는 것은 물론 1A 100Ω과 같은 기술표준을 확립하는 성과를 거두었던 것이다.

에디슨의 발명은 전등에 국한되지 않았다. 그는 발전, 송전, 배전에 필요한 모든 것을 만들었다. 거기에는 전기 모터, 발전소, 전선, 소켓, 스위치, 퓨즈, 계량기 등이 포함되어 있었다. 에디슨이 발명한 것은 하나의 기술이 아니라 여러 가지 기술이 결합된 시스템이었던 것이다. 에디슨에 앞서 백열등을 발명한 사람은 제법 있지만, 에디슨을 진정한 발명가로 평가하는 이유도 여기에 있다. 또한 에디슨은 전등을 시스템적인 차원에서 개발했을 뿐만 아니라 전등의 상업화를 위한 경영 활동도 시스템적으로 전개하였다. 즉 전등의 개발을 담당하는 회사, 전력을 공급하는 회사, 발전기를 생산하는 회사, 전선을 생산하는 회사 등을 잇달아 설립하여 전기에 관한 한 모든 서비스를 제공해 줄 수 있는 '에디슨 제국'을 구성했던 것이다. 이러한 기업들은 1889년에 에디슨 제너럴 일렉트릭으로 통합되었고, 그것은 1892년에 톰슨-휴스턴사와 합병되어 제너럴 일렉트릭이 되었다.

은 기술시스템의 성장이 지체되는 영역인 역돌출부(reverse salients)에 물적·인적 자원을 집중하여 결정적인 문제들을 풀이함으로써 난국을 타개하고 시스템의 성장에 기여한다. 기술시스템의 성장 과정에서 발생하는 문제가 내부적으로 해결될 경우에는 시스템이 더욱 공고화되지만, 그렇지 않은 경우에는 기존 시스템과 새로운 시스템 사이의 경쟁이 발생한다. 기술시스템의 공고화는 보통 기업 간 합병이나 산업의 표준화를 수반하게 되며, 성숙한 기술시스템은 모멘텀(momentum)을 가지게 되어 그것을 변경하는 것이 원칙적으로는 가능하지만 실제로는 매우 어렵게 된다.

라투르, 칼롱, 로는 민속지적 접근을 활용하여 기술 프로젝트의 일생을 탐구함으로써 기술과 사회가 고정된 실체가 아니라 항상 변화를 경험하고 있다고 주장한다. 그들에 따르면, 기술과 사회가 만들어지는 과정에서는 사회가 기술 변화를 규정하는 측면과 기술이 사회변화를 유발하는 측면이 동시에 나타나며, 이러한 과정에서 기술과 사회는 동시에 구성되고 진화하게 된다. 그들은 행위자-연결망이란 개념을 통해 기술과 사회의 동시 진화를 설명하려고 시도한다. 행위자-연결망에는 엔지니어, 기업가, 정부관료, 사회운동가 등과 같은 인간적 행위자(human actors)뿐만 아니라 자연자원, 기술, 제도, 기업 등과 같은 비인간적 행위자(nonhuman actors)도 포함된다. 이처럼 매우 다양한 행위자를 동원하고 활용함으로써 행위자-연결망은 특정한 프로젝트를 도출하고 수행하게 된다. 여기서 프로젝트의 존폐여부를 결정하는 연결망은 포괄적 연결망(global network)이고, 실무 차원에서 프로젝트를 집행하는 연결망은 국소적 연결망(local network)이다. 두 연결망 사이의 거래가 통제되는 지점은 필수통과지점(obligatory point of passage, OPP)에 해당한다. 연결망을 형성하고 발전시키는 주요 행위자로는 이질적 엔지니어(heterogeneous engineers) 혹은 엔지니어-사회학자(engineer-sociologists)로 개념화되고 있는데, 그들은 과학기술적인 요소에서 사회정치적인 요소에 이르는 매우 이질적인 자원을 결합하며, 특정한 기술뿐만 아니라 특정한 사회모델을 구현하려고 노력한다.

전기자동차 프로젝트에 대한 사례연구는 이러한 점을 잘 보여 주고 있다(칼롱, 1999). 이 프로젝트는 1970년대 초에 프랑스 전력공사(Electricite de France, EDF)에서 활동하고 있었던 엔지니어 집단에 의해 제안되었다. EDF의 엔지니어들은 전기자동차의 기술적 특성뿐만 아니라 그것이 작동할 사회의 모습도 규정하였다. 기존의 자동차가 대기오염의 원인이자 사회적 지위를 표상하는 수단이라면, 전기자동차는 단순하고 유용한 물건이자 프랑스 사회를 산업시대에서 탈산업시대로 변화시킬 매개물이었다. 그들은 촉매, 전지, 사회운동, 소비자, 산업체, 정부부처 등과 같은 다양한 행위자들에게 특정한 역할을 부여하여 전기자동차 프로젝트에 가입시켰고, 1973년의 석유파동을 매개로 프랑스 사회의 담론을 지배하는 세력으로 부상하였다. 그러나 촉매는 빨리 더러워져서 연료전지를 쓸모없게 만들었고, 전지는 너무 비싸서 가까운 장래에 생산될 가능성이 없었으며, 전기자동차에 대한 대중시장도 잘 형성되지 않았다. 이에 르노(Renault)의 엔지니어들은 EDF가 위태롭고 비현실적인 모험을 한다고 비판하면서 기술이 사회변화에 줄 수 있는 최선의 대답은 과거를 백지상태로 만드는 것이 아니라 그것을 점진적으로 분화시키는 데 있다고 주장하였다. 그들은 더러워지는 촉매와 결합하고 사회운동의 약화로부터 도움을 받음으로써 기존의 자동차를 복귀시키는 데 성공하였다. 이처럼 전기자동차 프로젝트에 대한 논쟁은 서로 다른 엔지니어-사회학자들의 대결이었으며, 기술프로젝트의 성공 여부는 그 정체성과 상호관계가 불분명한 이질적 요소들을 결합하여 행위자-연결망을 구성하고 확장할 수 있는 능력에 의해 좌우되는 것이다.

그렇다면 이와 같은 사회구성주의의 논의를 어떻게 종합할 수 있을까? 여기서 유의할 사항은 기술의 사회적 구성론, 기술시스템 이론, 행위자-연결망 이론이 모두 기술 변화의 특정한 측면이나 국면에 주목하고 있다는 점이다. 기술이 처음에 설계되거나 출현하는 과정에서는 기술의 용도나 궤적에 상당한 해석적 유연성이 존재한다. 기술이 변화하는 방식이 미리 결정되어 있는 것이 아니라 기술 변화를 둘러싼 다양한 이해관계에 의해 영향을 받는 것이다. 이러한 개별적 기술이 시스템의 일부로 편입되고 기술시스템이 성장하는 과정에서는 시스템 구축가나 이질적 엔지니어의 역할이 중요하다. 그들은 일반적인 발명가와는 달리 전체 시스템이나 네트워크에 주목한다. 기술시스템이 안정화의 단계에 이르게 되면, 기술은 종종 그것을 처음 만들었던 사람의 의지대로 변하지 않는다. 성숙한 기술시스템은 엄청난 모멘텀을 가지게 되며, 어떤 경우에는 기술 자체가 독자적인 삶을 가진 것으로 보이기도 한다. 그러나 기술이 인간과 무관한 생명을 가진 존재는 아니며, 기술시스템의 진화 방향을 변경하는 것이 불가능하지는 않다.

4. 실천적·정책적 함의

이상의 논의에서 보듯, 기술의 사회적 형성론과 기술의 사회구성주의는 기술을 보편적 합리성의 산물로 절대화하지 않고 사회적 관계의 산물임을 보여 주기 위하여 기술이 만들어지는 과정을 해체해서 드러내 주고 있다. 그러나 사회적 관계를 중심으로 기술을 파악한다는 것이 모든 경우에 기술이 지배계급의 도구로 기능한다는 것을 의미하지는 않는다. 기술 변화의 과정에는 이해관계가 다른 다양한 집단들이 개입하게 되며, 각 집단의 목표가 다르기 때문에 세력이 우세한 쪽의 요구가 관철될 가능성이 높다. 따라서 기술이 형성되는 과정에 민주주의의 논리가 관철될 수 있다면, 그 속에서 인간을 소외시키는 기술과 삶의 질을 향상시키는 기술을 가려내는 능력도 배양될 것이고, 후자를 재구성할 수 있는 사회적 실천이 조직될 수 있다는 사실에 주목해야 한다(마틴, 1999).

이러한 가능성은 1970년대에 루카스 항공(Lucas Aerospace)이 제출한 협동계획에서 엿볼 수 있다(쿨리, 1995). 1970년대에 영국 루카스 항공의 노동자들은 진보적 과학기술자, 사회단체 등과 연합하여 군사부문에 집중되어 있는 기존의 생산방식을 폐기하고 자신들의 창조력을 충분히 발휘하면서도 사회적으로 유용한 생산(socially useful production, SUP)에 필요한 기술을 개발하는 작업을 전개하였다. 그들은 우선 기존의 기술 변화가 가지고 있었던 문제점, 즉 긴요한 상품의 절대적인 부족, 설계 과정에서 생산자의 소외, 생산과정에서 기계에 의한 노동의 무조건적 대체, 선택 및 사용 과정에서 소비자와 제3세계의 주권 상실 등에 주목하였다. 그리고 작업장 대표의 모임을 결성한 후 설문조사를 통해 자신의 목적에 부합하면서 회사가 보유한 물적·인적 자원으로 제작할 수 있는 제품을 기획하였다. 그것에는 어린이를 위한 차량, 간이용 생명구조체계, 자가건축용 저에너지 주택, 다목적용 동력계, 가정용 투석기 등이 포함되어 있었다. 이러한 제품들을 설계하고 생산하면서 루카스의 노동자들은 생산과정에서 효율성의 제고와 민주주의의 확산이 양립할 수 있다는 점을 깨닫게 되었다.

이러한 시도는 최근 들어 다시 사람들의 관심이 부상하고 있는 적정기술(appropriate technology)에 대한 논의로 이어질 수 있다. 적정기술은 고비용의 투자 없이 적은 에너지를 사용하며, 누구나 쉽게 배워서 쓸 수 있고, 현지에서 나는 재료를 사용하는 소규모의 사람이 모여 생산 가능한 기술에 해당한다. 적정기술은 1960년대에 서구사회에서 전개되었던 대항문화운동의 일환으로 본격적으로 논의되었다가 1980년대에 급속히 퇴조한 역사를 가지고 있다(위너, 2010: 89-124). 그러나 최근에는 환경문제에 대한 관심의 제고, 제3세계에 대한 기술원조의 실시, 사회적 기업(social enterprises)의 성장 등을 배경으로 적정기술이 새로운 주목을 받고 있다. 적정기술은 기존 시스템에서 무시되거나 자원배분이 이루어지지 않았던 영역에서 새로운 사회적 요구를 발굴한 후 이미 존재하는 기술을 단순화하고 새롭게 결합하여 저가의 제품이나 서비스를 제공하는 형태를 띠고 있다. 이와 같은 적정기술에 대한 논의는 사회가 요구하는 기술이 무엇인지를 묻고 그것을 확보하기 위해 관련된 사회집단의 네트워크를 구성한다는 의미에서 사회구성주의와 상당한 친화성을 가지고 있다.

사회구성주의는 참여지향적 과학기술정책의 이론적 근거로도 활용될 수 있다(이영희, 2000: 163-194). 이와 관련하여 선진국들은 기술변화와 관련된 부정적 측면을 최소화하기 위하여 오래전부터 기술영향평가(technology assessment, TA) 활동을 시도해 왔다(13장 참조). 기술영향평가 활동의 흐름은 크게 전통적 TA와 구성적 TA의 두 유형으로 나누어 볼 수 있다. 전통적 TA는 사후적 성격을 띠고 있어서

그림 4-3. 적정기술은 간단한 기술이지만 사회적으로 매우 유용하다. 아프리카의 어린이가 라이프스트로우(LifeStraw)를 통해 물을 정수해서 마시고 있다.

기술 그 자체는 주어진 것으로 받아들이고 다만 그것이 야기할 수 있는 문제점들을 최소화하는 데 초점을 둔다. 또한 전통적 TA는 전문지식으로 무장된 과학기술자들이 기술의 발전과 기술의 사회적 영향을 가장 잘 분석할 수 있다는 엘리트주의적 관점에 입각하고 있다. 이에 반해 구성적 TA는 기술 변화의 속도와 방향이 근본적으로 사회적 행위자들의 목적의식적인 개입에 의해 변화될 수 있다는 인식에서 출발한다. 즉 기술 변화를 주어진 것으로 받아들이지 않고 그 과정에 적극적으로 개입하여 부정적인 효과를 미리 예방함으로써 기술 변화의 방향 자체를 조절하고자 하는 것이다. 이를 위하여 구성적 TA는 전문적인 과학기술자에게 기술개발을 전적으로 위임하지 않고 이해당사자들을 기술개발의 초기 단계에서부터 포괄적으로 참여시킴으로써 사회적으로 유용한 대안적 기술을 개발하려고 한다. 동시에 구성적 TA는 기술 변화의 선택 환경을 조절함으로써 사회적으로 바람직한 기술이 생존할 수 있도록 정책적으로 개입하고 기술의 사회적 영향에 대한 정보를 끊임없이 기술개발 과정에 피드백하여 기술의 부정적 영향을 사전에 최대한 방지하려고 한다. 이처럼 전통적 TA는 기술결정론적 관점에서 사후적 조치를 중시하는 반면, 구성적 TA는 기술의 사회구성주의에 입각하여 참여지향적인 과학기술정책을 추구하고 있는 것이다.

5. 몇 가지 남은 문제들

이상과 같은 기술의 사회구성주의는 1980년대 중반에 출현하여 점점 그 세력을 확장함으로써 현재는 과학기술학의 주요한 패러다임으로 정착하고 있다. 그 과정에서 기술의 사회적 구성론을 중심으로 사회구성주의가 취하는 방법론이나 그것이 가지는 함의에 대한 비판도 지속적으로 전개되어 왔는데, 그것은 크게 다음의 두 가지로 요약할 수 있다(송성수, 2011: 64-68).

첫째는 사회구성주의가 기술의 출현에 중점을 두고 기술의 영향에는 무관심하다는 점이다. 즉 특정한 기술이 선택된 이후에 그것이 개인의 경험이나 사회적 관계를 변경하는 방식은 사회구성주의에서 논의되지 않고 있다는 것이다. 사회구성주의자들은 이러한 비판을 수용하고 있으며 1990년대 이후에는 이와 관련된 몇몇 사례연구를 추진한 바 있다. 예를 들어 바이커는 처음 개발된 형광등이 확산되면서 새로운 사회적 문제가 등장했으며 이를 해결하기 위하여 다른 유형의 형광등이 발명되었다는 점에 주목하고 있고(바이커, 1999), 로널드 클라인(Ronald Kline)과 핀치는 모델 T가 처음에는 운송수단

형광등의 사회적 구성

1938~1942년에는 담색(tint) 형광등, 고효율(high-efficiency) 형광등, 고집적(high-intensity) 형광등이 잇달아 개발되었다(바이커, 1999). 기존의 백열등에 비해 넓은 범위의 색깔을 밝고 진하게 낼 수 있었던 담색 형광등을 개발한 기업은 제너럴 일렉트릭과 웨스팅하우스가 공동출자한 마즈다(Mazda)였다. 담색 형광등은 백열등보다 전력을 많이 소비하기 때문에 마즈다는 전력회사들과 일치된 이해관계를 가지고 있었다. 그러나 전력의 소비를 줄인 고효율 형광등이 개발되자 '전등'을 파는 데 일차적인 관심이 있었던 마즈다와 '전기'의 판매에 사활을 걸고 있었던 전력회사의 동맹에 금이 가기 시작했다. 두 집단의 관계가 악화일로에 치닫고 있을 때 소규모의 독립업체인 하이그레이드 실바니아(Hygrade Sylvania)는 고효율 형광등을 시중에 널리 판매하여 시장점유율의 상당 부분을 차지하게 되었다. 이에 자극을 받은 마즈다와 전기회사들은 잇단 회의를 열어 서로 타협점을 모색했는데, 그 과정에서 제안된 것이 고집적 형광등이다. 고집적 형광등은 고효율 형광등에 비해 2배의 광도(光度)를 가지고 있었는데, 당시에는 그 정도의 높은 광도가 절실히 요구되지 않았다.

의 의미를 가지고 있었지만 농촌 지역에 확산되면서 다른 기계를 작동시키는 동력의 역할도 담당했다는 점을 강조하고 있다(Kline and Pinch, 1996). 이와 같은 사회구성주의자들의 기술확산에 대한 논의는 아무런 매개물 없이 기술의 영향을 강조하는 기술결정론의 논지와는 차별화된다.

둘째는 사회구성주의가 기술 변화에 수반되는 사회구조나 권력관계를 무시하며, 기술을 둘러싼 정치적 문제에 대하여 불가지론적 입장을 보인다는 점이다. 즉 사회구성주의는 기술 변화에 대한 서술과 설명에 그치고 있으며 기술 변화의 방향을 어떻게 재정립할 것인가에 대해서는 무관심하다는 것이다. 이와 관련하여 위너는 기술학의 핵심적인 문제는 "기술이 어떻게 구성되는가"가 아니라 "우리의 기술 중심적인 사회를 어떻게 재구성할 것인가"에 있다고 주장한다(위너, 1999: 307). 그러나 사회구성주의자들이 이러한 문제에 전적으로 무관심한 것은 아니다. 예를 들어 바이커와 로는 "기술이 지금과 다를 수도 있다"는 점이 자신들의 핵심적인 관심사라고 주장하고 있으며(바이커와 로, 1999: 22), 바이커는 사회구성주의자들이 구성적 기술영향평가나 STS 중등교육에 관여하고 있다는 점을 강조하면서 사회구성주의의 미래를 "더 좋은 사회에 공헌하는 구성적 과학기술학"에서 찾고 있다(Bijker, 1993: 129-132).

다음으로 생각해 볼 문제는 "기술결정론은 과연 죽었는가" 하는 문제이다. 사실상 최근에는 자신이 기술결정론자라고 명시적으로 주장하는 연구자를 거의 찾아보기 힘들다. 기술과 사회의 상호작용에 대해 연구하는 사람들은 대부분 기술이 사회변화를 추동한다고 생각하지 않으며 기술이 사회변화의 많은 요인 중의 한 가지로 간주한다. 이와 관련하여 기술결정론을 강한 기술결정론(hard technological determinism)과 약한 기술결정론(soft technological determinism)으로 구분하기도 한다. 그러나 기술결정론이 학계에서는 죽었는지 몰라도 바깥세상에서는 여전히 맹위를 떨치고 있다. 사람들은 새로운 기술의 신비스러움에 찬사를 보내고 있으며 기술을 이해하거나 통제하기 것이 어렵다고 생각한다. 이러한 경향은 기술의 자율성을 강조하는 기술결정론적 시각으로 경도되기 쉽게 한다. 게다가 기술의 역사를 살펴보면, 주요 행위자가 전략적으로 기술결정론에 대한 논변을 사용하는 경우도 어렵지 않게 발견할 수 있다(이두갑·전치형, 2001). 이런 맥락에서 기술과 사회의 관계에 대해 진지하게 고민하는 사람들도 기술결정론에 보다 많은 관심을 기울일 필요가 있다. "기술결정론은 죽었다"고 단순히 선언하는 것을 넘어 "기술결정론이 사회적으로 어떻게 구성되는가"에 대한 논의가 필요한 것이다.

마지막으로 사회구성주의를 한국 사회에 적용하는 문제에 대해 언급하고자 한다. 사회구성주의는 기술 변화에 다수의 궤적이 존재하며 그중에서 특정한 경로가 사회적으로 선택되는 것을 강조하고 있다. 우리나라가 선진국을 모방하는 단계에서는 기술경로에 대한 선택이 상대적으로 제약되어 있었지만, 지금과 같이 선진국에 대한 추격을 넘어 새로운 기술을 개발하는 것을 지향하는 단계에서는 어떤 기술적 가능성을 선택할 것인지, 어떤 사회집단이 참여해야 할 것인지 하는 점이 중요하게 고려될 필요가 있다. 또한 과학기술에 대한 사회적 논쟁을 분석하는 데에도 사회구성주의는 상당한 효력을 발휘할 수 있다. 주지하듯이, 최근에 우리나라에서는 생명공학, 정보기술, 원자력 등을 매개로 상당한 사회적 논쟁이 전개되어 왔다. 사회구성주의의 시각을 활용하여 해당 과학기술에 대해 관련된 행위자나 사회집단이 어떤 의미를 부여하고 어떤 해결책을 제안하고 있는지를 분석하는 것은 과학기술의 바람직한 발전방향을 모색하는 출발점이 될 수 있을 것이다.

더 생각해 볼 문제

1. 유명한 기술사학자인 멜빈 크란츠버그(Melvin Kranzberg)는 "기술은 선하지도 악하지도 않으며 중립적이지도 않다"라고 지적한 바 있다. 이 장에서 논의한 기술과 사회의 관계에 대한 여러 시각들을 염두에 두고 이 문장이 의미하는 바에 대해 토론해 보자.
2. 인쇄술은 근대적 문화를 형성하는 데 핵심적인 역할을 담당한 것으로 알려져 있다. 구텐베르크가 발명한 것은 무엇인가? 우리나라는 금속활자를 먼저 발명했는데도 불구하고 왜 활판인쇄술이 널리 사용되지 못했는가? 서양과 달리 동양에서는 오랫동안 목판인쇄술이 사용되었는데, 그것은 어떻게 해석할 수 있는가? 이상의 질문을 염두에 두고 인쇄술을 사례로 하여 기술과 사회의 관계에 대한 자신의 주장을 개진해 보자.
3. 기술결정론에는 낙관적 기술결정론과 비관적 기술결정론이 있다. 우리는 각종 영화에서 기술이 인간의 통제를 벗어나 오히려 인간을 지배하는 모습을 종종 목격한다. 이와 같은 비관적 기술결정론에서 기술과 사회의 관계에 관한 어떤 메시지를 읽을 수 있는지 비판적으로 평가해 보자.
4. 기술을 형성하는 데에는 군사적 요소도 중요한 역할을 담당해 왔다. 인류의 역사상 적지 않은 기술이 전쟁을 배경으로 등장했으며, 미국의 경우에는 아직도 국방 부문이 비(非)국방 부문보다 연구개발에서 차지하는 비중이 더 높다. 기술이 군사적으로 형성되는 배경에는 무엇이 있으며, 이를 극복 혹은 완화하기 위해서는 무엇이 필요한지에 대해 논의해 보자.
5. 적정기술이 한때 유행했다가 침체한 과정에 대해 살펴보고, 최근에 적정기술이 다시 부상하고 있는 이유에 대해 생각해 보자. 그리고 오늘날의 적정기술이 일시적 유행에 불과할 것인지 아니면 기존 기술시스템을 변혁할 수 있는 본격적인 대안이 될 수 있을 것인지에 대해서도 논의해 보자.

〈심화학습을 위한 자료〉

- 송성수 편역(1995), 『우리에게 기술이란 무엇인가』, 녹두.
- 송성수 편저(1999), 『과학기술은 사회적으로 어떻게 구성되는가』, 새물결.
- 위너, 랭든, 손화철 옮김(2010), 『길을 묻는 테크놀로지』, 씨아이알.
- 이상욱 외(2009), 『욕망하는 테크놀로지: 과학기술학자들, 기술을 성찰하다』, 동아시아.
- 이장규 · 홍성욱(2006), 『공학기술과 사회: 21세기 엔지니어를 위한 기술사회론 입문』, 지호.
- 이중원 · 홍성욱 외(2008), 『필로테크놀로지를 말한다: 21세기 첨단 공학기술에 대한 철학적 성찰』, 해나무.

5장

인간과 사물의 동맹 맺기: '행위자-연결망 이론'

김환석

김환석(국민대학교 사회학과 교수)

서울대학교 사회학과와 같은 학교 대학원 석사과정을 졸업했고, 영국 런던대학교 임페리얼칼리지에서 과학기술학 박사학위를 받았다. 한국과학기술학회 회장, 대통령 산하 국가생명윤리심의위원회 위원, 유네스코 세계과학기술윤리위원회 위원, 국민대학교 사회과학대 학장, 그리고 과학기술민주화 운동단체인 시민과학센터의 소장을 역임했다. 관심 분야는 과학기술학과 현대사회이론이다. 지은 책으로 『생명정치의 사회과학』(편저), 『과학사회학의 쟁점들』, 『한국의 과학자사회』(공저), 『사회생물학 대논쟁』(공저), 『시민의 과학』(공저) 등이 있으며, 옮긴 책으로 『과학기술과 사회』, 『토마스 쿤과 과학전쟁』, 『과학학의 이해』 등이 있다.

행위자-연결망 이론(Actor-Network Theory, ANT)은 1980년대에 프랑스의 미셸 칼롱과 브뤼노 라투르 그리고 영국의 존 로가 함께 개발한 이론이다.[1] 이 이론은 원래 과학과 기술을 사회학적으로 이해하기 위한 시도로서 출발했지만,[2] 1990년대에는 단지 거기에 머물지 않고 보다 폭넓고 다양한 현상을 설명하는 일반적 사회이론으로 확장되어 여러 학문 분야에 걸쳐 큰 영향을 미쳤다. 오늘날 그것은 사회학은 물론이고, 인류학과 문화연구, 지리학, 환경학, 정치철학, 경제학, 경영학, 정보학 등에까지 그 적용범위를 넓히면서 매우 유력한 사회이론으로 부상하고 있다.

이 이론은 과학과 기술을 보다 크고 강한 연결망 구축의 산물로 본다. 이는 마치 권력 형성에 대한 정치적 분석과 비슷한 성격을 띤다. 즉 정치가가 권력을 얻고 유지하기 위해 동맹자들을 하나로 결집시키려 노력하듯이, 과학자와 엔지니어도 이와 동일한 노력을 한다는 것이다. 다만 ANT의 행위자들은 인간들만이 아니라 다양한 비인간들(예를 들어 생물, 기계, 텍스트, 돈, 건물 등)을 포함한다는 점에서 '이질적' 행위자들이며 인간과 비인간의 행위성(agency) 사이에 근본적

1 이들의 초기 저작으로는 Callon(1986), Latour(1987), Law(1987) 등이 있다.

2 ANT의 초기 명칭은 '번역의 사회학(Sociology of Translation)'이었다.

구분은 없다고 본다. 모든 행위자들은 연결망 구축자가 충족시키고 관리해야 할 이해관계를 지니고 있으며 쉽게 순종하기보다는 까다롭게 저항한다고 보기 때문이다. 이처럼 과학과 기술이 만들어질 때 비인간 사물은 수동적 객체가 아니라 인간이 동맹을 맺어야 할 능동적 행위자로 보는 것이 ANT가 다른 STS 접근들과 구분되는 중요한 특징이다. 이 장에서는 ANT란 무엇이며 기술과학(technoscience)의 생산에 대해 어떤 설명을 하고 있는지, 그리고 앞의 장들에서 살펴본 사회구성주의와의 차이점은 무엇인지 알아보고자 한다.

1. ANT란 무엇인가

ANT는 다양한 지적 전통으로부터 영향을 받았지만, 가장 중요한 두 가지는 첫째로 프랑스의 포스트구조주의 철학(푸코, 들뢰즈, 세르)과 기호학(그레마스)이고 둘째로 토머스 쿤에게서 영감을 받은 영미의 과학기술학(STS)[3]이라고 할 수 있다(Law, 2007). 실증주의적 과학관과 기술결정론으로 대표되던 과학기술의 지배적 관점을 벗어나 과학과 기술의 현실적 모습과 특징을 올바로 파악하기 위해서는 "기성의 과학과 기술(ready-made science and technology)"이 아니라 "만들어지고 있는 과학과 기술(science and technology in the making)"을

3 특히 1970년대부터 전개된 영국의 과학지식사회학(SSK)과 1980년대 초에 등장한 미국의 기술사학자 토머스 휴즈의 기술시스템(Technological Systems) 이론이 ANT에 영향을 준 것으로 보인다.

들여다보아야 한다고 ANT는 주장하였다(Latour, 1987). 이것은 과학과 기술을 만들어내기 위해 실험실과 연구기관, 정부 부처, 기업 이사실, 연구비 지원기구 등에서 실제로 어떤 일이 벌어지는가에 대해 일종의 인류학적 민족지(ethnography) 연구가 필요함을 말한다.

이런 연구를 할 때 ANT가 제안하는 가장 중요한 방법론적 원칙은 "행위자들을 추적하라(follow the actors)"는 것이다. 그러나 특정한 연결망에 포함되는 인간과 비인간 행위자들은 수없이 많고, 그중 일부는 해당 연결망이 안정된 형태를 갖추기 전에 출현했다가 사라질 수도 있는데 대체 어떤 행위자들을 추적하라는 말인가? 바로 이런 문제 때문에 ANT 분석이 추적하는 주된 행위자들은 연결망 구축자들이며, 그들의 눈을 통해 연결망 구성의 과정을 해석하는 것이 보통이다. 그리고 이 연결망 구축자는 전형적으로 과학자와 엔지니어들로 이루어진다. 이런 관점에 입각하여 ANT는 정부, 기술, 지식, 텍스트, 돈, 그리고 사람들 사이에 존재하는 복잡한 관계를 추적함으로써 과학과 기술의 '블랙박스를 열고자' 시도하는 것이다. 과학과 기술이라는 산물을 만들어내는 것은 바로 이러한 관계이고, 따라서 그 관계를 분석함으로써 왜 그리고 어떻게 현재와 같은 과학과 기술을 우리가 갖게 되었는가를 용이하게 묘사할 수 있기 때문이다.

이 질문—왜, 그리고 어떻게 현재와 같은 과학과 기술을 우리가 갖게 되었는가—은 수많은 STS 연구자들에 영향을 주었고, 따라서 ANT가 많은 기본적 가정을 그들과 공유하고 있다는 점은 놀라운 사실이 아니다. 그러한 연구들은 과학과 기술의 역사적·사회적 맥락과 우연성(contingencies)을 분석하는 데 몰두해 왔다. 이 과정에서 그들은 과학기술적 변화의 선형 모델을 명시적으로 거부했을 뿐만 아니라, 이와 더불어 어떤 종류의 사회적·기술적인 결정론이나 환원주의 또는 자율성도 거부하였던 것이다. 하지만 다른 STS 접근과의 이러한 유사성에도 불구하고 ANT는 자신만의 독특한 성격과 특징을 지니고 있다. 그 첫 번째 특징을 들자면, 형용모순인 듯이 보이는 "행위자-연결망"이라는 용어이다. 이 용어는 세계를 구성하는 모든 존재들이 행위자인 동시에 연결망의 성격을 지닌다는 것을 함축한다. 어떻게 무엇인가가 행위자이면서 동시에 연결망일 수가 있는가? 이것은 데카르트 이래로 사회사상을 인도해 왔던 행위/구조, 내용/맥락의 전통적 이분법과 모순되는 것 아닌가? 그러나 칼롱에 의하면 모든 존재는 행위자이면서 동시에 연결망이라고 간주될 수가 있는데, 그것은 "행위자만으로도 연결망만으로도 환원될 수 없기 때문이다. …… 행위자-연결망이란 그 활동이 이질적 요소들을 연결하는 행위자임과 동시에 자신의 구성요소들을 재규정하고 변형시킬 수 있는 연결망이기도 하다"(Callon, 1987: 93).

둘째, ANT는 인간과 비인간 요소들을 한 연결망 내의 행위자들로 동등하게 고려한다는 점에서 다른 STS 접근들과 구별된다. 이를 다른 말로 하자면, 우리가 마주하는 것이 인간이건, 텍스트건, 기계건 동일한 분석적·묘사적 틀을 채택해야 한다는 것이다. ANT에서 일반화된 대칭성(generalized symmetry)이라고 부르는 이 원칙은 인간에게만 행위성을 부여하는 것을 당연시했던 근대적 사회과학에 정면으로 도전하는 것이다. "ANT에서 행위자란 기호학적 개념—즉 행위소(actant)—으로서, 스스로 행위를 하거나 타자에 의해 행위성이 부여된 어떤 것이다. …… 행위소란 그것이 행위의 출처로 인정되는 한 그야말로 어떤 것도 될 수 있다"(Callon and Latour, 1981: 286).

어떤 기호의 의미는 오직 다른 기호들과의 관계를 통해서만 갖게 되는 기호학에서의 노드가 바로 행위소이다. ANT에서도 인간 및 비인간 행위자의 정체성은 연결망 내에서 다른 행위자들과의 상호작용을 통해서만 규정된다고 본다. 이와 같이 ANT 분석가들은 인간과 비인간 사이의 불필요한 이분법을 극복하기 위하여 "사회기술적 연결망" 또는 "이질적 연결망"이란 용어를 의식적으로 사용한다. 사회적인 것(the social)은 능동적 인간들만으로 구성되어 있지 않고, 기술적인 것(the technical)도 수동적 비인간들만으로 구성되어 있지 않기 때문이다. 이러한 존재론적 평준화는 철학적으로 급진적이지만, 실험실을 비롯한 기술과학의 현장에서 이루어지는 활동들에 대한 경험적 관찰로부터 도출된 결론이다. 이러한 현장에서는 행위자-연결망의 구성에서 텍스트와 기계와 인간 모두가 동등하게 중요한 역할을 하기 때문이다.

> "현실에 있어 종종 우리는 비인간 물질들을 괄호쳐버리면서 그것들은 인간과는 다른 지위를 지닌다고 가정하곤 한다. 그래서 물질들은 자원 또는 제약요인으로만 인식된다. 즉 그것들은 수동적인 성격을 지니며, 오직 인간 행위자들에 의해 동원될 경우에만 능동적이 된다고 말해진다. 그러나 사회적인 것은 물질적으로 이질적이기 때문에 이러한 비대칭성은 그리 잘 작동하지 않는다. 맞다. 대화와 텍스트와 기계와 육체 사이에는 차이점들이 있다. 물론이다. 그러나 왜 우리는 이들 중 일부가 사회적 역동성에서 아무 능동적 역할을 수행하지 못한다고 가정하고서 시작해야 하는가?" (Callon and Law, 1997: 168).

셋째, ANT에서의 '연결망' 개념 역시 종래의 사회학적(또는 공학적) 접근에서 취하는 이 개념의 의미와 혼동하지 말아야 한다. "우리는 개인과 개인 사이의 상호작용을 지도로 그려내는 데 관심을 두고 있지 않다. …… 우리가 관심을 두고 있는 것은, 행위자들이 서로의 역할을 규정하고 분배하며 그런 역할들을 수행할 다른 행위자들을 동원하거나 발명하는 방식을 지도로 그려내는 일이다"(Law and Callon, 1988: 285). 이를 위하여 ANT는 이질적 행위자들 사이의 결합(association)—제안되고 시도된, 그 결과 성공하거나 실패한—을 연구한다. 따라서 ANT에겐 결합들을 제외하곤 그야말로 아무것도 존재하지 않는다. 역으로 이런 결합들은 어떻게 특정한 연결망이 다른 연결망보다 더 크고 강력하게 되는지, 어떻게 특정한 연결망이 사회적·물질적 행위자들을 가입시킴으로써 보다 내구적이 되는지, 그리고 어디로부터 권력이 나와서 어떻게 행사되는지를 묘사하는 데 사용될 수 있다. 권력과 연결성은 따라서 상호 교직되어 있으며, 이중 하나를 말하는 것은 곧 다른 것을 말하는 것이 된다. 우리는 어떤 연결망이 다른 것보다 더 권력이 있는지 여부를 물어서는 안 된다. 그보다 우리는 어떤 결합이 다른 결합보다 더 강한지 여부를 물어야 한다. 행위자-연결망의 권력은 그것을 구성하는 결합들의 효과(또는 결과)이기 때문이다. "당신이 권력을 단지 '가지고' 있을—즉 잠재태로서—경우에는 아무것도 일어나지 않고 당신은 무력할 것이다. 당신이 권력을 '행사할'—즉 현실태로서—경우에는 당신이 아니라 '타인들'이 그 행위를 수행할 것이다. …… 따라서 권력은 결코 원인이 아니라 효과인 것이다"(Latour, 1986: 265).

이질적(또는 사회기술적) 연결망에 대한 이런 아이디어는 과학뿐 아니라 사실상 모든 것을 묘사하는 데 사용될 수 있다. 따라서 사람, 조직, 기술, 자연, 정치, 사회질서 등 모든 것은 이질적 연결망의 결과 또는 효과라고 보는 것이 ANT의 또 다른 특징이 된다. 이것은 두 가지의 중대한 결과를 수반한다. 첫째, 흔히 자연세계와 구분하는 사회세계는 결코 전적으로 사회적인 것이 아니며 구조적 본질이 있지도 않다. 사회적 질서화의 모든 종류 또는 형태—그것이 정치건 경제건 교육이건—는 이질적 연결망에 속한 결합들의 효과이다. 심지어 사람들도 이질적 연결망의 효과이다. 따라서 ANT에겐 원인이란 없고 오직 효과만 있을 뿐이다. 본질이란 없고 오직 연결망만 있을 뿐이다. 둘째, 미시적 행위자-연결망과 거시적 행위자-연결망 사이의 구분은 '사전에' 가정되지 말아야 한다. 분명히 양자 사이의 차이는 존재한다. 그러나 ANT는 인간과 비인간, 사회적인 것과 기술적인 것 사이에 분석적 대칭성을 추구했던 것과 마찬가지로, 미시적인 것과 거시적인 것 사이의 이분법도 거부하고자 한다 (Callon and Latour, 1981). 일반화된 대칭성의 원칙을 따라서, 우리는 상이한 규모의 행위자-연결망들을 다룰 때에도 분석틀을 바꾸지 말아야 한다는 것이다. 이들을 미시/거시로 구분하는 것은 이론적·개념적 이원론을 채택하는 셈이 되는데, 이는 성공하여 규모가 커진 행위자-연결망을 물화하는 효과를 초래함으로써 그러한 대규모가 성취되고 조심스럽게 유지되는 방법들을 모호하게 만든다는 것이다.

어떤 행위자-연결망(개인, 조직, 기관, 기업, 국가 등)이 다른 행위자-연결망보다 더 크고 강력할 경우, 우리는 그러한 차이를 전제하고 그 위에서 분석을 시작해서는 안 된다. 오히려 설명이 필요한 것은 바로 그러한 차이이기 때문이다. 예를 들어 만일 우리가 조직 X가 강력하고 영향력 있는 행위자라고 말함으로써 분석에 착수한다면, 우리는 그것과 다른 조직 사이의 차이를 부여함으로써 정태적인 어떤 본질적 특징이 조직 X에 있음을 함축하게 된다. 그러나 규모, 권력, 영향력은 결코 영구적인 조건이 아니라 다른 행위자들에 의해 수행되는 효과이다. "권력이란 언제나 사람들이 복종을 경험하면 갖게 되는 환상이다. …… 복종을 경험하는 사람들은 그들이 권력을 잃기 시작할 때 자신의 권력이 진정 무엇으로 이루어졌던가를 발견하게 된다. 그들은 자신의 권력이 다른 모든 타자들의 의지로 '이루어졌음'을 깨닫게 되지만 이미 때는 늦은 것이다"(Latour, 1986: 268). 따라서 우리가 연구하는 것이 조직이건, 사회질서건, 기술적 혁신이건, 과학적 발견이건, ANT에게 그것은 곧 한 연결망 안에 가입된 이질적 행위자들 사이의 결합을 연구하는 것이다. 만일 우리가 어떤 행위자-연결망에 대해 그 규모와 권력이 어떻게 수행되고 내구적이 되었는가를 설명하지 않은 채 그냥 그러한 규모와 권력을 가정할 경우, 그것은 우리가 살고 있는 사회기술적 세계가 어떻게 실제로 수행되어 만들어졌는가에 대한 설명을 빼먹고 마는 셈이 되는 것이다.

ANT가 기술과학을 다양한 인간과 사물의 동맹(='이질적 연결망') 구축으로 설명하는 것을 보여 준 초기의 사례는 라투르가 연구한 파스퇴르의 탄저병 백신 개발이었다(Latour, 1988). 아래 상자는 그 내용을 요약해 본 것이다.

파스퇴르의 탄저병 백신 개발

1870년대 후반에 탄저병은 프랑스 전역에서 수많은 가축, 축산농민, 수의사, 위생학자를 괴롭히던 치명적인 전염병이었다. 이 병은 지역별로 숱한 변이를 보였기 때문에 세균과 같은 단일한 원인과는 무관한 것으로 보였고 따라서 실험실 과학과는 연관이 없다고 일반적으로 믿어졌다. 그러나 파스퇴르는 탄저병이 발생한 농장에 임시 실험실을 차려 농민과 수의사에게 정보를 얻고 이를 자신의 실험과학 언어로 번역하였다. 그리고 농장에서 채취한 탄저균을 파리의 실험실로 가져와 본격적으로 분리 배양하는 실험에 착수하였다. 그는 이미 약화된 닭콜레라 배양균이 백신의 역할을 한다는 점을 알고 있었기 때문에, 비슷한 방식으로 만든 탄저균 백신을 동물에게 주사하여 병독성의 다양한 변이를 실험실에서 모방하고 통제할 수 있게 되었다. 마침내 1881년 파스퇴르는 농업협회의 후원으로 푸이 르포르 마을의 농장에서 많은 사람들과 언론이 지켜보는 가운데 탄저병 백신의 공개 시연을 가졌고 결과는 파스퇴르가 예상했던 대로 대성공이었다.

푸이 르포르의 야외 실험이 성공했던 것은 사람들에겐 기적처럼 보였지만 사실은 실험실과 동일한 조건 소독, 청결, 보존, 주사 동작, 타이밍, 기록 등 을 단순히 농장으로 확장시킨 덕분이었다. 이 실험 이후 탄저병을 해결하고자 하는 모든 집단들에게 다음과 같은 확신이 생겨났다. "만일 당신의 가축들을 탄저병으로부터 구하고 싶다면 파리에 있는 파스퇴르의 실험실에 백신 플라스크를 주문하라." 이에 따라 탄저병 백신이 공급되는 상업적 회로 비슷한 것이 파스퇴르 실험실에서 프랑스 전역으로 확산되었고 정부의 통계기구는 탄저병의 전국적 감소를 도표로 기록했다. 이 사례연구는 파스퇴르의 위대함을 찬양하려는 것이 아니라, 과학이 성공하기 위해서는 많은 이질적인 행위자들(탄저균, 가축, 농민, 수의사, 위생학자, 언론, 정부 등)이 과학자의 실험실과 연결되고 이를 통해 구축된 공고한 이해관계의 동맹이 있어야 한다는 점을 보여 주려는 것이었다. 그리고 탄저병 백신을 둘러싼 이 행위자-연결망이 구축되기 전과 후의 프랑스 사회는 상당히 다르기 때문에 사회 역시 연결망 구축의 원인이 아닌 결과라고 말할 수 있다는 것이다.

2. '번역'의 과정과 그 효과

이질적 연결망의 구축을 통해 사회기술적 세계가 어떻게 만들어지는가를 설명하는 데 사용되는 ANT의 핵심 개념은 '번역(translation)'[4]이다. ANT는 초기에 '번역의 사회학'이라는 명칭으로 불리기도 할 만큼 다양한 인간과 비인간의 결합을 통해 기술과학적 하이브리드들이 출현하고 이들이 세계를 변화시키는 과정을 묘사하는 데 관심을 기울였다(Callon, 1986; Latour, 1987). 최근 칼롱과 그의 동료들은 기술과학과 민주주의에 대한 그들의 저서에서 ANT 초기의 모델을 보다 심화하고 확장한 것으로 보이는 '번역'의 일반적 모델을 제시하여 주목을 받고 있다(Callon et al., 2009: 48~70). 이들의 모델은 기술과학이 어떻게 만들어지며 그것이 오늘날 세계의 형성과 변화를 이해하는 데 있어 왜 중요하다고 ANT가 보는지 잘 보여 주고 있다.

번역을 통한 행위자-연결망의 형성과 작동은 세 단계를 포함한다(그림 5-1을 참조). 첫 번째는 거시세계(the macrocosm)를 실험실의 미시세계(the microcosm)로 축소(또는 환원)시키는 단계를 보여 준다. 두 번째는 제한적인 연구집단을 형성하여 이들이 도구와 능력의 강한 집중을 통해 기술과학 지식 또는 기계를 고안하고 탐색하게 만드는 단계를 말한다. 세 번째는 언제나 아주 위험한 거시세계로의 복

4 ANT에서 '번역'은 언어적 차원의 개념이 아니라 존재론적 차원의 개념이다. 즉 한 존재와 다른 존재 사이에 행위의 위임과 치환이 이루어지는 과정을 말한다. 이 번역의 연쇄를 통하여 다양한 인간과 비인간들 사이에 이질적 연결망이 구축되는 것이다.

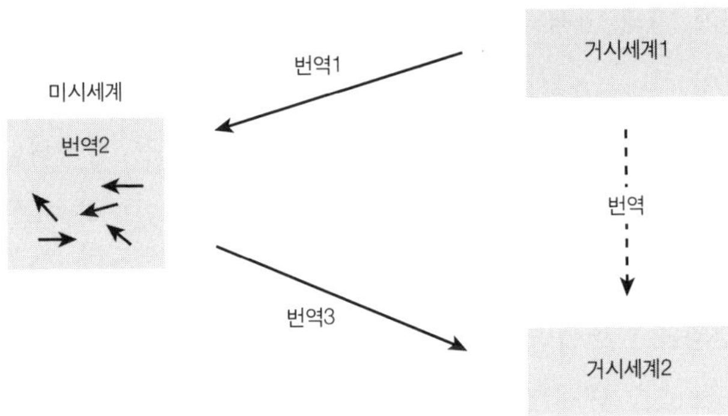

그림 5-1. 번역의 3단계와 세계의 변화.

귀 단계인데, 실험실의 미시세계에서 생산된 지식과 기계가 과연 거시세계에서 생존할 수 있을지에 대한 여부는 불확실성이 매우 크다. 만일 성공적으로 생존한다면 거시세계는 원래의 상태로부터 새로운 상태로 변화할 것이다. 번역의 이 연속적 단계들을 추적함으로써 우리는 기술과학 연구의 강점과 약점을 이해할 수 있다.

1) 번역1: 거시세계에서 미시세계로

기술과학 연구를 하기 위해 거시세계로부터 떨어져 나와 고립된 실험실에 자신을 가두는 것만으로는 아무 의미도 없을 것이다. 그것이 의미 있고 나중에 연구 결과가 세계에 어떤 변화를 가져오는 것이 되려면, 이 과정이 운송(transportation)과 변형(transformation)이라는 두 가지의 메커니즘을 결합하는 것이 되어야 한다. 여기서 운송은 바깥 세계의 일부가 실험실로 장소 이동을 한다는 것이고, 변형은 실험실 안에서 무언가 새로운 것이 추가된다는 것을 의미한다. 그리하여 이 첫 단계의 끝에 이르면 바깥의 거시세계가 실험실의 미시세계에 의해 대체되게 된다. 이러한 축소(즉 규모의 변화)가 바로 실험실이 지니는 이상한 힘의 원천이 되는 것이다. 기술과학 연구가 지니는 놀라운 효과성의 원천은 이처럼 거시세계를 장악하고 그것을 실험실에서 아무 방해 없이 조용히 조작할 수 있도록 단순화, 간결화, 재구성하는 데서 나오는 것이다. 이 면에서 '번역1'의 과정에서 수행되는 변형이란 주로 거시세계의 단순화(simplification)와 정화(purification)를 통해 실험실이 연구할 미시세계를 만드는 것이라고 볼 수 있다.

바깥 세계를 축소시킨 후 실험실로 운송하여 실험의 테스트를 받게 하는 것은 자연과학과 생명과학에서만이 아니라 사회과학에서도 흔한 일이다. 모든 학문은 자체의 리듬과 역사에 따라서 이 '번역1'의 여러 단계를 거치게 된다. 분야에 따라 세계와 실험실 사이의 거리가 다르고 연구의 고립도 역시 차이가 나겠지만, 모든 경우에 이러한 우회는 존재하며 이를 통해 연구를 위한 일정 정도의 현실주의적 축소가 이루어지는 것이다. 이렇게 되면 연구자들은 점차 자신을 동료와 도구만이 있는 실험실에 파묻을 수 있게 된다. 그들이 연구하고, 묘사하며, 분석하고, 해석하는 것은 정화되고 단순화된 세계이지만, 만일 그들이 일을 잘 수행하였다면 그것은 바깥 세계와 거리가 유지되나 그것과 여전히 연결될 수 있는 세계이다.

이렇게 기술과학 연구의 첫 단계에서 세계는 실험실로 번역되어 관리 가능한 규모로 축소된다. 그러면 힘의 관계가 역전된다.[5] 예컨대 바깥 세계에서 일어나는 회오리바람, 냉온 기류간의 거센 충돌, 돌변하는 해류, 불을 뿜는 화산, 엄청난 지진과 해일 앞에서 우리는 무력하다. 그러나 매분마다 지구 기후의 측정 자료를 보내 주는 충실한 센서, 수퍼컴퓨터에 장착된 자료처리 모델, 수백 개의 변수를 통합해 주는 수학적 시뮬레이션, 그리고 기상 변화를 전쟁터처럼 보여 주는 위성사진 덕분에, 우리는 이제 컴퓨터가 대량으로 만들어내는 프린트아웃에 기초하여 지구의 모든 지점을 커버할 수 있는 기상학적 예측을 실험실에 앉아 할 수 있게 되었다. 바깥 세계에 대해 우리가 약자에서 강자로 바뀐 것이다.

2) 번역2: 연구집합체의 작동

실험실을 방문해본 사람은 누구나 수많은 도구들과 더불어 그들이 생산해내는 기입들(inscriptions)[6]에 놀라게 된다. 이에는 화면으로 보이는 기입들, 컴퓨터 프린트아웃에 나타난 기입들, 연구자들이 자신의 실험 결과를 매 시간 적는 실험실노트 등 여러 종류가 있다. 이 면에서 실험실은 기입들을 생산해내고 학계의 논쟁에서 그러한 기입들의 토론, 해석, 동원을 가능하게 만드는 일종의 기계라고 할 수 있다. 이러한 기입들은 결코 그냥 주어지는 것이 아니라, 획득되고 만들어지며 제조되는 것이다. 연구자가 '현실' 세계를 떠나 이러한 기입들에 온 관심을 집중할 것을 선택함으로써 얻는 이득은 과연 무엇일까? 손안의 새를 위해 숲 속의 새를 포기하는 위험을 감수하는 것 아닐까? 그렇지는 않다. 연구자는 거시세계와 거리를 두고 등을

5 실험실이 힘의 역전을 행하는 전략적 장소가 된다는 점에 대해서는 일찍이 라투르가 그의 논문 "실험실을 달라, 그러면 내가 세계를 들어올리리라"(Latour, 1983)에서 훌륭하게 제시한 바 있다.

6 기술과학의 생산에서 '기입'이 지니는 중요성에 대해서는 Latour and Woolgar(1979)와 Latour(1987)를 참조할 것.

돌리는 대신에 기입들의 생산과 해석에 자신의 에너지를 쏟음으로써, 세계에 대한 접근과 동시에 그것의 담론에 대한 접근을 통제할 수 있는 전략적 위치를 차지하게 되는 것이다.

기술과학적 지식의 생산과정에서 기입이 중요한 역할을 하는 것은 그것이 야누스의 얼굴을 하고 있기 때문이다. 기입은 상반된 방향들을 바라보는 매개자이며 이 때문에 그것은 많은 결실을 맺게 만든다. 한편으로 기입은 어떤 실체의 존재를 나타내는 흔적의 역할을 한다. 도구에 의해 생산되는 기입은 아무런 자의적 기입이 아니다. 연구자는 자신의 실험실에서 실험기구가 마치 자연을 다루고 있는 것처럼 현실적으로 작동하게 만든다. 물론 이것은 '인공적 자연'이지만, 그 자체의 조직화 규칙을 부과하는 매우 현실적인 자연이다. 실험을 재연하는 것은 해당 실험실을 재연하고 공식화된 프로토콜을 따름으로써 도구들이 생산해낸 기입들을 안정화시키려 애쓰는 일이다. 이런 결과가 얻어지면 결국 과학적 '사실'이 생산될 것이고, 마치 이는 손안의 새를 잘 잡고 있는 과학자가 숲 속의 새도 잡는 것과 같다. 다른 한편, 기입은 어떤 실체의 존재를 명시적으로 말하는 것이 아니라 암호화된 메시지의 역할을 할 뿐이다. 세계에 대한 담론은 기입에 의존하는 동시에 기입에 의미를 부여한다. 기입이 어떤 실체와 관련지어짐으로써 그 실체에 이름이 주어지고 정체성이 부여되며, 행위 형태가 귀속되도록 하는 것은 담론의 매개를 통해서만 이루어진다. 예컨대 우리는 전자와 그 속성, 유전자와 그 기능, 그리고 노동계급과 그 소외의식에 대해 말한다. 세계가 말로 바뀌는 것이다. 그러나 만일 우리가 관찰에서 바로 이론적 해석으로 건너뛴다면, 다시 말해 우리가 기입들의 연쇄와 그들의 다중적 조합, 그리고 그것들을 여러 텍스트에서 다룬 일련의 담론을 잊어버린다면, 말은 알아들을 수 없고 설명 불가능한 채 남을 것이다. 따라서 한쪽에 세계가 있고 다른 쪽에 말이 있는 것이 아니다. 세계와 말 사이에는 심연이 아니라 상호 교직된 여러 기입들과 진술들의 연결망이 있기 때문이다.

그러면 이러한 연결망을 만들어내는 번역은 어떻게 이루어지는가? 칼롱은 실험실의 미시세계에서 번역에 참여하는 이질적 행위자들을 '연구집합체(research collective)'라고 부른다(Callon et al., 2009: 54). 기입들의 생산과 해석에 필요한 일군의 능력을 불러 모으고 조정하는 것은 바로 연구집합체라는 것이다. 여기에는 인간과 비인간의 두 구성요소가 있는데, 전자는 연구자와 기술자 등으로 이루어지는 동료공동체이고 후자는 도구, 시약 등에 체화된 분포된 지능[7]이다. 또한 연구집합체에는 해당 실험을 직접 수행하는 실험실뿐 아니라 연구 결과의 토론에 참여하는 모든 실험실들도 포함된다. 더 나아가서 그것은 실험 도구와 물질의 중개를 통해서, 그리고 연구자와 기술자 및 관리자의 매개를 통해서, 연구활동을 전문으로 하지 않는 다른 많은 집합체들(도구 제조업체 또는 연구인력의 산업계 고용주 등)과도 간접적으로 연계되어 있다. 강력하고 잘 통합되어 있으며 좋은 장비를 갖춘 연구집합체의 형성을 통해 세계를 보다 용이하게 조작하는 것이 가능해진다. 연구집합체에 분포된 능력들은 기입을 만들어내고 실체가 말할 수 있도록 기입을 해독하는 일

7 여기서 '분포된 지능'이란 개념은 두뇌의 능력을 의미하는 것이 아니라 다양한 인간 및 비인간 행위자들에게 체화된 숙련의 분포를 가리킨다.

을 한다. 바로 이러한 기입들의 매개와 접합의 과정이 '번역2'인 것이다.

3) 번역3: 거시세계로의 복귀

연구집합체는 실험작업을 조직하고, 기입들을 만들어내며, 기입을 논문에 쓰일 명제로 번역하는 일을 한다. 이러한 작업을 통해 연구집합체는 이전에는 알려지지 않았던 실체들로 구성되는 새로운 가능성의 세계들을 탐색한다. 시행착오에 의한 이러한 탐색은 불확실성 속에서 전개되는데, 이 불확실성은 실험실에서 생산되고 길들여진 새로운 실체들이 거주하는 새로운 가능성의 세계들이 모습을 드러내면서 점차 사라지게 될 것이다. 문제는 이러한 가능성의 세계들이 과연 어떻게 나타날 수 있으며 우리가 어떻게 그것들을 실험실 밖으로 끄집어 낼 수 있는가이다. '번역2'에서 아무리 실체들의 존재가 현실적이 되었다 해도, 그것은 아직 해당 연구집합체와 그 관련 실험실들에 국한된 미시세계의 '국지적' 사실일 뿐이다. 미시세계에서 다시 거시세계로 복귀하는 것은 과연 가능한 일일까? 그 과정에서 자칫 새로운 실체들은 산산이 부서지고 실험실에서 얻은 모든 것을 잃게 되지는 않을까?

여기서도 다시 한 번 번역의 개념이 유용하다. 거시세계로의 복귀는 실험실이 자신의 연구주제로 끌어들인 동맹자들의 자원과 지지를 필요로 한다. 이때 동맹자들은 영향력이나 돈을 가지고 있다면 그들이 누구이건 상관이 없다. 이런 유력한 행위자들의 이해관심을 만들고 충성을 얻어내는 데 의도를 둔 행위들의 집합을 칼롱은 일찍이 가리비 양식 연구(아래의 상자 내용을 참조)에 관한 그의 유명한 논문에서 '엥테레스망(intéressement)'[8]이라고 명명한 바 있다(Callon, 1986). 이 엥테레스망의 구체적 양태들은 시대에 따라, 연구프로젝트에 따라, 심지어 학문분과에 따라 달라질 수 있다. 그러나 모든 엥테레스망은 하나의 동일한 논리를 따르는데 그것은 군사적 용어로 '필수통과지점(obligatory passage point)'의 논리라고 칼롱은 지적하였다. 연구집합체는 자신이 필요로 하는 동맹세력을 조직화하기 위하여, 자신이 그들에게 없어서는 안 된다는 점을 다음과 같은 논리로 설득해야만 한다. "당신의 목표를 성취하려면, 당신의 이해관계를 방어하려면, 당신의 정체성을 공고히 하려면, 당신의 크기를 느끼게 하려면, 빨리 우리의 실험실로 와서 우리의 프로젝트에 참여하라!"(Callon et al. 2009: 62). 이러한 설득의 수사는 언제까지나 약속에 의지할 수만은 없고, 조만간 연구집합체는 자신이 무얼 할 수 있는지 보여 주어야만 한다. 이는 실험실에서 연구되는 대상과 동맹자들이 기대하는바 사이에 관계가 있음을 전제로 한다. 이 둘 사이의 섬세한 조정은 일방적이 아니라 대개 상호 재편성을 포함하는데, 동맹자들의 요구 또는 기대는 종종 연구자 자신에 의해 만들어지고 연구자는 관심을 얻기 위해 자신의 연구전략을 수정하기 때문이다.

성공적인 엥테레스망은 이미 '번역1' 단계에서 결정이 된다. 그러나 이때 형성된 동맹이 구체적으로 드러나고 그 견고함과 생존능력

8 '엥테레스망'은 프랑스어로 이익분배제도를 뜻하지만, 칼롱이 '번역' 개념을 설명하면서 이 용어를 원용한 것은 우리말로 "다른 행위자들의 이해관심 끌어들이기" 정도를 의미한다고 볼 수 있다. 동맹을 형성하기 위한 첫 단계에 해당하는 이 과정에 대하여 아직 적당한 우리말 번역어가 없기 때문에 이 글에서는 오해의 가능성을 피하기 위하여 그냥 '엥테레스망'이라고 적는다.

생브리외 만의 가리비 양식 실험

프랑스 사람들의 가리비 조개에 대한 소비가 급증하면서 1970년대 초 프랑스에서 가리비 어업은 수확량의 감소로 위기를 맞게 되었다. 이미 가리비가 거의 자취를 감춘 브레스트와 달리 생브리외 만은 아직 가리비가 잡혔지만 그 수확은 줄어들고 있었다. 그런데 국립해양연구소에서 온 3명의 연구자들은 1972년 브레스트에서 열린 학회에서 그들이 일본에서 배워 온 가리비 양식법을 생브리외 만에 적용할 것을 제안하여 어민과 과학자들의 큰 주목을 받게 되었다. 칼롱의 사례연구는 이 3명의 연구자들이 수년에 걸친 협상과 실험을 통해 어떻게 관련 행위자들을 자신의 연결망에 가입시켜 하나의 공고한 동맹을 구축하게 되었는지를 ANT의 접근으로 분석한 것이다.

이 사례연구는 뚜렷한 방법론적 목적을 지녔으며, 칼롱은 과학과 기술의 내용에 대한 기존의 사회학적 분석이 당면한 세 가지의 방법론적 난점이 이 연구의 접근을 통해 극복될 수 있다고 주장한다. 첫째는 관찰자가 과학기술에 대해서는 불가지론을 취하지만 자신을 사회에 대한 전문가로 자처하면서 주저 없이 사회과학적 설명을 행하는 오류인데, 이에 대해 칼롱은 과학기술과 사회과학 모두에 대해 관찰자가 모른다고 가정하는 '일반화된 불가지론'의 원칙을 제안한다. 둘째로 관찰자가 과학기술 논쟁에서 자연(비인간)을 묘사할 때와 사회(인간)를 묘사할 때 분석의 틀과 용어를 바꾸는 비대칭성의 오류인데, 이에 대해 칼롱은 양자를 묘사할 때 동일한 분석의 틀과 용어를 쓰는 '일반화된 대칭성'의 원칙을 제안하며 이것이 더 독자에게 설득력이 있을 것이라고 기대한다. 셋째로 관찰자는 과학기술 논쟁에서 등장하는 실체들의 정체성과 관계를 미리 확립된 범주들로 파악하는 대신에, 그러한 실체들이 서로의 정체성을 (재)규정하며 관계를 맺는 유동적 방식을 추적하며 충실히 묘사하는 '자유로운 결합'의 원칙을 칼롱은 제안한다.

이러한 세 가지 원칙에 따라 칼롱은 생브리외 만의 가리비 양식 실험에 대한 분석을 시도하였다. 이 실험의 성공을 좌우했던 중요한 실체들은 3명 연구자 외에 가리비, 어민, 동료 과학자 들이었다. 실험의 요체는 밧줄에 나란히 달려 바다 속에 잠긴 수집기에 가리비 유생을 부착시킴으로써 이들을 해류와 불가사리, 어민들의 공격으로부터 보호하여 성장하게 만드는 일이었다. 원래 서로 아무 관계가 없던 가리비, 어민, 동료 과학자 들은 3명 연구자의 이 실험을 통해서만 자신들이 각각 추구하는 이해관계가 성취될 수 있다고 설득됨으로써 각각의 정체성과 서로의 관계가 변화하게 되었다. 즉 가리비, 어민, 동료 과학자 들의 이해관계는 3명 연구자의 이해관계로 '번역'된 것이다. 칼롱은 이 번역의 전체 과정을 문제화, 엥테레스망, 가입, 동원화의 네 가지 연속적 계기들로 분석하였다. 마침내 1974년 11월 이 실험이 성공하자 3명 연구자와 가리비, 어민, 동료 과학자 들 사이에는 이해관계의 동맹이 구축되었다. 그러나 한번 구축된 동맹이 저절로 지속되는 것은 결코 아니며 반역의 가능성은 항상 잠재한다. 실제로 몇 년 후에 가리비 유생이 수집기에 부착되지 않고 일부 어민들이 가리비를 남획하자 동료 과학자들마저 회의적이 되어 동맹은 위기에 처했다. 따라서 3명 연구자는 수집기를 변형하고 어민들에 대한 교육 캠페인을 통해 이 위기를 극복하였다.

그 결과 실험이 처음 제안된 지 10년이 지난 뒤에는 가리비 양식에 대한 확증된 '과학적' 지식이 만들어졌고, 높은 소득을 올리는 생브리외 만의 어민들이라는 사회집단이 형성되었으며, 가리비의 양식을 연구하는 전문가 공동체가 조직되었다. 한마디로 과학지식과 사회관계가 공동생산된 것이다. 칼롱은 이 사례연구에서 '일반화된 불가지론'과 '일반화된 대칭성', 그리고 '자유로운 결합'의 원칙들이 번역이란 분석틀을 통해 준수됨으로써 과학기술에 대한 사회학적 분석이 부딪힌 방법론적 난점들이 극복될 수 있었다고 강조한다. 번역의 분석틀은 다양한 사회적·자연적 실체들을 지속적으로 결합하는 복잡한 과정에 대한 대칭적 묘사를 가능하게 할 뿐 아니라, 소수가 이러한 다수 실체들의 이해관계를 대표하는 권리를 어떻게 얻게 되는가(즉 사회학자가 '권력관계'라는 부르는 것)를 설명할 수 있게 만든다고 칼롱은 지적한다.

이 테스트되는 것은 거시세계로의 복귀 가능성이 결정되는 '번역3'에 와서이다. 연구자는 번역의 사슬을 유지하고, 연결망에 가입된 행위자들을 함께 단결시키며, 동맹을 부수려는 모든 시도—그것이 비인간들에 기인하는 것이건 인간들에 기인하는 것이건—에 저항해야만 한다. '번역3'은 기술과학적 탐험의 귀환 여행에 해당하는데 이 여행을 위협하는 많은 위험들이 존재하기 때문이다. 연구자는 다시 한 번 규모를 변경하고(이번엔 미시에서 거시로), 자신의 모델을 좀 더 복잡하게 재구성하며, 새로운 변수들을 도입해야 한다. 어떻게 실험실에서 얻은 것을 잃지 않고 '번역3'을 달성할 수 있을까? 칼롱은 그 해답이 '사회의 실험실화(laboratorization of society)'에 있다고 지적한다(Callon et al., 2009: 65–68). 연구 실험실에서처럼 세계가 행동하게 만들기 위해서 우리가 숲(즉 거시세계)을 샅샅이 뒤지고 다닐 필요는 없다. 단지 우리는 실험실 — 연구대상인 현상을 우리가 통제할 수 있는 장소인 — 의 '복제판'이 모든 전략적 지점에 위치하도록 세계를 변형시키기만 하면 되는 것이다.[9] '실험실화'란 표현은 사회를 하나의 거대한 실험실로 축소시키는 것을 의미하는 것이 아니라, 가능한 행위를 실험실에서와 같은 것으로 틀 짓거나 미리 형성하기 위하여 실험실을 사회의 여러 장소에 이식하는 것을 말한다. 이 과정은 끝이 없이 지속되는데, 왜냐면 새 실험실들의 설치로 새로운 행위 공간이

9 그 좋은 사례가 파스퇴르와 그의 계승자 루가 개발한 디프테리아 혈청에 대한 라투르의 연구서이다(Latour, 1988). 의사들은 처음에 파스퇴르가 개발한 디프테리아 백신에 대해서는 자신들의 역할을 위협하여 반대했으나, 이를 루가 발전시킨 혈청에 대해서는 그것이 의사들의 진단과 처방을 필요로 하기 때문에 환영하였다. 따라서 모든 의사들은 자신의 사무실에 실험실을 설치하고 세균학과 현미경 사용법을 익혔다. 이는 마치 의사들의 사무실이 디프테리아 혈청을 개발한 파스퇴르연구소의 전국적 지부가 된 것과 마찬가지였다. 이런 변화는 환자들(병이 낫게 된)과 파스퇴르연구소(의사의 진단을 확인하고 혈청을 판매하게 된)에게도 유익한 것이었다. 강하게 상호의존하는 이해관계의 연결망이 형성된 것이다.

열릴 뿐만 아니라, 이미 있던 행위 공간은 이전에 설치된 실험실들을 무용한 것으로 만드는 새 실험실들이 대체하기 때문이다.

실험실의 이러한 지속적 증식—어떤 것은 원래 실험실의 단순한 복사본이지만, 다른 것은 중요한 개량의 결과이기도 한—은 그야말로 괄목할 만하다. 예컨대 자동차는 기업연구소에서 개발된 것과 동일하게 바깥 세계에서도 작동하도록 거리에는 도로망과 주유소 및 정비시설들이 설치되었다. 이것은 전기, 전화, 기차, 항공기, 컴퓨터 등의 경우에도 마찬가지였다. 오늘날 컴팩트디스크를 제조하거나, 유전자치료를 위한 벡터를 준비하거나, 방사성폐기물을 처리하는 첨단 공장들은 그들이 사용하는 지식과 기술을 개발한 실험실들과 거의 구분이 되지 않을 정도이다. 따라서 우리 모두는 사실상 일상 활동 속에서, 앞에서 설명한 '번역1'과 '번역2', 그리고 '번역3'을 모두 정복할 수 있었던 실험실들과 연구집합체들을 경유하고 있는 셈이다. 기술과학의 힘은 바로 여기에 있다.

위와 같이 번역의 3단계 연쇄와 실험실을 통한 우회는 거시세계의 부분적 재편성을 초래한다. "과학은 다른 수단에 의한 정치"라고 라투르가 주장한 것은 바로 이를 뜻한다. 분명히 이것은 과학이 단지 정치로 환원될 수 있다고 말하는 것은 아니며 라투르도 결코 그렇게 주장하지는 않았다. 기술과학 연구의 결과는 그것이 성공적일 경우 거시세계의 재편성을 가져온다는 주장에 그는 국한하였을 뿐이다. 거시세계1에서 거시세계2로의 이동, 가능성의 세계들에 대한 탐색, 그리고 그러한 세계들 사이의 선택을 우리가 '정치'라는 말 외에 무엇으로 표현할 수 있단 말인가? 여기서 실제로 관건이 되는 사안은 우리가 살고 있는 집합체(즉 공동세계)[10]의 형태와 구성이다. 예컨대

전기자동차, 연료전지, 이를 기꺼이 수용하는 운전자들, 그것을 생산하는 기업들, 환경규제를 부과하는 정부 부처들이 함께 거주하는 집합체를 형성하는 것을 우리는 원하는가 아닌가? 또는 산전 유전자 진단을 행하는 병원과 그런 진단 결과에 따라 임신중절을 결정하는 여성들이 거주하는 집합체를 형성하는 것을 우리는 원하는가 아닌가? 우리가 내리는 선택에 따라 집합체와 공동생활 형태는 달라질 것이다. 그런데 우리는 정작 기술과학과 연관된 이러한 가능성의 세계들 또는 집합체들에 대한 중대한 정치적 선택이 그동안 어떤 진정한 토론이나 협의도 없이, 즉 민주주의의 절차에 따르지 않고, 그냥 행해져 왔다는 사실을 깨달을 수 있다. 바로 여기에 최근 ANT 학자들이 기술과학과 민주주의의 관계에 관심을 갖는 이유가 있는 것이다(Latour, 2004 ; Callon et al., 2009).

3. SSK와 ANT의 논쟁

이상에서 살펴본 바와 같이, ANT는 영미권의 과학지식사회학(SSK)에서 자극과 영감을 받기는 하였지만 프랑스의 기호학과 포스트구조주의에 뿌리를 둔 독특한 접근이었다. 1980년대에는 SSK와 ANT가 기존의 지배적인 실증주의 과학관에 대항하는 유사한 접근

10 ANT 학자들은 기존의 '사회'라는 용어가 인간들만의 관계를 의미해 왔기 때문에, 수많은 인간-비인간 결합들의 합을 가리키는 용어로서 '집합체(collective)'란 새로운 개념을 사용한다. 따라서 '집합체'는 인간들과 비인간들이 함께 구성하며 살아가는 공동생활의 세계 즉 '공동세계(common world)'를 가리킨다고 볼 수 있다.

들로 취급되었지만, 사실 둘 사이의 차이는 컸는데 그 핵심은 '사회적인 것(the social)'에 대한 상이한 관점이었다. 즉 과학과 기술을 연구하는 데 있어서 SSK가 제시한 접근은 '사회적인 것'의 확장을 통한 STS 분석이었던 반면에, ANT가 제시한 접근은 '사회적인 것'의 폐기 내지 변혁을 통한 STS 분석이었다고 요약할 수 있다. 이들은 과학과 기술이 어떻게 만들어지는가를 설명하기 위해 기존 사회학의 협소한 '사회적인 것' 범주에 도전하고 새로운 대안을 제시하였으나, 그 방향은 서로 전혀 달랐다고 할 수 있다. SSK는 '사회적인 것'을 확대하여 과학과 기술의 구성 과정을 설명하고자 하는 사회구성주의의 관점을 주장하였던 반면에, ANT는 과학과 기술의 구성을 설명하려는 그들의 노력 속에서 '사회적인 것'이라는 기존 범주의 허구성을 발견하고 인간과 비인간 모두에 행위성을 부여하는 일반화된 대칭성의 관점을 주장하였기 때문이다.[11] 1990년대가 되자 이 둘 사이의 차이는 더 이상 숨길 수 없는 것이 되었고, 어떤 접근이 STS의 올바른 방향이냐를 둘러싸고 마침내 치열한 논쟁이 벌어지게 되었다.[12] 포문은 SSK 쪽에서 먼저 열었는데, 그것은 SSK 학자들이

---

11 그러나 SSK와 ANT는 행위자가 과학과 기술을 능동적으로 구성(construction)한다고 보는 점에서 구성주의의 서로 다른 갈래라고 할 수 있다. 다만 SSK는 인간만을 행위자로 본다는 점에서 '사회적 구성주의'인 반면에, ANT는 인간과 비인간을 모두 동등한 행위자로 보기 때문에 '이질적 구성주의'라고 필자는 본다.

12 둘 사이의 논쟁은 두 번에 걸쳐 벌어졌다. 1990년대 초에는 SSK 학자인 콜린스와 이얼리가 ANT 학자인 칼롱과 라투르와 논쟁을 벌였고(Collins and Yearley, 1992; Callon and Latour, 1992), 1990년대 말에는 SSK 학자인 블루어가 ANT 학자인 라투르와 논쟁을 벌였다(Bloor, 1999; Latour, 1999). 이 글에서는 지면의 한계상 앞의 논쟁을 중심으로 다루고자 한다.

보기에 ANT는 과거에 과학지식을 자연의 순수한 반영으로 보던 실증주의적 관점에 대항하여 SSK가 성취한 것을 뒤로 후퇴시키려는 위험한 시도로 판단되었기 때문이다.

SSK 진영의 콜린스와 이얼리가 1992년에 발표한 논문의 제목 "인식론적 겁쟁이"(Collins and Yearley, 1992)를 따라 '겁쟁이 논쟁(Chicken Debate)'이라고 불리게 된 이 논쟁에서, 콜린스와 이얼리는 비인간에게 행위성을 부여하자는 ANT의 주장은 인식론적으로 "반동적"이라고 비판한다. 과학지식이 자연에 대한 관찰 증거가 아니라 사회(=과학자들의 사회적 협상 또는 그것에 작용하는 사회구조적 힘)에 의해 결정된다는 SSK의 인식론에 반해, ANT는 비인간의 행위에 인간의 행위와 대등한 인과적 힘을 부여함으로써 자연을 다시 원인으로 복귀시키고, 이는 결국 자연에 대한 전문가인 과학자의 인식적 권위에 의존하게 만들기 때문이라는 것이다. 콜린스와 이얼리는 어떻게 사회학자가 과학자에게 의존하지 않고서 비인간 행위에 대한 지식을 얻을 수 있냐고 다음과 같이 지적한다.

> "어떻든 가리비(또는 다른 무엇이든)의 공모 행위는, 그것이 이러한 종류의 설명에서 어떤 역할을 하기 위해서는, 적절하게 기록되어야만 한다. 어떻게 가리비의 공모 행위는 측정될 수 있는가? 가리비의 공모 행위를 측정하는 단 하나의 방식을 우리가 아는데 그것은 적합한 과학적 연구에 의해서이다. 만일 우리가 정말로 가리비의 행동을 우리의 설명 방정식에 넣고자 한다면, 칼롱은 그의 과학적 자격을 보여야만 한다. 그가 가리비의 성격에 대해 확고히 파악하고 있음을 그는 보여주어야 한다. 만일 칼롱이 그가 묘사하는 연구자들에 비해 자격을 못

갖춘 가리비 과학자일 경우, 가리비의 성격에 대한 그의 의견을 우리가 받아들일 하등의 이유도 없다. 만일 그가 해당 주제에 대해 권위 있게 발언하려고 할 경우, 우리 독자는 사실상 그가 다른 과학자들에 비해 '더 나은' 가리비 전문가이기를 바랄 것이다"(Collins and Yearley, 1992: 316).

그러나 ANT 진영의 칼롱과 라투르는 이에 대해 콜린스와 이얼리의 그러한 주장이야말로 자연에 대한 지식을 과학자의 특권으로 그냥 인정하는 "반동적"인 자세라고 반박한다. 사회학자들은 자연에 대한 과학자의 정의에 의문을 제기할 권리가 있으며 그럼으로써 과학자의 인식적 특권을 파괴할 수 있다고 그들은 주장한다. 비인간의 행위는 과학자만 대표할 수 있다는 콜린스와 이얼리의 주장에 대해, 칼롱과 라투르는 (과학논쟁에서 보듯이) 어떤 비인간의 행위를 대표하는 과학자들은 다양하며 따라서 외부자인 사회학자도 과학의 내용 속을 들여다볼 수 있다고 주장한다. 아이러니하게도 이것은 콜린스 자신이 '해석적 유연성'(3장 참조)이란 개념으로 제시했던 생각 아니냐고 칼롱과 라투르는 꼬집고 있다. 더 나아가 칼롱과 라투르는, 아래의 인용문에서 보듯이, 사회학자가 과학계의 다양한 견해들과 선택지들을 보존하는 것이 과학자들 스스로를 위해서도 좋고 외부 공중을 위해서도 좋다고 주장한다. 이 말은 과학에 대한 사회학적 분석이 지니는 실천적 가치와 관련하여 중요한 의미를 담고 있다. 한마디로 과학의 민주화에 사회학자가 기여할 몫이 있다는 것이기 때문이다.

"우리는 그러한 과학적 자격을 갖고 있지 못하지만, 우리가 할 수 있는 한 가지가 있다. 그것은 과학자들 스스로를 위해 소수자 견해들을 보존하고, 외부 공중을 위하여 과학자들이 만든 선택지들을 보존하는 일이다. 단지 사회적인 설명과 현장 과학자는 단지 과학자일 뿐이라는 오만한 견해 사이에서 오락가락하는 것보다는, 이것이 헤게모니를 반박하는 훨씬 더 효율적인 전략인 것이다. 현장의 과학을 연구하는 것이 좋은 점은, 언제나 충분한 반대 견해가 있어서 외부자들이 들어올 수 있고 아무 과학적 자격도 없는 관찰자들이 과학의 혼돈을 포착할 수 있도록 해 준다는 것이다. 매우 이상한 일이지만, 우리는(콜린스와 이얼리의 이번 논문이 나오기 전까지는) 이러한 교훈을 콜린스로부터 배웠다고 생각했다" (Callon and Latour, 1992: 358).

위 논쟁에서 드러나는 것은 ANT의 입장에 대한 SSK의 오해이다. ANT는 과학을 설명할 때 SSK와 달리 자연을 다시 원인으로 복귀시키며, 그럼으로써 과학자의 인식적 특권을 다시 인정하려는 것이 아니다. 이미 라투르는 1987년의 저서에서 '자연'과 '사회' 모두는 원인이 아니라 인간과 비인간 행위자들이 결합되어 만들어지는 이질적 연결망의 결과라고 주장한 바 있다(Latour, 1987). 따라서 ANT가 궁극적으로 추구하는 것은 칸트 이래 서구 사상을 지배해 왔던 근대주의적 이분법(주체/객체, 인간/비인간, 사회/자연) 자체를, 그리고 그러한 이분법에 내포된 비대칭성(즉 인간중심주의)을 일반화된 대칭성의 방법을 통하여 극복하려는 것이다. 이러한 면에서 보자면 콜린스와 이얼리의 SSK는 인간 주체에게만 행위성을 부여하고 비인간 객체에게는 행위성을 부정하는 근대주의적 이분법을 벗어나지 못했다고 말할 수 있다. '자연적인 것'과 '사회적인 것'을 사회학의 선구자들과 마찬가지로 여전히 엄격히 구분하는 것이다. SSK와 ANT 사이의 논쟁의 원인은 결국 여기에 있었던 것이다. ANT의 핵심적 문제제기도 바로 이 근대주의적 이분법을 벗어날 것을 비단 STS 분야만이 아니라 사회과학 그리고 자연과학 등 학문 전반에 걸쳐 요청하는 것이라 할 수 있다. 기술과학에 대한 ANT의 분석에서 분명하게 드러나듯이, 우리가 살고 있는 이 세계는 인간의 영역으로서의 '사회'와 비인간의 영역으로서의 '자연'이 따로 존재하는 것이 아니라, 인간과 비인간이 결합된 수많은 '이질적 연결망(또는 하이브리드)'으로 구성되기 때문이다. 따라서 학문이 할 일은 있지도 않은 순수한 '사회' 또는 '자연'을 연구하는 것이 아니라 실제 세계를 구성하는 이질적 연결망들이 어떻게 형성되고 변화하는가를 추적하고 분석하는 것이라고 ANT는 본다. 근대주의적 학문체계에 대한 ANT의 이러한 과감한 도전에 과연 우리가 어떻게 대응할 것인지가 SSK와 ANT 사이의 논쟁이 남긴 과제라고 할 수 있다.

더 생각해 볼 문제

1. 과학과 기술(또는 한마디로 줄여 '기술과학')이 정치에서의 권력 형성처럼 다양한 동맹자들의 결집을 통한 강한 연결망 구축의 산물이라는 ANT의 기본적 시각이 얼마나 타당한지 토론해 보자.
2. 인간들만이 아니라 비인간 사물도 수동적 객체가 아니라 인간이 동맹을 맺어야 할 능동적 행위자로 보아야 한다는 ANT의 주장이 얼마나 설득력이 있는지 논의해 보자.
3. 사물을 행위자로 간주할 경우, 스스로 자신의 목소리를 낼 수 있는 인간과는 다르게 사물은 목소리가 없거나 인간이 알아들을 수 없는데 어떻게 그들의 행위를 이해하거나 분석할 수 있는지 생각해 보자.
4. 과학기술학의 방법론으로서 SSK와 ANT가 지닌 공통점과 차이점에 대해서 생각해 보고, 둘 사이의 논쟁에서 어떤 입장이 더 설득력이 있는지 각자 평가해 보자.
5. ANT는 자연(비인간)과 사회(인간)의 근대주의적 이분법, 그리고 이에 따른 자연과학과 인문사회과학의 근대적 학문체계에 정면으로 도전하고 이를 전복시키려는 시도라고 할 수 있는데, 이러한 시도가 오늘날 얼마나 필요하며 또 과연 ANT가 이를 성취할 잠재력이 있는지 토론해 보자. 특히 ANT 접근이 오늘날 세계가 당면한 가장 근본적 문제의 하나인 생태적 위기를 진단하고 해결하는 데 새로운 통찰을 줄 수 있는지 평가해 보자.

〈심화학습을 위한 자료〉

- 김환석(2006), 『과학사회학의 쟁점들』, 문학과지성사.
- 김환석 편저(2014), 『생명정치의 사회과학』, 알렙.
- 라투르, 브뤼노, 홍철기 옮김(2009), 『우리는 결코 근대인이었던 적이 없다』, 갈무리.
- 라투르, 브뤼노, 이세진 옮김(2012), 『브뤼노 라투르의 과학인문학 편지』, 사월의책.
- 홍성욱 편저(2010), 『인간·사물·동맹: 행위자네트워크 이론과 테크노사이언스』, 이음.

6장

페미니즘으로 보는 과학과 기술

박 진 희

박진희(동국대학교 다르마칼리지 교수)

서울대학교 물리학과를 졸업한 후 베를린 공과대학교에서 과학기술사 전공으로 박사학위를 받았다. 현재 동국대학교 다르마칼리지 교수로 재직 중이다. 『현대 과학의 쟁점』(공저), 『세계를 바꾼 20가지 공학기술』(공저), 『한국의 과학자사회』(공저), 『근대 엔지니어의 탄생』(공저), 『근대 엔지니어의 성장』(공저)을 비롯한 여러 책을 썼고, 『10의 제곱수』, 『테크노 페미니즘』, 『나노 바이오 테크놀로지』 등을 우리말로 옮겼다. 연구 논문으로 「독일 탈핵 정책의 역사와 시사점」, 「시민 참여와 재생가능에너지 정책의 새로운 철학」 등이 있다.

* 이 장의 글 일부는 한국방송통신대학교 문화교양학과 편(2011) 『성, 사랑, 사회』에 실린 박진희의 글 「과학은 평등하지 않다: 과학지식과 여성」에도 게재되었던 것임을 밝힌다.

과학과 기술의 사회적 형성을 다루고 있는 과학기술학에서의 '젠더(gender)'는 과학기술을 들여다보는 또 다른 창을 제공해 준다. 특정 과학이나 공학 분야에서 남성들의 과대 대표성은 자연스러운 것인가? 과학과 기술이 사회적으로 형성되는 것이라면 사회적 범주인 '젠더' 역시 그 형성 과정에 영향을 미칠 수밖에 없다. 그렇다면 이런 영향은 어떻게 나타나고 있는 것일까? 과학기술학 연구자들은 과학 지식이 출현하는 과정에서 종교, 문화나 인종, 젠더와 같은 요소들이 직간접의 영향을 미치고 있음을 보여 주었다. 특히, 페미니스트 과학학 연구자들은 과학 지식이 성차별적인 인식을 강화하는 데 기여를 하였으며, 사회에 만연해 있는 성차별적인 인식에 의해 영향을 받기도 했음을 밝혀 주었다. 즉, 과학 지식이 성차별적인 인식과 무관하지 않음을 보여 준 것이다. 과학 지식뿐만 아니라 새로운 기술 디자인이 탄생하는 과정에도 젠더 이데올로기가 개입하는 것을 볼 수 있다. 여기서는 과학기술학에서 다루어지고 있는 젠더 이슈들을 정리해 본다.

1. 과학과 기술에서 사라진 여성들

과학의 역사를 살펴보면 19세기 여성 신체에 관한 이론들이 주장하는 것처럼 과학적 능력이 여성에게 결여되어 있던 것은 아니었다. 여성 과학사학자 론다 쉬빙어(Londa Schiebinger)에 따르면, 18세기까지 여성들은 천문학, 물리학, 식물학 분야에서 다양한 활동을 보여주고 있었다. 뉴턴의 『프린키피아』 프랑스어판을 펴낸 에밀리 뒤 샤틀레(Emilie du Chatelet), 혜성을 최초로 발견한 마리아 빙켈만(Maria Margaretha Winkelmann), 수리남 곤충을 연구하여 곤충학의 실증적인 차원을 넓힌 책을 쓴 마리아 지빌라 메리안(Maria Sibylla Merian) 등 다양한 과학 분야에서 여성들을 만날 수 있다(쉬빙어, 2007). 그러나 대다수의 이름은 공식적인 기록이나 과학사 서적에서 만나기가 어렵다. 이들 대부분은 당대 과학자의 아내나 딸, 그리고 이름 없는 조력자로서 연구에 관여했기 때문이다. 독립적으로 연구를 수행할 수 있었다 해도 자신의 이름으로 연구서를 남길 수 없었던 것도 공식 과학사에 이들이 등장하지 않게 된 이유이다. 여성 천문학자 마리아 빙켈만은 새로운 혜성 발견으로 18세기 천문학사에 큰 공헌을 하였지만, 남편의 이름 뒤로 자신을 숨겨야 했다. 유명한 화학자 앙투안 로랑 라부아지에(Antoine Laurent de Lavoisier)의 아내 마리안느 삐에레뜨 뽈즈(Marie-Annne Pierette Paulze)는 자신의 살롱을 운영하며 화학 실험을 직접 수행해가면서 연구 논문을 작성하였지만, 남성의 필명으로 논문을 발표할 수밖에 없었다.

페미니스트 과학기술학 연구자들은 남성 과학자들과 나란히 과학 활동을 수행하였지만 여성 회원을 인정하지 않은 과학 아카데미와 여성의 입학을 허용하지 않은 대학 때문에 자신의 활동을 인정받지 못한 여성 과학자들을 복원하는 작업을 하고 있다. 과학사 서술의 대상을 아카데미 회원 혹은 대학 출신 과학자로 한정하지 않고, 조수나 아마추어 과학자 등으로 넓히자 과학 활동에 관여한 많은 여성들이 과학의 역사에 등장하게 되었다. 또한 기술의 역사에서는 기술사 서술 대상이 되는 기술 영역이 남성 중심의 역사 서술에 의해 제한적이었음을 지적하고, 그 영역을 확대하여 여성들을 복원하는 작업을 하기도 한다. 즉, 기술사의 영역을 기계 장치, 전기 산업, 전쟁 기술 등 남성들이 지배적인 영역에서 육아, 조리, 가사 등 일상생활 영역으로까지 확장을 하게 되면 발명가, 생산자, 소비자로서 이들 기술 발전에 기여해 온 수많은 여성들이 역사로 들어오는 것이다. 기술사에서 여성이 주요 행위자로 등장하게 되는 것은 기술변화에서 소비자의 역할이 부각되고 있기 때문이기도 하다. 기술의 사회구성론(SCOT)의 논의는 다양한 사회 집단의 '해석의 유연성'이 갖는 역할에 주목하게 하였고, 사회 집단으로 소비자가 엔지니어 설계자에 버금가는 역할을 할 수 있음을 보여 주었다. 이는 주요 소비자로서 여성이 기술의 출현·발달에 적극 개입할 수 있음을 의미하는 것이기도 했다. 가사노동기술의 발전을 연구한 고전서 루스 코완의 『과학기술과 가사노동(*More Work for Mother*)』은 자신과 가족의 이해에 맞추어 기술제품을 적극적으로 소비한 미국 가정주부들에 의해 가사노동기술이 발전하고 있음을 보였다(코언, 1997). 미국의 전화 사업 발달을 추적한 클라우드 피셔(Claude S. Fisher)는 농촌 주부들이 이웃들에게 안부를 묻는 사적인 용도로 전화 사용을 새롭게 '발명'함으로써 전화가 쌍방향 소통 매체로 발전하게 되었다고 보았다. 최근의 컴퓨터 발달을 다룬 역사 논문들은 에니악(ENIAC)의 초기 역사에서 다수의 여성들이 프로그램을 담당하면서 초기 발달을 이끌어 왔음을 밝혀 주고 있다. 그런데 이러한 여성의 영역이 1970년대 이후로 컴퓨터 역사 서술에서 부차적인 영역으로 재정의 되면서, 초기 여성의 역할이 조명 받지 못했다(Misa, 2010).

페미니스트 여성 연구자들은 과학과 기술 역사에서 사라진 여성들을 복원하는 과정에서 여성 배제의 메커니즘 또한 밝히고자 하였다. 이블린 폭스 켈러(Evelyn Fox Keller)와 캐롤린 머천트(Carolin Merchant)는 근대과학이 새롭게 출현하면서 과학 활동에는 남성성이 부여된 반면, 자연은 수동적인 여성성이 부여되면서 남성 과학자의 지위가 공고해지게 되었다고 보았다(켈러, 1996; 머천트, 2005). 수동적인 자연을 드러내고 그 속으로 침투해 들어가 자연의 법칙을 밝히며 자연을 길들이는 것은 남성 과학자의 성스러운 직무가 되었다. 여성은 이런 근대 과학의 새로운 활동에는 맞지 않았으며, 오히려 이런 남성 과학자의 방해자로 인식되었다. 남성 과학자들의 새로운 과학 활동을 수행하는 영국 왕립학회는 수도사와 유사한 결사체로 탄생하였고, 프랑스 과학 아카데미는 남성 과학자들을 여성을 "악덕과 불경건과 파멸로 몰고 가는 선동자"로 생각했다(버트하임, 1997: 114). 순수한 남성적 정신만이 진정한 지식을 발견할 수 있다는 생각은 17세기 영국의 왕립학회, 프랑스 과학 아카데미를 지배했다. 따라서 여성은 정식회원으로 받아들여지지 않았다. 이 전통은 영국의 경우, 1945년에, 프랑스는 1979년이 되어서야 사라질 수 있었다. 대학도 마찬가지였다. 고대부터 내려온 여성에 대한 편견—여성의 뇌가 작아 고등 교육은 받을 수 없다거나 고등 교육은 모성에 해롭다

등—을 들어 여성에게 고등 교육은 불필요하고 오히려 해롭다는 논리가 전개되며 여성이 정식 학생으로 대학에 입학하는 일은 금지되었다. 대학이 여성에게 문호를 개방한 것은 20세기에 들어와서이다. 영국에서는 1848년에 여자 대학이 설립되었고, 미국은 1861년에 여성의 대학 입학을 허용하였다. 유럽 대륙은 이보다 늦어서, 1901년에 오스트리아, 독일은 1902년에 정식으로 여성 입학을 허용하였다. 이런 제도적인 배제는 기술 분야에서도 목격된다. 군사 기술이나 토목 기술 분야 관료 양성을 목적으로 18세기에 처음 설립된 공과대학은 처음부터 남성 엘리트 엔지니어만을 위한 기관이었다. 산업 혁명 이후로 공장 여성 노동자들이 늘어났으나 이들은 기껏해야 직업 학교에서 초등 수준의 교육을 받을 수 있을 뿐이었다. 여성 엔지니어 교육기관은 20세기에 들어서야 출현하게 된다. 1925년에 프랑스에 첫 여성 에콜 폴리테크니크(École Polytechnique)가 설립되었다(Canel et.al., 2000). 이런 여성 교육기관의 등장에도 불구하고 여성 엔지니어들이 남성 엘리트 엔지니어 사회로 진입하는 것은 거의 불가능했다. 그 진입 자격에는 언제나 현장 경험이 수반되었고, 여성 엔지니어들이 남성 엔지니어와 유사한 현장 경험을 쌓기란 거의 불가능했다. 대학 설립 이후에도 산업 현장에서의 여성 배제는 계속되었기 때문이다.

제도적 장벽들이 없어지면서 여성의 과학자사회 진출이 상대적으로 활발해졌지만, 이들을 맞이한 것은 보이지 않는 또 다른 차별이었다. 17세기 이후 뿌리 깊게 이어져 온 여성에 대한 차별 의식은 여성 과학자들의 업적 평가에 영향을 주고 있었다. 핵분열 및 연쇄 반응의 명확한 메커니즘을 규명해 낸 사람은 리제 마이트너(Lise

그림 6-1. 로절린드 프랭클린.

Meitner)였다. 마이트너는 조카 오토 프리쉬(Otto Frisch)와 함께 우라늄 원자핵이 분열할 때 나온 중성자가 다른 원자핵을 때리는 연쇄 반응을 일으키고 이때의 질량 결손에 의해 막대한 에너지가 분출한다는 연쇄 반응 원리를 처음으로 밝혀냈던 것이다. 핵분열이라는 이름도 그녀가 처음으로 붙인 것이었다. 하지만 그녀는 동료 과학자 오토 한(Otto Hahn)과 달리, 자신의 업직으로 노벨상을 수여받지 못한다. 유대인이었기 때문에 독일인 동료의 후원을 받지 못하였던 탓도 있었지만, 여성이었기 때문에 노벨상 선정 심사위원회에서 그녀에 대한 평가는 달라졌을 것이다. 여러 차례 대상 후보가 되었지만 끝내 노벨상은 그녀에게 돌아가지 않았다.

비슷한 예는 로절린드 프랭클린(Rosalind Franklin)의 경우에서도 볼 수 있다. 과학사가 존 데즈먼드 버널(John Desmond Bernal)이 "세상에서 가장 멋진 엑스선 사진"이라고 극찬한 DNA 엑스선 회절 사진으로 DNA 이중나선 구조 발견에 결정적 공헌을 한 플랭클린 역시 자신의 업적을 인정받지 못했다. 왓슨과 크릭이 노벨상을 수상했을 때 이미 세상을 떠난 탓이기도 하지만, 생존했더라도 동료의 인정을 받지 못해 심사에서 제외되었을 가능성이 크다. 비록 후에 그의 동료 왓슨이 '그녀의 용기와 성실성'을 인정하는 글을 썼지만, 평소에 왓슨이 플랭클린을 대한 태도는 그와는 동떨어져 있었다. 그가 쓴 글에서는 플랭클린의 연구 내용에 대한 글보다는 "31세의 나이에 영국의 10대 같은 옷차림", "여성적인 매력을 보이는 것을 끔찍이도 싫어한 사람"이란 표현을 더 많이 볼 수 있다. 동료로서 여성 과학자를 인정하는 것에는 매우 인색했던 것이다. 사회가 여성 과학자를 보는 눈 역시 여기서 크게 다르지 않았다. 지도교수인 앤터니 휴이시(Antony Hewish)에게 노벨상을 안겨 준 천체물리학자 조셀린 벨(Jocelyn Bell)이 펄사 발견에 관한 기자 회견에서 기자로부터 받은 질문은 남자 친구가 있는가 따위의 것이었다. 과학 분야에서 여성이 남성과 달리 뛰어난 업적을 남기지 못하고 여전히 소수에 머물고 있는 것은 이처럼 제도적 장벽과 보이지 않는 차별이 지속된 결과이지 여성의 생물학적 능력에 기인하는 것이 아니었다.

2. 과학과 기술은 성적으로 평등한가

과학 지식과 성차 이데올로기는 어떻게 연관이 되어 있을까? 적극성을 남성에게 부여하고 소극성을 여성에게 부여하는 이런 성차 이

한국 여성 과학기술인과 젠더 논의

국내에서 젠더와 과학기술에 대한 논의가 실천적으로 어떤 영향을 미치고 있는가는 여성 과학기술인에 대한 국내 지원 정책의 변화를 통해 엿볼 수 있다. 물론 이들 지원 정책의 큰 틀은 성주류화 정책이라는 국내 여성 정책 전반을 관통하는 정책론에 따라 만들어지기는 하였지만, 세부 정책들에는 과학기술학에서의 젠더 논의가 영향을 주었다. 이은경(2012)의 연구에 따르면 한국의 여성 과학기술인 지원 정책은 2002년 〈여성 과학기술인 육성 및 지원을 위한 법률〉이 제정되면서 제도화되기 시작했다. 이 법에 기초해서 2004년부터 5년마다 여성 과학기술인 육성·지원 기본계획이 수립되고 있고 과학기술 분야의 진입 장벽과 '유리천장'을 극복할 수 있는 여러 시책들이 추진되어 왔다. 여성 친화적인 과학기술 교육 확대와 인식 제고, 채용 목표제, 여성 과학기술인 실태조사, 여성 과학기술인 지원 센터 설립, 일·가정 양립 지원 등이 그 예다.

이들 지원 정책은 과학기술 분야에서 여전히 소수로 머물고 있는 여성들이 이 분야로 쉽게 진출할 수 있게 해 준다는 점에서 과학기술 분야의 성주류화 정책의 일환이라고 할 수 있다. 정책 결정, 집행, 점검과 평가 단계에서 여성과 남성에 대한 성별 영향을 분석하도록 함으로써 성 평등성을 정책에 통합하도록 촉진하는 의미의 성주류화는 과학기술 분야에서 '채용 목표제', 연구자금 분배에서의 성 평등성 고려 등의 정책으로 실행되었던 것이다. 일본이 2006년에야 여성 과학기술인 지원정책을 마련했고 대만이 2007년에 유사한 제도를 실시했던 것에 비하면 국내의 여성 과학기술인 지원 정책 제도화는 상대적으로 일찍 진행되었다고 한다.

이는 한국에서 이들 국가들에 비해 '젠더와 과학'에 대한 논의들이 활성화되어 있었고 여성 과학기술인들의 적극적인 노력들이 있었기 때문일까? 여성 과학기술인들은 '채용목표제'와 같은 제도화 요구보다는 여성 스스로 적극성을 보이고 의식을 고취하여 남성주의 관행에 대항할 것을 주장하였다. 채용목표제와 같은 제도화 논의는 국가 경쟁력에 필요한 여성 인력 개발이라는 차원에서 정책을 입안한 과학기술부에 의해 주도되었다고 한다. 과학기술 분야에서 보이는 성불평등 구조에 대한 근본적인 천착과 이 구조의 해소라는 차원에서보다 국가 경쟁력에 필요한 과학기술 개발에 종사할 수 있는 더 많은 여성 인력의 개발이라는 인적 자원 개발 정책의 일환으로 마련되었다는 것이다.

한편 2000년대 중반 이후로는 성비 균형의 문제를 넘어서 여성 과학기술인의 경력 단절 문제, 연구와 가정의 병립 등 젠더 불평등의 문제들이 본격적으로 의제화되었다. 임신, 출산, 보육으로 여성 과학기술인이 겪을 수밖에 없는 경력 단절을 '여성 유연 근무제 확대, 보육과 수유시설 확충이라는 제도를 통해 해결해야 한다'는 제안들이 여성 과학기술인들에 의해 이루어졌던 것이다. 이는 국내에서도 과학기술과 젠더 주제들이 몇몇 여성학자들에 의해 지속적으로 제기되고 있었고 여성 과학기술인 단체들도 관련 논의에 관심을 갖기 시작했던 데서 기인한다. 그러나 이들 논의가 제한적이었다는 것은 관련 정책의 제도화가 실제로는 '저출산, 고령화' 이슈와 연관해서 실현되었다는 점에서 알 수 있다. 여성 과학기술인은 출산과 보육으로 인한 과학기술계 내 여성 과학기술인의 근본적인 불평등 구조를 앞세우기보다 "고령화 시대 과학기술인력 부족을 대비하기 위해서는 출산, 보육을 지원하여 고학력 여성 과학기술인들이 경력을 이어가도록 해야"함을 강조했던 것이다. 즉, 2000년대 초반 과학기술부의 인력 정책이라는 큰 틀 내에서 지원 정책을 세부화하는 것에 머물렀던 것이다. 그리고 이들 출산, 보육 문제의 제기에서 여성 과학기술인에게만 보육 문제를 책임지우는 젠더화된 사회에 대한 근본적인 질문은 없었다.

여성 과학기술인 지원 정책의 변화 과정들을 보게 되면 국내에서도 과학기술계에서의 젠더 문제가 본격적으로 제기되고 있음을 알 수 있다. 과학기술계 내에서의 성비 불균형의 문제, 여성 과학기술인들의 경력 단절, 승진 등 과학기술계 내의 성 불평등의 문제들이 정책 개발과 더불어 다루어지고 있는 것을 볼 수 있다. 이런 진전에도 불구하고 국내에서의 논의는 아직 제한적임도 알 수 있다. 과학기술계 내의 성불평등 보다는 여성 과학기술 인력의 저활용으로 인한 국가 경쟁력 약화의 문제, 일과 가정 양립의 의무를 지니고 있는 고급 여성 과학기술인력을 더 효율적으로 활용하기 위한 정책으로 보육 시설 지원 등이 더 우선적으로 고려되고 있다는 것이다. 정부 정책 담당자뿐만 아니라 여성 과학기술인들 스스로 이런 논리를 내세우고 있는 것을 볼 수 있다. 젠더와 과학기술의 논의가 더 활발해질 필요를 여기서도 볼 수 있다.

데올로기가 과학 이론에 영향을 주고 있음은 수정에 관한 이론에서도 보인다. 1996년에 《네이처(*Nature*)》에서는 '난자'에 관한 설명이 어떻게 달라졌는지를 설명하는 글이 실렸다. 이에 따르면, '한때 배에 실린 화물처럼' 여겨졌던 난자가 '자신을 감싸고 있는 당질 세포가 성장하고 분화하도록 명령'을 내리는 적극적인 이미지로 바뀌었다고 했다. 스스로 작동하지 못하던 난자로 해석되던 때의 수정 이론에서 난자는 어려운 길을 헤치고 온 용감한 정자를 만나는 '잠자는 숲 속의 공주'로 묘사되고 있었다. 수정은 난관으로 가는 복잡한 길을 찾아내고 강력한 꼬리의 힘으로 난자의 두꺼운 벽을 뚫고 들어가는 정자의 활동에 의해 이루어지는 것이었다. 그런데, 이 수정 이론은 관찰 사실에 의해서 받아들여진 것은 아니었다. 아프리카계 미국인 발생학자인 어니스트 에버렛 저스트(Ernest Everett Just)는 1921년 성게 관찰을 통해 난자의 젤리층에서 정자 운동을 활성화시키는 효소가 분비되고, 정자가 난자 표면에 응집하도록 하는 수정소도 분비되고 있어 난자가 수정에서 적극적인 역할을 함을 발견하였다. 그러나 이 관찰 사실은 당시 지배적이었던 정자 중심의 수정 이론을 뒤집지는 못하였다. 1970년대 여성 운동이 활발해지면서 전통적인 남성성과 여성성에 대한 성차 이데올로기가 쇠퇴하게 되면서 수정 이론에 변화가 오게 된다. 1980년에 이르면, 생물학 교과서에서 수정은 '난자와 정자가 서로를 발견하고 융합하는 과정'으로 묘사되게 된다. 난자에 대한 연구들이 활발해지면서, 난자가 수정 과정에서 어떤 역할을 하는지가 자세하게 알려지게 된 것이다. 체외수정 동물에서는 난자에서 특정 화학 유도물질이 분배되어 정자가 난자에 접근할 있게 한다. 포유동물 난자는 투명대라는 당단백질로 된 층으로

덮여 있는데 1개의 정자가 투명대를 가로질러 난자에 들어가면 투명대에 변화가 생겨 다른 정자는 들어갈 수 없도록 한다는 것이다. 이런 난자의 역할로 인해 한 개의 난자와 한 개의 정자로 이루어지는 수정이 가능하게 된다는 것이다.

17세기 영장류에 대한 과학 이론들에서 성차 이데올로기의 반영은 극명하게 드러나고 있다. 동물학자 야코부스 본티우스(Jacobus Bontius)는 1658년에 자신이 관찰한 암컷 오랑우탄을 서술하고 있는데, 이 오랑우탄은 관찰자인 자기처럼 알지 못하는 남자들 앞에서는 부끄러운 부분을 가리는 '문명화된' 영장류였다. 얌전하고 정숙한 암컷 영장류에 대한 기록은 그 후로도 계속되어, 1738년에 발간된 영장류 책에는 눈을 아래로 내리깔고 그야말로 다소곳이 앉아 있는 암컷 침팬지를 묘사한 그림이 등장한다. 런던에서 사람들에게 전시되었다는 이 침팬지는 식탁 의자를 끌어 앉아 앞에 놓인 찻잔을 손으로 들어 마실 정도로 얌전하게 행동하였다고 한다. 1801년에 동물학자 피에르 라트레이(Pierre Latreille)가 묘사한 암컷 고릴라에서도 일반적으로 사람들에게 알려져 있던 고릴라의 포악함과 사나움은 찾아 볼 수 없다. 암컷 고릴라의 발가락 손가락은 가늘고 길게 그려져 있고, 역시 부끄러운 부분을 팔과 손을 포개어 가리고 있었다(Schiebinger, 1995). 이렇게 자연에서 우리는 얌전하고 정숙한 암컷을 얼마든지 발견하게 되는 것이었다. 한편, 당시로서는 드물었던 여성 동물학자 프리실라 웨이크필드(Priscilla Wakefield)는 다른 남성 동물학자와 달리 암컷 원숭이에서 발견되는 모성을 강조하였다. 그녀가 묘사한 암컷 원숭이는 원숭이 새끼에게 젖을 물리고, 행여 새끼가 다칠까 한눈팔지 않고 보살피는 '인간 어머니' 자체였다. 이렇게 영장류 암컷은 여성의 특성인 얌전함과 정숙함, 모성을 그대로 드러내주는 것이었다. 이에 반해 수컷 영장류들은 아주 대조적으로 묘사되고 있다. 분류학자 칼 폰 린네(Carl von Linné)가 묘사한 수컷 원숭이는 문명화되지 않은 남성상으로, 폭압적이기 그지없다. 수컷 원숭이의 성욕은 다른 종의 암컷까지도 넘볼 정도로 강력하여, 심지어 아프리카 여인을 넘볼 정도였다는 기록들도 보인다. 수컷에 대한 기록들에서는 암컷에서 만큼 인간 남성의 특성과 연관되는 묘사들은 보이지 않는다. 여기에는 영장류 수컷과 남성 인간 차이에는 현저한 차이가 존재한다는 당시 인식이 반영되고 있기 때문일 것이다. 반면에 여성은 당시에 남성보다는 영장류에 더 가까운 것으로 여겨졌고, 이 때문에 둘 간의 비유가 더 쉬웠던 것이다.

이들 과학 지식의 변천이 보여 주는 것은 과학 이론이 지금까지 흔히 생각하고 있던 것처럼 사회적 요소들로부터 독립되어 있지 않다는 사실이다. 사회에 만연한 성차 이데올로기가 과학자들로 하여금 관찰된 사실을 해석하거나 사실을 받아들이는 과정에 영향을 미치는 것이다. 관찰 대상이 남성적인 이미지로 연결되면 이 대상은 적극적이고 주도적인 역할로 해석되고 대부분 남성인 과학자들의 지배적인 관심을 받게 된다. 이 대상을 중심으로 이론이 만들어지고 여성적 이미지에 연결된 대상은 학문적 관심에서도 비켜나게 된다. 이런 과정을 거쳐 과학 지식은 성 평등적이지 못하게 된다.

기술 발전 과정에서도 젠더의 영향은 다양하게 관찰된다. 전자렌지의 경우, 처음에는 요리보다 하이테크에 관심 있는 독신 남성을 겨냥해서 '갈색 전자제품'으로 설계되었다. 남성들이 사용하는 고숙련을 요하는 제품으로 광고되었지만 시장에서 성공을 거두지 못한다. 그후 전자렌지는 여러 요리법을 가능하게 하는 요리기구, 즉 백색가전으로 시장에 다시 등장하게 된다. 이때 전자렌지의 주 고객은 여성이 주로 요리를 담당하는 가정용 제품으로 광고되고 갈색 대신 백색으로 외관이 바뀌게 된다(Ormrod, 1994). 소비자의 성별에 따라 기술 상품이 어떻게 디자인되고 광고되는지를 잘 보여 주는데, 이는 또한 기술 상품에 이미 정착된 성차 이데올로기가 어떻게 반영되고 있는지도 동시에 잘 보여 주는 것이다. 식자기의 자동화를 연구한 신시아 코크번(Cynthia Cockburn)은 노동 시장의 성별 분업이 기술 발달에 어떤 영향을 주고 있는지를 잘 보여 주었다. 식자 작업을 자동화하는 과정에서 모노타입사에서 남성 노동조합의 권력을 약화시켜 노동 비용을 줄이고자 QWERTY 자판을 활용한 자동기기를 도입하였다. 당시 타자기는 이 자판을 활용하고 있었기 때문에 이 기기의 도입은 여성이 식자공 분야에 진출할 수 있음을 의미하는 것이기도 하였다. 그러나 남성 노동조합은 자신들이 사용하던 리노타입 자판 기기를 지지하고 이 새로운 기기의 시장 확대를 강력히 저지하였다. 결과적으로 당시 임금이 높았던 식자공 분야로의 여성 진출은 어렵게 되어버렸다(Cockburn, 1983).

한편, 페미니스트 학자들은 기술과 남성성의 강력한 결합이 여성들의 엔지니어 분야로의 진출을 가로막으며 점점 더 기술 설계에서 지배적인 남성 시각을 강화시키고 있음을 강조한다. 노르웨이에서의 연구에 따르면 여학생들이 컴퓨터 공학을 선택하려고 하지 않는 이유 중 하나가 컴퓨터 공학 전공자에게 씌워진 '얼간이' 컴퓨터 해커 이미지였다고 한다(Faulkner, 2001). 거대 공장, 우주 로켓과 무기체계, 철도 등의 현대 기술들이 강력한 남성성 이미지들과 결부되면

컴퓨터는 성을 갖는가

컴퓨터의 역사는 남성 수학자와 엔지니어 들의 역사로 기록되고 있다. 그러나 최근 여성학자들의 컴퓨터 역사 연구는 초기의 컴퓨터에 수많은 여성들이 관여하고 있음을 보여 주고 있다. 이 여성들은 주요한 컴퓨터 데이터 처리 업무를 담당하면서 오늘날의 컴퓨터 발전에 기여하였다. 자기 저장 장치들이 발명되기 전 천공 카드로 컴퓨터에 데이터를 입력하던 시기 천공기에 데이터를 입력하는 작업실에는 남성과 여성이 거의 동수로 고용되어 있었다. 이들은 천공카드기 작동자로 불렸으며 고용된 여성들은 사무직 노동자 대우를 받았다. 천공카드 작업, 크게 컴퓨터 작업은 아직 성을 지니지 않았다.

그러나 GM 등 거대 기업들에서 행정 업무용으로 대형 컴퓨터를 도입하고 다수의 작업자들을 고용하기 시작하던 1950년대 무렵부터 컴퓨터 작업들에 서열이 생겨나기 시작했다. 데이터 처리 작업 중에서 인력 구성의 37퍼센트를 차지하는 키펀치 작업은 오롯이 여성들에 의해 이루어졌고, 천공카드기 작동자의 24퍼센트가 여성이었다. 키펀치 작업자들 중에서 상위 직위인 천공기 작동자로 승진할 수 있는 사람은 3퍼센트에 불과했다. 이런 서열이 뚜렷해지면서 키펀치 작업은 이제 여성의 업무라는 정체성을 갖게 되고 천공카드기 작동자는 점차 남성의 작업 영역이 되어갔다. 이들 천공카드기 작동 작업은 컴퓨터 발달과 더불어 "시스템 맨(systems men)"이 수행하는 작업으로 변모하며 남성의 작업, 남성 기기로 정체성을 얻게 되었다. 여성의 직업 목록에서 이 분야도 사라졌다. (Thomas Misa(2012), *Gender Codes: Why Women Are Leaving Computing*, pp. 51–53 참조.)

서 주방에서 쓰이는 작은 기술 도구들은 어느새 이들 '단단한' 기술 세계로부터 배제되고 결과적으로 이와 연계된 여성들은 기술 세계로부터 멀어지게 되었다는 것이다. 때문에 여성과 기술의 새로운 연관을 밝히는 것은 이들 현대 기술과 남성성의 긴밀한 연대가 어떻게 역사적으로 구성되었는지를 밝히는 것이기도 하다.

3. 새로운 과학과 기술의 가능성

과학 지식에서 보이는 성적 불평등, 여성을 배제하는 과학 제도들은 1970년대 페미니즘 운동의 활발한 전개와 더불어 변화를 맞게 된다. 사회 각 분야에서의 양성 평등 정책들이 이들 운동에 힘입어 전개되면서 과학 분야로의 여성 진출이 증가하기 시작했다. 특히 영장류학 분야의 경우 1970년대에 들어서면서 여성 박사학위 취득자의 비율이 50퍼센트에 달할 정도로 높아졌다. 여성 과학자의 진출은 과학 지식의 변화를 초래하였다.

1950년대까지만 해도 영장류학에는 물리학의 뉴턴 법칙처럼 영장류의 행동을 설명하는 공식이 존재하였다. 영장류들은 대개 영지를 보호하고 다른 허약한 수컷들을 지휘하는 우두머리 수컷과 이 수컷을 따르는 암컷들, 그리고 새끼로 구분이 되었다. 이 모델에 따르면, 암컷은 무리의 보존을 위해 새끼들을 돌보고, 우두머리 수컷이 다른 수컷들과 힘겨루기를 하여 차지하는 그런 대상일 뿐이었다. 공격적인 지도자 역할의 수컷과 온순하고 복종적인 암컷이라는 단순 모델이 당시 영장류 행동을 설명하는 기본 공식이었다. 여성 과학자들은 이를 당연하게 받아들일 수가 없었다. 1960년대부터 미국과 유럽을 중심으로 활발하게 일어난 여성 평등 운동의 영향을 받은 이들 과학자들에게 이런 성 차별적 모델은 수용하기 힘든 것이었다. 여성 과학자들은 지금까지 이런 이론이 받아들여지게 된 것은 기존의 학자들이 사바나의 개코원숭이에 한정해서만 자료를 수집하였기 때문이라고 비판하였다. 그리고는 이런 자료 수집도 암수 양쪽을 대상으로 한 것이 아니라 주로 수컷에 대해서만 이루어졌다는 것도 알게 되었다. 이에 여성 과학자들은 암컷의 행동에 주목을 하고, 나아가 수동적이고 종속적인 암컷 모델을 반박할 수 있는 연구들을 하기 시작하였다. 1973년에 여성 영장류학자 제인 랭카스터(Jane B. Langcaster)는 "새끼를 보호하기 위해 적극적으로 무리를 이루는 암컷의 경쟁적인 행동, 보호 행동"을 밝혀냈다.

영장류학에 이어 동물 행동학에 진출한 여성 과학자들 역시 그간 동물학에서 체계적으로 수집한 자료들이 모두 수컷만을 대상으로 한 것임을 알게 되었다. 즉, 수컷들이 발정기가 되면 부르는 노래 자료들을 수집하고는 수컷들의 노래 행위를 적극적인 구혼 행동으로 해석하였다. 이와 대조적으로 암컷은 이 구혼 행동에 다만 수동적으로 반응하는 상대로 보았다. 이에 여성 동물학자들은 암컷에 대한 자료를 새로 모으기 시작하였다. 새롭게 모아진 자료들은 암컷에서도 수컷과 비슷한 공격적이고 적극적인 행위들이 나타남을 보여주었다. 수컷들 사이에 보이는 공격성이나 암컷에서 보이는 공격성은 크게 다르지 않았고, 다만 계절이나 환경에 따라 차이를 보인다는 것이 밝혀졌다. 큰 가시나무 물고기를 관찰한 여성 과학자는 여기서는 암수 행동이 바뀌어 나타난다는 것을 알게 되었다. 암컷이 신호를 보내어 적극적인 구혼을 하고 있고 수컷이 이 구애 신호에 반응을 하고 있던 것이다. 이밖에 곤충에서도 전통적인 남성 위주의 해석으로는 이해할 수 없는 현상들이 속속 보고되었다.

이런 연구들을 진행시키면서, 여성 과학자들은 물고기나 동물의 세계를 왜 우리는 이렇게 암수로 구분해서 보려고 하는가라는 근본적인 문제까지 제기하였다. 동물이나 곤충의 세계에서는 암수 특징이 동시에 나타나는 현상들도 많은데, 이 현상들을 이렇게 암수 구분이라는 시각에 맞추려고 하면 설명하기가 어려워진다는 것이었다. 그리고 암수 차이보다는 암컷들 사이, 혹은 개별 수컷들 사이에서 보이는 차이가 더 많이 존재하는 경우들이 있었다. 그리고 경쟁의 원리로만 자연을 보려고 하는 시각에 대해서도 비판했다. 새끼를 낳고 돌보는 암컷을 중심에 놓고 동물 사회를 보게 될 때는 다른 원리로 설명이 가능하다고 주장했다. 경쟁 원리로 모든 것을 설명하려는 것은 일반적으로 사람들이 갖고 있는 수컷의 이미지(개별적이고, 이기적인)를 중심에 놓고 동물 사회를 해석하려고 했기 때문이라는 것이다. 이렇게 여성 과학자들은 자연을 관찰하는 시각이 과거에 얼마나 편향되었는가를 드러내 주었던 것이다.

한편, 이블린 폭스 켈러와 같은 페미니스트 과학학 연구자들은 여성의 독특한 경험이 남성과 다른 과학 지식을 생산할 수 있게 한다고도 본다. 켈러는 '유전자 자리바꿈 현상'으로 노벨상을 받은 바바라 맥클린톡(Barbara McClintock)과 같은 여성 과학자 연구를 통해 이 가능성을 보여 주었다. 그녀는 유전학 분야에서 DNA 구조를 밝힌 왓슨과 크릭에 버금가는 중요한 공헌을 한 것으로도 유명하지만, 구조를 밝히는 데 활용한 그녀만의 독특한 방법론으로도 더 유명하다. 주류 과학적인 방법이 아니어서 당대 과학자들로부터 배척받은 이 방법론은 30년 뒤에 그녀를 노벨상 수상자로 만들어 주었다. 그런데, 이 방법론은 그녀가 여성이었기에 가능한 것이었다.

맥클린톡은 유전학 분야를 연구하고 있던 대부분의 남성 과학자들이 하는 방법을 따르지 않았다. 당시 남성 과학자들은 유전의 비밀은 유전자 물질에 모두 담겨 있고, 이 물질을 생화학적으로 분석해내는 데에 몰두해 있었다. 이로부터 오늘날 우리가 알고 있는 분자 생물학이 출현하게 된다. 이 방법론의 토대를 이루는 가정은 DNA는 DNA를 둘러싸고 있는 원형질과는 전혀 영향을 주고받지 않으며, 원형질을 조절하는 기능을 하고 있다는 것이었다. 이에 대해 맥클린톡은 DNA와 원형질 사이에는 지시와 복종이라는 관계 보다는 상호 협력적인 관계에 있으며, 유기적인 연관을 갖고 있다고 보았다. 그리고 유전이라는 현상은 생명의 원리이고, 이 생명의 원리는 단순한 물질 하나로 환원해서 설명될 수 없는 것이라고 보았다. 때문에 맥클린톡은 유전 현상을 연구하자면, 생명 전체를 관찰 대상으로 보아야만 한다고 생각하였다. 이런 시각에서 맥클린톡은 옥수수 한 그루 혹은 씨앗 하나, 아니 염색체 하나라도 상세한 부분까지 초점을 맞춰 열심히 관찰하였다. 맥클린톡은 염색체에서 일어나는 작은 변화들이 옥수수의 열매, 잎에 어떤 영향을 미치는지를 함께 연구하였다. 맥클린톡의 이야기는 일반적으로 여성의 특성으로 이야기되는 이런 전체적이고 유기적인 사고가 현대 과학의 발전에 어떤 기여를 할 수 있었는가를 보여 주는 예이다. 남성적 특성으로 이야기되는 분석적이고 기계적인 방법만이 유일한 과학의 방법이 아닌 것이다.

기술 발달이나 기술 형성에 미치는 젠더의 영향을 연구하는 학자들은 사회적 성차 이데올로기에 의해 특정 기술만이 발달한다거나 남성 엔지니어들의 여성 소비자들에 대한 편견이 기술 대상에 어떻게 반영되고 있는가를 드러내 주었다. 기술 설계 과정에 여성이 배제됨으로 인해 여성이 주로 소비하는 기술임에도 소비자들에게 편익을 주지 못하는 경우들이 발생하기도 했다. 반면 네덜란드 주택 정책과 여성 단체의 역할 사이의 연관을 추적한 바이커의 연구는 여성들이 설계 과정에 참여하면서 남성 건축사들의 설계가 어떻게 변화할 수 있는지를 보여 주었다. 즉, 기술 세계에 여성 참여가 늘어나면서 지금과는 다른 기술이 출현할 수 있다는 것이었다. 이런 기술 세계로의 여성 진출이 가능하자면 과학 분야에서보다 훨씬 강고하게 남성성이라는 성차 이데올로기에 결합되어 있는 기술, 엔지니어링에 대한 이미지를 약화시키는 것이 필요하다고 본다. 세상과 동떨어져 있는 괴짜 남성 해커의 이미지와 컴퓨터가 결부되어 있기 때문에 이과 여학생들이 대학에서 IT 기술 분야 진출을 꺼린다는 조사 결과도 있다. 이런 기술의 남성성 이미지는 소년, 소녀들의 사회화 과정에도 영향을 미친다. 자동차 기술이나 각종 도구들에 소년들은 아주 어려서부터 익숙해지게 되지만 이 남성적인 놀이는 소녀들에게는 터부시 되는 것이었다. 이들 기술에 대한 남성 이미지가 역사적·사회적으로 구성된 것이며 이들 이미지는 새롭게 재구성될 수 있음을 보여 주는 것은 중요하다.

또한 기술과 젠더의 연관에 대한 연구들은 생산자/소비자, 전문가/일반인 등 전통적인 위계 구분들을 흐릿하게 만들어 놓았다. 기술의 생성 및 발달 과정에는 전문 엔지니어들만이 관계하고 있던 것이 아니었고, 여성 소비자들의 적극적인 개입이 있었던 것이었다. 이는 나아가 과학과 기술에서 그동안 견고하게 유지되어 오던 전문 지식과 일반 평범지의 구분의 토대까지 약화시키고 있다. 과학과 기술의 불확실성이 높아지면서 전문 지식의 통찰력은 낮아지고 일반 평범지의 역할이 강조되고 있는 것이다. 이들 일반 평범지의 담지자들은 여성만이 아니라 소수 인종, 비정부그룹 등을 포괄하고 있다. 여성의 경험만이 아니라 이들의 시각과 경험 역시 과학과 기술 형성에

볼보사의 YCC(Your Concept Car): 여성주의 디자인

2002년 12월 말 볼보 자동차 경영진은 제네바 자동차쇼를 위한 컨셉카인 YCC 모델을 만들라는 지시를 내렸다. 이 YCC는 여성 고객에게 초점을 맞추어 여성의 기대를 충족시킬 수 있는 특별한 콘셉트카였다. 경영진이 이런 지시를 내린 데에는 미국 자동차 시장에서 구매자의 53퍼센트 이상이 여성 고객이며, 고급 소비자층의 경우 여성 소비자는 남성 소비자가 원하는 것 이상을 원하여 이들의 기대에 충족하는 차는 남성 고객들의 기대를 훨씬 능가할 것이라는 조사 결과가 있었다. 이 경영진의 지시에 따라 여성엔지니어와 디자이너로 구성된 YCC 팀이 구성되어 기존과는 새로운 차원의 자동차를 설계해냈다.

이들 YCC 팀은 기존 설계팀과 달리 잠재적 여성 고객을 임산부나 어린아이와 동승하는 전형적 여성 이미지와 분리시키고 양육기 이후의 40년 동안 자동차를 이용할 여성 고객을 염두에 두었다. 그리고 상대적으로 남성에 비해 작은 여성 신체 특성을 고려하여 차체 가시성 확보, 조작 용이성, 내부 시설의 편의성, 제어 장치에의 접근성, 계기판의 가독성, 승차와 하차의 유연성과 주차 편의성을 설계 시 고려해야 할 핵심으로 두었다. 이런 주안점의 차이를 고려하여 이들은 볼보사가 창안한 어고비전(Ergovision)을 적용하여 여성 운전자에게 가장 편안하면서도 안전한 컨셉카를 설계해냈던 것이다. YCC는 좌석, 스티어링 휠, 페달, 머리 받침, 그리고 안전띠를 조절하여 각 운전자가 가능한 최적의 시야를 확보할 수 있게 해준다. 운전자는 또한 차에 장착된 홀로그램을 통해 운전자의 위치가 최적의 시야를 확보하는지 여부도 알려 준다. 이런 시야 확보를 통해 여성 운전자는 YCC를 안전하고 편하게 운전할 수 있게 된다. 여성엔지니어들의 설계가 어떻게 기존의 자동차 개념을 바꿀 수 있는지를 이 사례는 잘 보여 준다.

반영될 수 있도록 해야 한다는 것이고 이것은 '과학과 기술의 민주화' 운동으로 전개되고 있다. 이 과정을 통해 새로운 과학과 기술이 형성될 수 있다고 보는 것이다.

그림 6-2. 볼보사의 YCC와 여성디자이너팀.

4. 결론

과학과 기술에 대한 페미니스트 학자들의 연구는 과학과 기술이 어떻게 남성 중심적으로 기획되고 유지되어 오게 되었는지, 그리고 그 결과들이 자연에 대한 이해를 오히려 왜곡시키고 기술의 효과들을 제한하고 있었음을 드러내 주었다. 여성 운동과 더불어 과학과 기술 분야로 여성 진출이 늘어나면서 과학과 기술의 내용이 새롭게 구성될 수 있음도 보여 줄 수 있었다. 과학과 기술 분야에 여성이 없었던 것이 아니라 역사를 서술하는 과정에서 여성이 사라지게 되었고 과학과 기술에 성차 이데올로기가 강하게 결합되면서 여성이 배제될 수밖에 없었음이 드러나게 되었다.

1970~1980년대 양성 평등을 기치로 내세웠던 여성 운동은 과학과 기술에서 보이는 이런 성적 불균형을 어느 정도 시정할 수 있게 해 주었다. 양성에 대한 기회 균등, 동등한 대우에 대한 요구들에 근거하여 여성들이 고등 교육을 받을 수 있는 기회가 늘어나게 되면서 과학과 기술 분야에서도 여성 과학자, 엔지니어들이 증가할 수 있게 되었다. 그리고 이들은 다른 과학과 기술을 결과하고 있기도 하다. 이런 의미에서 현재의 여성 주류 정책은 지속되어야 할 필요가 있다. 한편, 켈러의 연구는 다른 차원에서의 정책도 필요함을 보여 주었다. 여성의 경험이 반영된 새로운 방법론이 과학과 기술 세계에서 수용될 수 있도록 하는 환경을 조성하는 것이다. 컴퓨터 공학 분야에서 남녀 인지 방식의 차이를 연구한 쉐리 터클(Sherry Turkle)은 컴퓨터 공학과 여학생들의 '독특한 인지 방식'이 공학 교육 과정에서 억압되거나 혹은 그로부터의 탈피를 강요받는다는 사실을 발견하였다. 터클이 조사한 컴퓨터 공학과 여학생들 대부분이 교과 과정에서 주입되는 사고 모델을 '불편하게' 느끼고, 자신들의 방식을 비정상적인 것으로 여기게끔 한다고 답하고 있다. '단단한 프로그램' 방식이 주류로 인정이 되고, 이와 다른 여성의 사고방식은 이에 적응하지 못하는 것으로 번역되고 있다는 것이다. 현재의 사회적 위계질서가 이런 인지 차이에서도 위계질서를 강요하고 있다는 것이다. 이에 대해 터클은 과학이나 공학에서 인지 방식의 다양함을 인정하는 방향으로 교육 과정의 전환, 혹은 과학이나 공학 활동에 대한 새로운 평가 체제의 변환이 필요하다고 주장한다. 과학과 기술 활동에 결합된 전통적인 성차 이미지, 가치를 전환하는 노력도 필요하다는

것이다.

한편, 과학과 기술에 대한 페미니즘 연구는 젠더 평등 주장을 넘어서 과학과 기술의 민주주의화 논의로 확대되고 있다. 이들 논의에서는 전문가 혹은 과학자들의 판단 우위성, 혹은 지식의 우위성이 사회 통념으로 인정이 되면서 과학자들만의 일방적인 정책 결정 등이 이루어져 왔다는 점을 지적하고 있다. 이런 체제는 현재와 같은 예측 불가능한 과학기술의 위험성이 상존하고 있는 상황에서 문제해결 능력이 떨어진다고 본다. 최근의 연구들은 일반인들의 암묵지(暗默知), 혹은 평범한 지식들이 과학기술과 연관된 판단에서도 중요한 역할을 하고, 이들을 인정하고 수용할 때 훨씬 위험 사회에서의 대처능력이 증가함을 보여 주고 있다. 이런 차원에서 과학 혹은 기술의 민주주의화 논의에서는 전문가와 일반인 사이에 놓인 지식의 위계질서 해소를 목표로 하고 있다. 마찬가지의 논리로 지금까지 여성 경험에 입각한 지식, 혹은 인지 방법들이 사회에 상존하는 남녀 위계질서와 연관되어 배제되거나 아예 평가를 받지 못해 왔던 것이다. 과학에서 일반인의 판단이 다양한 인지 방식으로 새롭게 평가받고 있듯이, 여성의 경험, 인지 방식도 과학 안으로 통합되어야 한다. 이를 위한 노력들이 무엇이어야 할지는 더 연구되어야 할 필요가 있다. 이처럼 과학과 기술에 대한 페미니즘 연구는 지금과는 다른 과학과 기술을 구성하고자 하는 노력과 연계되어 있음을 알 수 있다.

더 생각해 볼 문제

1. 과학기술의 이미지를 어떻게 젠더 중립화할 것인가.

▶ 여성들이 기계 분야 진출을 꺼리는 이유 중의 하나가 기계에 대한 남성 이미지가 강하기 때문이라고 한다. 과학기술에 대한 새로운 이미지를 형성하는 것도 과학기술계 내 젠더 불평등을 해소하는 길일 것이다.

2. 과학기술계 내의 보이지 않는 여성에 대한 차별 문제.

▶ 남성 문화가 지배적이면서 여성 과학자, 엔지니어들에 대한 평가는 왜곡되기 쉽고 이에 따라 여성들의 숫적 증가에도 불가하고 고위직의 여성 과학자나 엔지니어들의 수는 여전히 소수이다. 내재화된 여성 과학자에 대한 차별 문제도 주요한 연구 주제이다.

3. 성 인지적인 과학기술 정책을 어떻게 마련할 것인가.

▶ 과학기술 연구 자금의 배분에서도 여성은 남성과학자들에 비해 차별을 받을 수 있다. 연구비 배분에서 성별 차별을 없애는 연구 정책은 어떻게 마련해야 할 것인가

4. 공학 교육을 어떻게 여성 친화적으로 할 것인가.

▶ 여성들이 공학 분야에서 경력을 쌓지 못하는 이유는 공학 교육 커리큘럼이 남성 중심적으로 조직되어 있기 때문이라는 것이다. 공학 교육 커리큘럼을 어떻게 여성 친화적으로 만들 것인가도 연구 주제가 되고 있다.

5. 과학기술 민주화 논의에서 젠더 문제.

▶ 과학기술정책 결정 등에 전문가뿐만 아니라 비전문가가 포함되어야 한다는 논의에서 젠더 문제는 아직 고려되지 못하고 있다. 예를 들면, 공개 발언에 상대적으로 약한 여성 비전문가들을 어떻게 추동해낼 것인가 하는 문제가 있다.

〈심화학습을 위한 자료〉

- 와츠맨, 쥬디, 조주현 옮김(2001), 『페미니즘과 기술』, 당대.
- 하딩, 산드라, 이재경·박혜경 옮김(2002), 『페미니즘과 과학』, 이화여자대학교 출판부.
- 해러웨이, 다나, 민경숙 옮김(2002), 『유인원, 사이보그, 그리고 여자. 자연의 재발견』, 동문선.
- 허버드, 루쓰, 김미숙 옮김(1999), 『생명과학에 대한 여성학적 비판』, 이화여자대학교 출판부.
- 백영경·박연규 편(2008), 『프랑켄슈타인의 일상』, 밈.

7장

대중의 과학이해:
일반인이 읽는 과학기술

김동광

김동광(고려대학교 BK21 플러스 휴먼웨어 정보기술사업단 연구교수)

고려대학교 독문학과를 졸업하고 같은 대학원 과학기술학협동과정에서 과학기술사회학을 공부했다. 과학기술 민주화를 위해 노력하는 시민단체인 '시민과학센터'에서 활동하면서 《시민과학》을 냈고, 과학기술과 사회, 대중과 과학기술, SF와 과학 커뮤니케이션 등의 주제로 연구하고 글을 쓰며 번역을 하고 있다. 한국과학기술학회 회장을 지냈고, 현재 고려대학교 BK21 플러스 휴먼웨어 정보기술사업단 연구교수, 가톨릭대학교 생명대학원 겸임교수이다. 쓴 책으로 『사회생물학대논쟁』(공저), 『한국의 과학자사회』(공저) 등이, 옮긴 책으로 스티븐 제이 굴드의 저작인 『판다의 엄지』, 『인간에 대한 오해』, 『생명, 그 경이로움에 대하여』, 『레오나르도가 조개화석을 주운 날』(공역) 등 다수가 있다.

근대 과학의 수립 이래 흔히 일반 대중은 과학과의 관계에서 수동적인 역할에 국한되는 것으로 간주되었다. 과학 실험의 증인, 과학의 중요성을 인정하는 지지자, 과학의 전문화와 제도화를 위한 인적·물적 자원 제공자, 과학지식 대중화와 계몽의 대상, 과학정책 수립과 실행의 대상, 그리고 오늘날 첨단 과학과 그 산물의 소비자 등이 역사적으로 대중이 맡아 왔던 역할로 생각되었다. 그러나 실제로 대중은 이러한 고정관념과 달리 그보다 훨씬 중요하고 능동적인 역할을 수행해 왔다. 1980년대 이래 과학기술학 연구자들은 대중들이 교과서적 지식을 받아들이는 것이 아니라, 보다 풍부한 맥락 속에서 과학을 이해하고 해석한다는 것을 밝혀냈다. 나아가 이해에 머물지 않고 다양한 형태의 참여를 통해 과학지식의 생산이나 과학정책의 수립에 능동적인 역할을 하고 있다는 주장을 제기했다.

영국을 비롯한 유럽을 뜨겁게 달구었고 아직도 끝나지 않은 유전자 변형(GM) 작물과 식품을 둘러싼 논쟁이나 최근 우리나라에서 일어났던 미국산 쇠고기 수입을 둘러싼 논쟁 등은 사회적으로 쟁점이 되는 과학적 주제에 대한 이해가 단일하지 않으며, 전문가들의 이해뿐 아니라 대중의 과학이해가 얼마나 중요한 역할을 하는지 잘 보여주고 있다. STS 학자들은 비단 사회적 쟁점이 된 과학기술 주제뿐 아니라 과학기술을 둘러싼 모든 실행에서 대중은 중요한 기여를 해

왔고 앞으로 대중의 이해가 갖는 중요성은 더욱 높아질 것이라고 주장한다. 따라서 대중의 과학이해를 둘러싼 일련의 논의는 바로 이러한 고정관념을 극복하려는 시도에서 시작되었다.

1. 역사적-사회적 배경

'대중의 과학이해(public understanding of science, PUS)'라는 접근방식은 대체로 1980년대 중반 이후 등장했다. 이는 기존의 과학대중화라는 틀을 벗어나 과학과 대중 사이의 역동적인 관계를 이해하고, 나아가 과학이라는 사회적 실행을 보다 폭넓고 풍부하게 이해할 수 있는 분야로 자리매김되었다.

PUS라는 새로운 접근방식이 출현하게 된 배경은 크게 두 가지로 요약할 수 있다. 첫째는 과학에 대한 인식의 전환과 대중의 진출이다. 두 차례의 세계 대전을 거치면서 계몽주의 시대 이래 많은 사람들에게 받아들여졌던 과학에 대한 긍정적 관점과 낙관론이 크게 흔들렸다. 기관총과 탱크, 독가스와 같은 과학기술의 산물이 처음 본격적으로 적용되어 역사상 가장 많은 사상자를 낸 기계화 전쟁이었던 제1차 세계대전, 그리고 일본의 히로시마와 나가사키에 투하된 원자폭탄으로 대표되는 제2차 세계대전은 인류를 낙원으로 이끌 것으로 믿었던 과학기술이 대량살상의 도구가 되고 자칫 인류 문명을 말살시킬 수 있다는 우려를 낳았다. 원자폭탄 투하 이후 버트런드 러셀(Bertrand Russell)과 알베르트 아인슈타인을 비롯한 많은 지식인과 과학자들이 핵무기 금지와 원자력의 평화적 이용을 요구한 퍼그워시 운동(1957년)은 이후 급진과학운동(radical science movement)이라 불리는 과학자들의 적극적인 움직임을 낳는 중요한 계기가 되었다. 한편 1960년대 이후 레이첼 카슨의 『침묵의 봄』 출간(1962년)을 기점으로, 대중들도 그동안 전문가들의 영역으로만 간주되어 온 과학기술에 대해 자신들의 관점과 입장을 제시하기 시작했다. 『침묵의 봄』은 단순히 DDT의 환경적 폐해를 고발하는 데 그치지 않고, 인간적 관점에서 규정한 해충을 화학적 살충제로 말살하고 인체에는 전혀 해를 끼치지 않을 수 있다는 과학기술의 통제의 환상이 허황된 것임을 폭로했다. 이후 활발해진 환경운동은 과학기술에 대한 인식 전환과 대중의 진출을 보여 주는 중요한 지표이다.

두 번째로는 1970년대 이후 과학기술의 사회적 구성주의(Social Constructivism)로 대표되는 과학기술에 대한 새로운 관점의 출현이다. 데이비드 블루어와 배리 반즈(Barry Barnes)로 대표되는 과학지식사회학의 '스트롱 프로그램', 그리고 그 이후에 등장한 '상대주의 경험 프로그램(EPOR)'은 과학지식이 사회와 무관한 보편-자율적인 진리가 아니라 사회 속에서 여러 집단 사이의 협상과 논쟁을 통해서 구성된다는 주장을 제기해서 그동안 인식론적 특권의 지위를 누려 왔던 과학지식을 지상으로 끌어내렸다(3장 참조).

'대중'과 '과학' 양편에서 나타난 이러한 변화를 기반으로 1980년대 중반 이후 브라이언 윈(Brian Wynne)과 앨런 어윈(Alan Irwin), 존 자이먼(John Ziman)을 비롯한 많은 학자들은 과학의 사회적 구성론을 과학과 대중의 관계에 적극적으로 적용시키면서, PUS 연구를 과학사회학의 한 분야로 부각시켰다.

바우어와 동료 연구자들은 PUS 25년을 되돌아보며 '대중의 과학

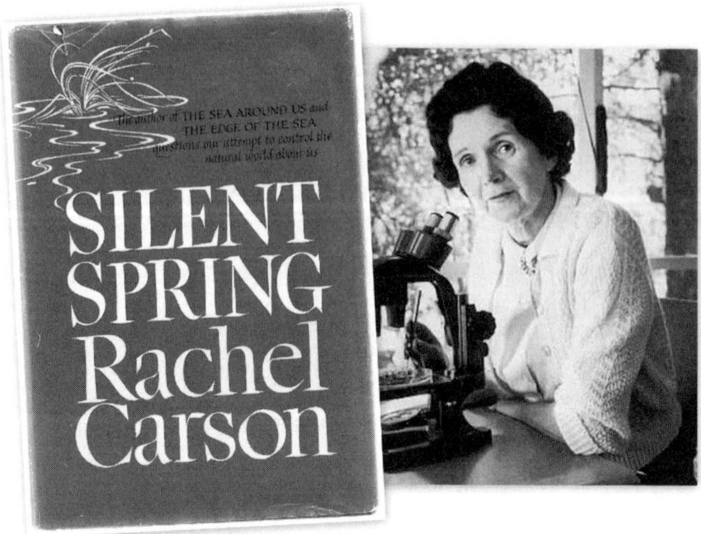

그림 7-1. 레이첼 카슨과 『침묵의 봄』.

이해'의 패러다임을 크게 다음과 같은 세 시기로 구분했다(Bauer et al, 2007). 1) 과학적 소양(1960~1985년), 2) 대중의 과학이해(1985~1990년), 3) 과학과 사회(science and society, 1990년 이후) 첫 번째인 과학적 소양의 패러다임에서 중시된 것은 대중의 과학적 무지였고, 해결책은 과학교육의 강화였다. 두 번째 시기의 PUS 패러다임은 주로 대중의 과학에 대한 태도(attitude) 특히 과학에 대한 부정적 태도가 문제였고, 해법은 이해(understanding)를 높이는 것이었다. 세 번째 시기에 해결해야 할 문제는 신뢰(trust), 즉 전문가와 대중 상호간의 불신이었다. 특히 영국은 광우병으로 전 국토가 유린되다시피 한 큰 사건을 겪으면서 대중에게 인체 유해성과 관련해서 투명하게 사실을 밝히지 않았다가 호된 비난을 받았으며 그로 인해 정부의 과학적 조

표 7-1. PUS의 패러다임과 문제, 그리고 해결책

시기	문제점	해결방향
과학적 소양(scientific literacy, 1960~1985년)	대중의 과학지식 결핍	소양 측정, 교육
대중의 과학이해 (public understanding of science, 1985~1990년)	대중의 과학에 대한 부정적 태도	이해를 통한 태도 변화
과학과 사회(science and society, 1990년 이후)	신뢰 부족, 전문가와 대중 상호 불신	시민참여와 숙의

언에 대한 대중들의 신뢰는 크게 낮아졌다. 바닥에 떨어진 신뢰를 회복하기 위한 방안으로 영국의 상원은 일반 대중이 무지하고 인지적으로 결핍되었다는 결핍모형의 극복과 시민참여를 강조했다. 따라서 80년대까지는 과학과 대중 사이에 간격이 벌어지는 원인을 대중의 무지에서 찾고 그 책임을 대중에게 돌리는 경향이 있었지만 1990년대 이후부터는 오히려 과학자와 정부 정책입안자들의 책임이 더 크다고 보았다.

2. 전통적 PUS와 결핍모형

STS의 관점에서 볼 때, 첫 번째 패러다임은 전통적 PUS의 접근방식이라고 할 수 있다. 대략 1980년대까지 과학과 대중의 관계는 흔히 '결핍모형(deficit model)'이라 불리는 틀에 의해 규정되었다. 결핍모형은 우리에게 너무도 친숙하기 때문에 거의 의문이 제기되지 않는 모형이다. 대다수의 과학자들에 따르면, 일반인들은 과학을 거의 이해하지 못한다. 따라서 이 모형의 가장 큰 특징은 대중의 무지(ignorance)를 전제로 한다는 것이다. 여기에서 제기되는 가장 중요한 의문은 "사람들이 모르고 있는 것이 무엇인가?—그리고 왜 모르는가"이다. 그리고 이러한 대중들의 무지는 어떻게든 극복되어야 할 결핍(deficiency)으로 인식된다. 그리고 대중의 과학이해의 증진을 측정하는 기본 척도는 어떻게 하면 사람들이 더 많은 과학(지식)을 이해하게 만들 것인가이다(Ziman, 1992).

브라이언 윈이 결핍모형이라고 이름붙인 전통적인 PUS의 인식틀은 PUS에서 대중과 이해에 주로 문제를 제기한다. 결핍모형에서 과학은 문제시되지 않는다. 과학지식은 과학자사회에서 배타적으로 생산되는 지식이며, 그 자체로 완성되기 때문이다. 과학자사회라는 자기완결적 구조에서 만들어진 지식은 자연스럽게 확산되어야 한다. 왜냐하면 그것은 보편적이고 객관적인 지식이며, 자연이 보증하는 진리이기 때문이다. 결핍모형은 이러한 확산을 자연스러운 것으로 가정한다. 마치 물이 높은 곳에서 낮은 곳으로 흐르듯, 우월한 지식이 대중들에게 확산되는 것은 당연하기 때문이다. 따라서 자연스러워야 할 과학지식의 확산이 제대로 이루어지지 못한다면, 그 원인은 대중들이 과학지식을 올바로 이해하지 못하기 때문이다. 다시 말해서 대중이 인지적으로 결핍되어 있기 때문에 과학지식의 중요성과 그 의미를 제대로 이해하지 못한다는 것이다. 따라서 결핍모형에서 대중은 인지적으로 결핍되어 있고, 그 결핍을 치유 받아야 할 대상으로 이해된다(Wynne, 1991; Ziman, 1991).

결핍모형이 전통적 PUS의 인식틀이라면 과학대중화론은 그 실천방안에 해당한다. 대중화(popularization)는 과학지식이 과학자사회에서 대중에게로 일방적으로 전파된다고 가정한다. 이러한 선형적 전파 모형은 표준적 과학관이 전제하는 지식의 차별성과 위계성의 구체적 발로이다. 다시 말해서 자연에 의해 검증되는 객관적 진리가 대중들에게 전파되는 방식은 오직 '과학자→대중'의 한 방향만이 허용된다. 따라서 상호작용이나 의사소통이 아닌 일방향적인 전파, 즉 계몽이 이루어질 뿐이다.

서양에서 무지는 과학적 소양의 부족 또는 부재를 뜻했고, 이러한 대중의 상태를 파악하기 위해 일반 국민을 대상으로 한 조사 작업이 일찍부터 이루어졌다. 미국의 경우, 국립과학재단(National Science Foundation, NSF)은 1972년부터 '과학지표(science indicator)' 프로그램을 시행했고, 그 뿌리는 전미과학저술가협회(U.S National Science Writer's Association, NSWA)가 이 사업을 제기한 1957년까지 거슬러 올라간다(Wynne, 1995: 365). 이후 미국은 대규모 조사 작업을 통해서 일반인들의 과학지식 수준이 어느 정도인지 실증적인 조사 작업을 하고, 그것을 기반으로 과학교육이나 정책의 필요성을 강조했다. 영국은 1980년대 후반부터 전국 단위 조사 작업을 시행했고 이후 유럽연합 차원에서 유로바로미터(Eurobarometer) 조사 연구의 일환으로 시민들의 과학기술 지식 수준을 측정했다. 대부분의 조사는 지구의 공전이나 원자와 분자의 크기 비교와 같은 퀴즈식 문답이었다.[1]

전통적 PUS의 주된 관심은 대중이 가지고 있는 객관적 과학지식

1 1988년에 영국인 2009명, 미국인 2041명을 대상으로 이루어진 비교 조사에서 34퍼센트의 영국인과 46퍼센트의 미국인만이 지구가 태양 주위를 1년에 한번 공전한다는 사실을 알고 있었고, 영국인 28퍼센트와 미국인 25퍼센트가 항생제가 바이러스에 효과를 발휘하지 못한다는 사실을 알고 있었다고 밝혔다(Durant et al, 1989: 11).

의 수준, 즉 과학적 소양의 정도이다. 따라서 과학적 소양에 대한 대규모 조사가 미국과 유럽에서 활발하게 이루어졌다. 일반 대중들의 과학에 대한 태도와 과학적 소양에 대한 조사는 스푸트니크 충격(Sputnik shock)에 의해 미소 우주경쟁이 시작된 1950년대 말엽 이후 미국에서 먼저 시작되었다(Miller and Pardo, 2000). 대규모 조사가 이루어질 수 있는 토대는 대중에게 필요한 과학적 소양이 정량화될 수 있다는 생각이다. 따라서 문턱으로서의 소양은 양화(量化) 가능한 실체로 이해된다.

이러한 조사 연구가 가정했던 대중에 대한 개념은 '무지한 대중(ignorant public)'이었다. 여기에서 무지란 실질적으로 지식이 없는 공백 상태, 즉 인지적인 결핍(cognitively deficit)을 뜻하는 것이었다. 이러한 일련의 조사연구는 대체로 정책지향적 성격이 강했으며 국민의 과학에 대한 이해 수준이 국가경쟁력의 중요한 지표라는 인식에서 비롯된 것이었다(박희제, 2002). 실제로 미국에서 조사 연구를 주도했던 밀러는 시민의 과학 소양 개념을 현대 산업 사회에서 시민으로 기능하는 데 필요한 과학과 기술의 이해 수준이라고 보았다(Miller and Pardo, 2000: 83).

이른바 과학과 대중 사이의 지식 간격(knowledge gap)을 줄이기 위한 노력은 결코 새로운 것이 아니다. 영국과학진흥협회(BAAS)와 미국과학진흥협회(AAAS)는 이미 19세기 초에 이러한 간격을 줄이기 위한 목적으로 설립되었다. 수많은 저명 과학자들이 저술, 강연, 방송 등을 통해서 '관심을 가진 대중(attentive public)'을 확대시키기 위해 노력해 왔다. 그리고 많은 과학저술가와 방송인들이 과학자들이 하고 있는 연구를 일반인들에게 좀 더 쉬운 말로 설명하기 위해 노력했다. 대중의 과학이해를 주제로 한 워크숍에서 보고된 많은 노력들은 의식적이든 무의식적이든 간에 이러한 모형에 의해 그 동기를 얻어 왔다.

그럼에도 불구하고, 유감스럽게도 이러한 노력들은 큰 효과를 얻지 못했다. 이 문제에 대한 인식을 기초로 1985년에 영국 왕립학회가 대중의 과학이해 위원회(Committee of Public Understanding of Science)를 설립했고, 월터 보드머(Walter F. Bodmer)가 초대 위원장을 맡았다. '대중의 과학이해'라는 말은 대략 20세기 중엽 미국에서 냉전과 관련된 과학 활동과 관련해서 정기적으로 사용되기 시작했다. 당시 과학자들은 정부가 무기개발 등 중요한 판단을 내릴 때 모호한 정치가들의 말이 아니라 과학적으로 타당한 근거를 위해 과학에 대한 확고한 대중들의 지지가 필요하다는 맥락에서 이 말을 사용했다(Fuller, 2005). 그러나 PUS라는 용어와 그 의미가 정착하기 시작한 것은 앞에서 언급했던 왕립학회 보고서가 발간된 이후였다. 보드머가 제출한 보고서 『대중의 과학이해(*Public Understanding of Science*)』는 이후 대중과 과학의 관계를 새롭게 정립하는 중요한 전환점이 되었다. 왕립학회 위원회는 보고서에서 대중의 과학이해를 증진시켜야 하는 주된 근거를 다음과 같이 주장했다(Royal Society, 1985).

첫째, 국가의 번영.

"튼튼한 경제는 산업과 기술에 기반한 튼튼한 제조업에 달려있다. 과학과 기술 지식의 성공적인 활용은 적절하게 숙련된 과학 기술 인력의 활용에 의존한다."

둘째, 대중들의 과학에 대한 반감 극복.

"과학기술에 대한 반감이나 무관심은 국가산업을 약화시킬 수 있다."

셋째, 대중적 이슈에 대한 결정.

"많은 대중적 이슈는 과학 또는 기술적 요소를 포함하고 있다. 따라서 대중들이 결정을 내리는데 지식과 정보를 제공할 필요가 있다."

넷째, 일상생활 속에서의 과학적 이해의 중요성.

"과학과 기술은 개인의 일상에 매우 다양한 방식으로 영향을 미치고 있다. 과학에 대한 올바른 이해는 개인적인 삶에 있어서도 중요하다. 과학적 소양은 일상에서 필수적인 요구가 되고 있다."

이 보고서는 여전히 과학이해의 중요성을 경제와 과학에 대한 반감 극복에 두고 있지만, 대중의 결정이나 일상의 중요성을 부각시켰다는 점에서 과거의 접근에서 진일보한 측면이 있다. 그러나 여전히 과학적 소양은 중요한 것으로 인식되었다. 이처럼 1980년대 중반까지 서양에서 사용된 대중화의 개념은 대체로 소양이나 지식과 크게 연관되었다. 이후 과학적 소양과 대중과 과학 사이의 간격의 성격을 어떻게 보느냐에 따라서 과학과 대중의 관계에 대한 관점과 대중의 개념 자체도 달라졌다(Bensaude-Vincent, 2001).

3. 구성주의 PUS의 대두: 대중이 아닌 과학을 문제 삼다[2]

구성주의 PUS는 전통적 PUS에 대한 비판으로 등장했다. 전통적

---

2 이 절의 내용은 김동광(1998; 1999; 2002)을 기반으로 한 것이다.

과학적 소양이란 무엇인가?

전통적 PUS에서 과학적 소양은 중요한 의미를 가진다. 결핍모형과 대중화론의 견지에서 과학적 소양은 그 자체가 바람직한 것이다. 여기에는 몇가지 보조가설이 전제된다. 첫째, 대중은 항상 과학지식을 받아들일 준비가 되어 있고 과학적 소양을 원한다. 둘째, 과학적 소양은 대중들의 일상생활에 많은 도움이 된다. 셋째, 과학적 소양이 많을수록 과학에 대해 긍정적인 태도를 갖게 된다.

미국에서 대중의 과학적 소양에 대한 대규모 측정을 주도했던 존 밀러는 소양을 이렇게 정의했다. "소양이란 개인이 문자로 된 의사소통에 참여하기 위해 반드시 가져야 할 읽고 쓸 수 있는 능력의 최소한의 수준을 뜻한다. 그리고 이 개념은 흔히—글을 읽고 쓸 수 있는 사람과 문맹(文盲) 식으로—이분법(dichotomy)으로 표현된다. 그것은 이 개념이 문턱-척도(threshold measure)이기 때문이다. 소양의 개념 속에는 지식의 문턱 수준에 대한 초점이 내재한다"(Miller and Pardo, 2000). 여기에서 알 수 있듯이 과학적 소양은 글을 읽고 쓰는 능력과 마찬가지로 현대사회에서 '반드시' 가져야 하는 필수적인 능력이며, 이 능력을 갖지 못하는 것은 문맹자와 마찬가지로 현대 사회를 살아가는 시민에게 매우 큰 장애로 작용할 수 있다는 의미를 내포한다. 그러나 이러한 전제는 매우 막연하고 모호하며 대중의 관점이 아닌 과학자사회와 기존의 지배적인 사회제도의 관점이다. 대개의 경우 그러하듯이 문턱을 설정하고 그 높낮이를 조정하는 주체는 대중이 아니라 기존 제도이다. 문턱은 항상 기존 제도로의 편입을 대전제로 삼으며, 기존 제도가 지배하는 체제 속으로 진입할 수 있는지 여부를 결정하는 게이트 키퍼(gate-keeper)로서 기능한다.

인 PUS가 과학과 대중의 괴리의 주된 원인을 대중의 인지적 결핍으로 돌리면서 대중에게 그 책임을 돌린 데 비해, 구성주의 PUS는 그 원인을 과학에 돌린다. 즉, 과학과 대중 사이에 간격이 벌어지게 된 데에는 과학자와 정부의 과학정책 입안자 등 전통적인 전문가들이 대중과 과학, 그리고 대중의 과학이해를 잘못 이해했기 때문이라는 것이다. 따라서 구성주의 PUS는 과학지식의 사회적 구성성을 기반으로 한 과학지식사회학의 이론적 성과를 기반으로 과학, 이해, 그리고 대중 세 가지 개념 모두를 새롭게 접근한다.

1) 공식지로서의 과학지식에 대한 비판

전통적인 PUS는 과학지식의 생산자를 과학자사회로 배타적으로 제한했기 때문에 과학지식은 공식지(formal knowledge)와 동일시된다. 이 공식지는 과학 이외의 다른 학문분야의 지식과 구별되며, 과학자가 아닌 일반인들의 지식과도 구분된다. 따라서 공식지와 다른 지식 사이에는 비대칭성이 존재한다. 구성적 PUS론자들은 스트롱 프로그램의 대칭성 개념을 적용해서 공식지의 특권적 지위를 비판한다(3장 참조). 데이비드 블루어는 과학지식사회학자들이 과학지식을 다룰 때 견지해야 할 대칭성 원칙을 이렇게 설명했다. "참과 거짓의 신념을 같은 종류의 원인으로 설명해야 한다. '참'인 과학은 자연에서 그 설명을 구하고, '거짓'인 과학은 그 원인을 사회에서 찾는 식이 되어서는 안 된다"(Bloor, 1976). 따라서 이 개념에 따르면 공식지만이 참이고 다른 지식은 거짓이거나 공식지에 비해 낮은 지위를 갖는다는 설명은 설득력을 갖지 못한다.

대칭성 개념은 그동안 공식지에 가려 빛을 보지 못하던 다른 지식들의 위상을 높여 주는데 크게 기여했다. 그중에서 가장 주목된 것이 민간지(lay knowledge)이다.[3] 민간지는 평범한 보통사람들이 가

3 lay knowledge는 논자에 따라 시민지, 상식지, 일반지 등 여러 가지로 번역된다.

지고 있는 과학 지식이다. 일반인들은 의식하든 못하든 간에 일상적인 삶의 영역에서 경험과 통찰을 통해 끊임없이 학습하고 사물에 대해 나름대로의 안목과 지식을 축적한다(이영희, 2000). 따라서 상황에 따라서는 민간지가 공식지보다 문제 해결에 유용할 수 있다는 것이다.

특히 민간지는 국소적인(local) 상황에서 전문가들의 공식지에 비해 문제의 원인을 밝혀내고 해결 방안을 모색하는 데 유효한 경우가 많다. 또한 민간지는 대중들이 가지고 있는 토착적·전통적 과학으로서 전문가들이 제공하는 과학적 지식에 타당한 도전을 제기하는 근거로 작용한다. 물론 민간요법이나 민간에 전승(傳承)된 과학적 상식들은 틀리는 경우도 많다. 그러나 비전문가들의 관찰과 판단은 자신의 주변 환경에서 무언가 문제가 발생하고 있고, 어디에 문제가 있는지 찾아내는 데 특히 유용할 수 있다. 가령 열대우림에 사는 원주민들이 지나친 개발로 생태계가 파괴되는 여러 가지 징후를 인식하는 능력, 특정 지역에 사는 주민들이 자신들의 터전이 주변 공장지대나 원자력 발전소 등에 의해 오염되고 있다는 사실에 대한 자각, 작업장에서 노동자들이 안전에 대해 느끼는 불안감 등 공식적인 지식의 특성인 분석적인 사고보다는 전체론적(holistic) 느낌과 징후 감지를 통한 문제의 사전인식에서 뛰어난 특징을 가지며 종종 공식적인 지식과 충돌을 일으킨다.

그러나 민간지가 공식적인 지식과 항상 충돌을 빚는 것은 아니며, 오랜 시기 동안 시행착오를 거쳐 타당성을 인정받은 전통지식이 과학을 풍부하게 해줄 수 있다. 구성적 PUS는 구체적인 사례 연구를 통해 효과적으로 민간지의 중요성을 밝혀냈다. 체르노빌 낙진으로

민간지의 중요성을 보여 준 '컴브리아 목양농 사례'

영국의 고지인 컴브리아 지방은 1986년 소련의 체르노빌 원자력 발전소 폭발사고로 날아온 낙진으로 오염되었다. 체르노빌에서 온 방사성을 띤 구름이 5월 초에 영국 상공을 통과하면서 강한 뇌우가 발생해 비가 내렸고, 특히 컴브리아 지방에는 이 비로 높은 수준의 방사성 세슘입자들이 퇴적되었다. 처음에 영국 정부는 컴브리아에서 나온 양고기가 세슘 137에 오염되었지만 방사능 수준이 곧 낮아질 것이라고 발표했고, 컴브리아 농부들에게 특별한 조치가 필요하지 않다고 말했다. 그러나 6월 20일에 정부는 3주 동안 양의 이동과 도살을 금하는 상반된 조치를 취했다. 그렇지만 이후 방사능 오염 수준이 낮아지지 않으면서 금지 시한은 다시 무기한 연장되었다. 이처럼 오락가락하는 정부 관료와 과학자들의 판단과 조치에 컴브리아 목양농들 사이에서 불만과 불신이 높아지면서 갈등이 빚어졌다. 전문가들은 지역에 따른 방사능 낙진 편차를 무시했고, 컴브리아 지역 목양업의 실상에 무지했고 농부들의 국소적 지식을 무시했다. 그러나 무엇보다 방사능 오염 수준이 떨어질 것이라는 정부 과학자들의 예측이 어긋난 것이 불신의 핵심 원인이었다. 영국 농업어업식품국(MAFF)은 깨끗한 풀이 오염된 풀을 대체하면 더 이상 양들이 방사성 세슘을 섭취하지 않게 될 것이며, 양의 몸속에 있는 세슘의 생물학적 반감기(半減期)가 약 25일이기 때문에 21일이 지나면 양고기의 방사능 수준이 대략 절반으로 떨어질 것이라고 설명했다. 그러나 조사결과는 세슘 수준이 줄어들지 않았다는 것을 보여 주었고, 일부 양들은 이전보다 높은 수준의 오염도를 나타내기까지 했다. 문제는 세슘 분포에 대한 이 모형이 저지(低地)의 점토 광물성 토양에 대한 연구결과에서 비롯된 것인 반면, 고지의 토양은 주로 산성이고 유기질 성분이 높게 함유되어 있고 세슘이 화학적으로 유동적인 상태를 유지하기 때문에 식물 뿌리 속으로 흡수될 수 있었다는 점이었다. 과학자들이 컴브리아의 특수한 지리적 조건과 식물생장조건을 고려에 넣는 데 실패했기 때문에 그들의 잘못된 조언은 방사성 세슘의 높은 수준에 대한 농부들의 개인적 경험과 순환 과정에 대한 그들의 문화적 직관과 계속 상반되었다.

한편 컴브리아 농부들은 이 지역에 있는 셀라필드 핵재처리 공장에서 1957년에

화재가 났다는 사실을 기억하고 있었고, 당시 방출된 오염 물질이 셀라필드에서 나타나는 높은 수준의 방사능 오염의 원인 중 하나일 것이라고 추측했다. 전문가들은 과거의 방사능 오염과 새로 발생한 체르노빌 퇴적물과 구분된다고 주장했지만, 농부들은 9월 이후 컴브리아 전 지역에 내려졌던 최초의 제한조치가 셀라필드 발전소를 둘러싼 초승달 모양의 좀 더 적은 지역으로 줄어들자 농부들은 셀라필드의 배경복사(background radiation)가 그 지역의 오염 수준을 높였다는 자신들의 판단을 더욱 확고하게 믿게 되었다. 셀라필드 인근에 사는 한 농부는 자신의 농장에 대한 체르노빌 이후의 모니터링 데이터와 자신의 경험을 연관시켜서 가장 높은 오염 수치는 항상 셀라필드 발전소에서 나오는 수증기 구름이 고원의 옆면과 부딪히는 바로 그 장소에서 나타난다는 점을 지적했다. 2년 후 이루어진 조사 결과 컴브리아 고지대 오염의 50퍼센트는 체르노빌에서 기인한 것이고, 나머지 50퍼센트는 셀라필드와 원자폭탄 실험에서 발생한 낙진이 결합되어 일어난 것으로 밝혀져 결국 농부들의 국소적 지식을 기반으로 한 판단이 옳았음이 입증되었다.(윈, 1992)

결국 전문가들이 오염 원인에 대한 과학적 판단과 농부들에 대한 정책 권고 모두에서 실패한 까닭은 양들의 습관과 국지적인 물리적 환경, 그리고 목양에 대해 농부들이 가지고 있는 비공식적이지만 매우 폭넓은 전문 지식을 인정하지 못했다는 점에서 기인했다. 이 사례는 과학자들의 지식은 대개 일반적인 기준에 따르는 추상화된 지식이며, 구체적인 적용을 위해서는 국소적(local) 상황에 따라 맥락화되어야 하며, 그 지역에서 누대에 걸쳐 살아오며 양을 키워온 농부들의 국소적 민간지가 가지는 전문성(lay expertise)을 인정해야 한다는 것을 잘 보여 주었다.

토양이 오염된 영국 컴브리아 고산지대의 목양농의 사례 연구는 그 대표적인 경우로, 중앙에서 파견된 전문가들이 현지의 토양 상태를 간과한 반면 농부들은 오랜 경험을 통해 사태의 정확한 원인을 밝혀냈고 결국 목양농들의 주장이 옳다는 사실이 밝혀진다('컴브리아 목양농 사례' 참조). 민간지의 중요성에 대한 인식은 과학지식이 전문가인 과학자들의 전유물이 아니며, 맥락에 따라서 일반대중들이 가지고 있는 경험과 상식이 더 유용할 수 있고, 나아가 공식지도 상황에 따라서 그 설명력이 변화하는 맥락적 지식(knowledge in context), 또는 국소적 지식(local knowledge)임을 보여 주었다.

2) 이해란 무엇인가?

구성주의 PUS의 공식지에 대한 근본적인 비판은 과학지식의 사회적 구성성에 그 기반을 두고 있다(3장 참조). 콜린스는 EPOR을 통해 과학지식의 생산이 연관 집단들 사이에서 이루어지는 실험결과에 대한 해석적 유연성과 논쟁 종결 메커니즘을 통해 이루어진다고 주장한다(Collins, 1983). 콜린스는 이 과정에서 무한한 해석적 유연성과 역시 무한한 논쟁이 가능하다고 말한다. 여기에서 과학지식은 자연이 보증하는 보편적인 지식이 아니라 사회적인 구성물의 위상을 얻게 된다. 해석적 유연성과 논쟁종결기제는 복수(複數)의 경로와 복수의 과학지식 구성이 가능하며, 각각의 경로와 구성물에 대해 대칭적인 인식이 가능함을 보여 준다(Webster, 1991).

과학지식의 구성성에 의거하면 과학지식이 결코 단일하지 않으며, 대중의 이해 역시 일방적이거나 단순하지 않다. 성인들은 나름대로의 삶의 경력을 가지고 있으며, 무척이나 다양한 준거와 무수한 연관 세계 들을 이미 가지고 있다. 따라서 그들에게 주어진 과학적 지식이나 메시지는 그들이 갖고 있는 풍부한 실생활의 경험에 비추어 비교되고 평가된다. 그리고 그러한 가치들이 그들이 받는 과학적 메시지의 해석에 강력한 영향을 미친다. 대중들은 구체적인 맥락 속에서 과학지식을 다른 지식들과 비교하고, 그 신뢰성을 저울질한다.

따라서 대중의 과학이해는 숱한 설명들에 대한 판단과 평가, 그리고 기존의 가치체계와 과학적 지식의 경쟁이라는 상호작용을 통해서 이루어진다. 따라서 대중들이 과학을 이해하는 과정은 단순한 지식의 수용으로 환원될 수 없다.

대중들은 호사가가 아닌 한 백과사전적 지식을 쌓아 놓기보다는 자신이 처해있는 상황에서 필요한 지식을 얻고 싶어 한다. 그리고 그 지식의 형태는 과학자나 과학교육자, 설문조사자들이 원하는 것처럼 명료한 형태의 지식이 아니라 대부분 불명료하고(inarticulate) 암묵적인 이해의 형태를 띤다. 그러나 이 '불명료한 이해'는 명료한, 공식적인 지식보다 훨씬 풍부한 내용을 갖는다. 가령 대중의 과학이해는 '열은 복사(輻射)의 한 형태이다'라는 식의 사전적 지식보다 훨씬 풍부한 맥락의 이해를 가지고 있다. 그리고 이러한 이해가 실제 대중들의 생활에서 도움이 되는 지식의 형태이다. 따라서 대중의 과학이해의 전체 맥락을 이해하기 위해서는 암묵적 이해와 암묵지의 중요성을 간과해서는 안 된다. 암묵지는 대중이 능동적으로 과학지식을 재구성하는 과정을 올바로 이해하기 위해서 매우 중요한 의미를 갖는다. 또한 지식의 암묵적 특성은 과학기술 정책, 혁신, 과학교육, 과학기술운동 등에서 과학기술 지식에 대한 잘못된 환상을 깨뜨리는데 중요한 함축을 포함하고 있다.

흔히 과학적 기준에 비해 축적된 지식의 결여로 규정되는 무지는 지적인 진공 상태(intellectual vacuum), 또는 무능함으로 인식된다. 그러나 무지는 단순한 지식의 결핍이나 공백이 아니라 대중들의 능동적인 선택이자, 거부로서의 적극적 측면도 아울러 갖는다. 정치적인 영역에서 시민들이 투표를 기피하거나 기권하는 행위가 적극적인 의사표시로 이해될 수 있는 것과 마찬가지로, 대중들이 설문조사에서 '잘 모르겠음'에 동그라미를 치는 행위는 여러 가지 측면에서 대중들이 처해있는 상태의 반영이자 무관심의 표명이며, 나아가 적극적인 의사표시의 행위일 수 있다. 따라서 대중의 과학이해라는 관점에서 볼 때 무지는 행위자(actor)의 사회적 지위의 능동적인 반영, 그리고 과학-기술적 제도들과의 관계 속에서 자신의 정체성(正體性)을 구성하는 행위로 적극적으로 해석될 필요가 있다.

민간지와 암묵지, 그리고 무지에 대한 적극적 해석을 통해, 구성주의 PUS는 대중의 과학이해가 일방적이고 수동적인 수용이 아니라 구체적인 상황 속에서 다양한 요구를 가지고 있는 대중이 자신의 필요에 의해 능동적으로 과학지식을 동원하고 재구성하는 역동적인 과정으로 본다. '과학지식'은 이미 완성되어 대중들에게 전달되어야 하는 무엇이 아니며, 대중들은 언제든 과학지식을 수용하기 위해 기다리고 있는 용기(container)가 아니다. 대중들은 구체적인 맥락 속에서 자신들 나름의 지식과 경험, 가치에 비추어 과학지식을 평가, 비교, 선택하는 무엇이다. 이 과정에서 과학지식은 받아들여질 수 있지만, 배격될 수도 있다. 이처럼 '이해'란 과학지식이 대중들이 이미 가지고 있는 지식, 가치체계와 상호작용하면서 재구성되는 과정이다. 따라서 PUS에서는 "대중이 무엇을 알아야 하는가"보다 "대중이 무엇을 필요로 하는가"가 더 중요시된다.

3) 능동적인 대중

구성주의 PUS는 과학과 대중, 전문가와 일반인의 인식론적 비대칭성을 인정하지 않는다. 이것은 전통적 관점이 과학지식에 부여한 인식론적 특권을 해체시키는 과정이며, 과학과 대중의 위계적 관계를 대칭적인 관계로 복원시키는 것이다. 구성적 PUS의 대중 개념은 대칭성과 능동성을 기반으로 삼는다.

첫째, 구성적 PUS의 대중은 비균질적이고 이질적인(heterogeneous) 대중이다. 전통적 PUS의 대중과 달리 구성적 PUS가 가정하는 대중은 균질적인(homogeneous) 대중이 아니며, 자신의 지역, 사회경제, 문화, 젠더의 고유성을 갖는 이질적인 대중이다. 따라서 동일한 과학지식도 연령, 계층, 지역, 성별에 따라 다르게 받아들여질 수 있다. 이러한 인식은 이후 과학기술과 젠더, 과학의 문화적 연구 등의 학문적 연구와 과학정책 연구에 크게 기여했다.

둘째, 대중은 인식적 측면에서 과학과 대칭적인 위치를 갖는다. 구성적 PUS의 많은 연구는 이러한 대칭성을 전제로 삼는다. 국소적인 대중은 맥락에 따라서 공식지를 가진 전문적 과학자보다 문제 해결에 능할 수 있으며, 역으로 공식지나 전문가가 효용을 발휘할 수도 있다. 많은 경우 대중과 과학의 비대칭적인 관계가 나타나는 것은 현실적인 역관계의 정치 때문이지 인지적 비대칭성 때문이 아니다. 이러한 측면에서 과학과 대중의 관계는 맥락의존적이다. 그렇지만 구성적 PUS가 공식지의 중요성을 부정하거나 결핍모형의 효용성을 완전히 거부하는 것은 아니다. 구성적 PUS는 공식지와 결핍모형의 비대칭성을 비판하는 것이며, 인식론의 측면에서 대칭성을 주장하는 것이다. 가령 대중이 경험할 수 없는 과학의 여러 영역의 경우, 결핍모형이 여전히 유용성을 가질 수 있다(Einsiedel, 2000).

셋째, 대중은 과학지식의 구성과정에 참여한다. 구성주의 PUS의 대중 개념은 전통적 PUS와 달리 직접적이든 간접적이든 과학지식의 구성과 정책의 의사결정에 참여하는 능동성을 강조한다. 1980년대 중반 이후 활발하게 벌어진 논쟁연구는 사회적 쟁점으로 부상한 과학기술적 주제를 둘러싼 논쟁 과정에서 대중이 중요한 역할을 수행했음을 보여 주고 있다. 더 이상 대중은 백지와도 같은 공백 상태에서 자신에게 주어진 과학지식이나 과학에 대한 이미지를 그대로 수용하지 않는다. 대중은 나름대로의 경험과 가치 체계, 과학 이외의 다른 지식, 그리고 상식 등을 토대로 복수의 지식주장들을 선별하며, 관심이 없는 지식은 거부한다. 대중들은 자신의 국소적 맥락에서 지식을 받아들이며, 이것은 일방적 수용이 아니라 구성과 재구성이다. 이 개념은 최근 활발하게 논의되고 있는 과학기술의 시민참여에 이론적 근거를 제공한다.

4. 이해에서 참여로

1990년대 이후 과학과 대중의 관계에서 새로운 변화가 시작되었다. 1960년대 이후 과학을 둘러싼 담론 생산과 의사결정에서 대중의 참여의 폭이 차츰 넓어지다가, 이윽고 유럽을 필두로 합의회의와 같은 시민참여 모형들이 시험 단계를 넘어 중요한 사회적 제도로 정착하게 된 것이다(9장 참조). 여기에는 생명공학처럼 윤리와 안전에서 논란의 여지가 많은 기술의 사회적 규정력이 날로 높아졌고, 영국의 경우 1980년대 후반 발생해서 1990년대까지 전국을 초토화시키다시피 한 광우병 사태에 대한 불투명하고 권위주의적인 대응방식이 영국 정부는 물론 과학자문을 맡은 과학자들까지 일반 대중들 사이에서 이른바 '신뢰의 위기'를 초래했던 데에서 크게 기인했다. 과학을 둘러싼 불확실성의 증대는 기존의 전문지식과 전문가 집단만으로 대처하기 힘든 이른바 탈정상과학(post-normal science)의 상황을 초래했으며, 필연적으로 '확장된 사실(extended fact)'과 '확장된 동료 공동체(extended peer community)'를 필요로 했다(Funtowicz and Ravetz, 1992). 따라서 불확실성을 최소화시키기 위해서, 전문성의 확장으로서 과학기술의 시민참여가 요청되었다(8장 참조).

이러한 맥락에서 PUS는 과학이라는 실행에서 일반인(lay people)의 역할을 적극적으로 해석하고, 민간지와 암묵지를 공식지와 인식론적으로 대등한 지위로 복원시키는 데에서 한걸음 더 나아가 "이해에서 참여로" 이른바 참여적 전환(participatory turn)을 이루게 되었다. 불확실성을 줄이고 과학에 대한 신뢰를 회복하기 위해서 결핍모형 극복과 시민 참여가 강조되는 '대화의 새로운 분위기'가 형성되었다.

1) 대화의 새로운 분위기

광우병 문제로 호된 곤욕을 치렀던 영국 상원의 특별위원회는 2000년에 발간한 『과학과 사회 보고서』를 이렇게 시작하고 있다(House of Lords Select Committee on Science and Technology, 2000).

"오늘날 과학과 사회의 관계는 지극히 중요한 국면을 맞이하고 있다. 오늘의 과학은 흥분과 무궁한 가능성으로 가득 차 있다. 그러나 정부에 주어지는 과학적 조언에 대한 대중들의 신뢰는 광우병(BSE)으로 암벽에 부딪혀있는 상황이다. 많은 사람들은 생명공학과 정보기술의 빠른 발전

> 에 대해 심기가 불편한 형편이다.—심지어는 일상적 목적으로 사용하는 과학기술에 대해서까지. 이러한 신뢰의 위기(crisis of confidence)는 영국 사회와 영국의 과학 모두에 매우 중요한 문제이다."

보고서는 과학정책에 대한 대중들의 직접적인 참여가 이제 더 이상 선택사항이 아닌, "일상적이고 필수불가결한 과정의 일부(normal and integral part of the process)"라고 선언하고 있다. 이 보고서의 작성과정에 직접 참여했던 영국의 과학사회학자 앨런 어윈은 보고서가 "대화의 새로운 분위기(new mood for dialogue)"를 중요한 논제로 제기하면서 1985년 영국 왕립학회가 발표했던 보고서 『대중의 과학이해』에서 표현되었던 전통적인 과학-대중의 관계에 대한 인식에서 크게 진일보한 관점을 나타내고 있다고 평가하고 있다(Irwin, 2001). 이것은 과학을 둘러싼 의사결정에서 대중들이 수행하는 역할과 지위에 대한 인식의 변화를 단적으로 보여 주고 있다.

가령 보고서의 중요한 흐름을 살펴보면 첫째, 우리를 둘러싼 세계와 그 세계에 대한 지식을 생산하는 과학 양자(兩者)의 불확실성을 기본적인 전제로 인정하고 있다. 보고서의 서문의 첫 번째 주제가 "과학과 불확실성"이다. 보고서는 "지구가 태양 궤도를 돈다는 사실처럼 지금까지 확실하다고 알려진 것들에도 불확실성이 개입할 수 있다. …… 그것은 본질적으로 시스템 자체가 복잡하고 카오스적이기 때문이다. …… 유전학처럼 빠른 속도로 발전하는 과학분야에서는 많은 것들이 불확실한 상태이다."라고 말하고 있다. 둘째, 대중들의 신뢰가 그 어느 때보다도 중요한 주제로 제기되고 있다. 가령 보고서는 "왜 신뢰의 위기가 문제인가?"라는 물음을 제기한 뒤, "현대

사회의 민주적 시민권이 과학적 개념과 주장들을 올바로 이해하고, 비판하고, 사용할 수 있는 시민들의 능력에 크게 좌우되며 …… 이러한 신뢰는 과학자 공동체 자체에도 매우 중요하다."고 답하고 있다. 다시 말해서 현대 사회의 기본인 민주적 시민권이 과학과 관련된 주제를 이해하고 비판할 수 있는 능력(competence)에 달려 있기 때문에 신뢰의 위기는 민주 사회의 토대 자체의 위기가 될 수 있으며, 직접적으로는 과학자 공동체가 일차적인 위기의 대상이 될 수 있다는 뜻이다. 셋째, 보고서는 이러한 기본적인 인식을 바탕으로 과학과 사회 사이의 대화를 향상시키기 위해서 다음과 같은 기본적인 방향을 권고했다. 첫째, "대중의 과학이해"를 통한 활동, 둘째, 불확실성과 위기에 대한 커뮤니케이션을 향상시키기 위한 활동, 셋째, 위의 두 가지 활동과 함께, 가장 중요한 것으로, 정책결정의 문화를 변화시켜서 새로운 과학기술 발전의 초기 단계부터 과학과 대중 사이의 대화를 일상화시켜야 한다.

2) 지식의 공동생산: 대중역학, 에이즈 치료, AFM

1990년대 이후 과학기술에 대한 대중 참여는 단순히 과학기술적 사안에 대한 의사결정에 시민들이 참여하는 수준을 넘어서서 그동안 배타적으로 전문가들의 영역으로 인식되었던 과학지식의 생산에 대중들이 직접 참여하는 새로운 단계로 진입했다.

이러한 과학지식의 공동생산은 미국의 AIDS 치료제 개발 과정에서 주도적인 역할을 수행했던 AIDS 활동가들의 역할에 대한 연구, 역시 미국의 우번시 주민들이 백혈병 환자들이 급증하자 스스로 원인을 찾아냈던 대중역학의 사례, 그리고 사회의 무관심 속에서 방치

되었던 환자들의 주도로 전문가와 정부를 움직여 질병 연구와 치료제 개발을 촉진했고 나아가 스스로의 정체성을 새롭게 수립했던 프랑스 근위축증 환자 단체인 AFM(Association française contres myopathies) 사례 등을 통해 확인할 수 있다.

스티븐 엡스테인(Steven Epstein)은 미국의 에이즈 연구에서 나타나는 가장 두드러진 특징이 신뢰할 수 있는 지식의 생산에 참여했던 행위자들의 다양성이라고 말했다. AIDS는 세상에 알려지는 과정에서부터 그 발생원인을 둘러싸고 많은 논란을 빚었고 동성애에 대한 사회적 편견으로 얼룩져서 이른바 질병의 정치성이 매우 높았다. 이 질병의 연구에 참여한 집단에는 면역학자, 바이러스학자, 전염병 학자, 의사 등 기존의 자격 있는 전문가들뿐 아니라 에이즈 환자, 동성애자, 에이즈 활동가 등 비전문가들도 포함되었다. 이러한 움직임이 가능했던 배경에는 노동운동 등 계급적 주제에 초점을 맞추었던 과거 운동과 달리 생태, 여성, 반핵, 인종 등 다양한 주제를 들고 나온 신중산층 행동주의자들의 신사회운동(new social movement)의 대두가 있었다. 그렇지만 엡스테인은 AIDS 운동가들이 에이즈에 걸린 희생자에서 운동가-전문가(activist-expert)로 스스로 과학적 신뢰성을 구축하기 위해 학습하고 각종 학회에 참여하는 등 신뢰 획득을 위해 적극적으로 노력했다는 점에서 그 특징을 찾는다(Epstein, 1995).

필 브라운은 우번 시의 지역 주민들이 자신들이 살고 있는 지역에서 갑작스레 늘어난 백혈병 발병의 원인을 스스로 찾아낸 대표적인 대중역학의 사례를 분석했다(Brown, 1987, 1992). 1970년대 후반에 매사추세츠주 우번(Woburn)시의 주민들은 많은 아이들이 백혈병에

그림 7-2. 존 트라볼타가 주연한 영화 〈시빌 액션〉의 한 장면.

걸리고 있다는 사실을 알고 무척 놀랐다. 인구가 3만 7000여 명에 불과한 작은 도시인 이곳에서 60년대 이후 15년 동안 평균치를 훨씬 웃도는 28명의 소아백혈병 환자들이 나타났기 때문이었다. 소아 백혈병 환자 가족들은 독자적인 노력으로 백혈병 환자 집단을 밝혀냈고, 전문가들과 협력해서 그 원인이 식수에 녹아들어간 산업 폐기물 발암물질이라는 사실을 입증하기 위해 노력했다. 이 사건은 전국적인 관심사로 부상하면서 독성폐기물에 대한 기업의 책임과 그로 인한 건강상의 위험 문제를 부각시키는 데 크게 기여했다. 이 사건은 실화를 기반으로 한 영화 〈시빌 액션(A Civil Action, 1998)〉과 조너선 하(Jonathan Harr)가 쓴 동명의 논픽션 소설 『시빌 액션』으로도 잘 알려져 있다.

대중의 능동적 역할을 보여 준 AFM 사례

깔롱과 라베하리소아는 AFM의 사례를 통해서 새롭게 출현하는 우려 집단(emergent concerned group)이 과학 연구와 정치적 정체성 사이에 새로운 형태의 관계를 형성시킬 수 있다는 것을 보여 주었다. 테크노사이언스의 발전과 영향에 의해 새롭게 출현한 이러한 집단들이 과학, 정치, 그리고 경제 시장 사이의 새로운 관계 수립을 이해할 수 있는 기회를 제공해 준다는 것이다. 그는 프랑스의 근위축증 환자 단체인 AFM 사례에서, 과학과 기술연구 활동에 대한 이 단체의 강력한 개입에 힘입어 환자들이 스스로 개인적, 집단적 정체성을 수립할 수 있었다고 주장한다. 근위축증(muscular dystrophy)은 시간이 흐르면서 몸의 근육이 위축되고 허약해지는 중증 유전질환이다. 그 개입을 통해 그들은 스스로의 존재론적 지위를 변화시킬 수 있었다.

1950년대 말엽까지도 중증 근위축증에 걸린 환자는 아예 사람 취급을 받지 못했고, 괴물이나 '자연의 실패작'으로 취급받았다. 소수의 전문가들만이 관심을 가졌을 뿐, 이 질병에 대한 사회적 인식이 거의 없었던 상황에서 환자들은 무관심 속에 사회로부터 고립되었다. 아이들이 근위축증 진단을 받은 소수의 가족들은 사회의 무관심과 배제에 맞서 싸우기 위해서 1958년에 처음 AFM을 만들었다. 이들은 연례 TV 프로그램(Le Teléhon)을 통해서 1987년부터 모두 7억 유로라는 큰 돈을 모금했다. 이 모금액의 약 70퍼센트는 생물학과 임상 연구를 위해 사용되었다. AFM은 유전학과 유전체 연구에서 핵심적인 역할을 했다. AFM이 재정적 지원을 한 기술 플랫폼인 제네통(Généthon)은 근위축증과 같은 근신경계 질환(neuromuscular disease)뿐 아니라 인간유전체 염기서열 분석 작업에까지 중요한 역할을 수행했으며, 프랑스에 국한되지 않고 국제적인 연구에도 기여했다.

깔롱과 라베하리소아는 AFM의 과정을 단지 환자와 그 가족들이 연구자들에게 필요한 자금과 자원을 모아 연구를 돕고 촉진시킨 과정으로 보지 않고, 치료와 시민권을 모두 획득하는 두 가지 과정으로 보았다. 특징적인 것은 이것이 일회적인 사례가 아니라 과학과 기술의 진화와 결합한 경제 시장의 진화가 우려하는 새로운 집단이 양산되고 증식될 수 있는 조건을 만든다는 것이다.

브라운은 우번시 사건에서 시민활동가(lay activist)들의 비판과 그들이 역학에 대해 제기했던 새로운 관점이 전통적인 역학 연구의 방향을 새롭게 변화시키는데 중요한 역할을 했다고 평가한다. 독성 폐기물 활동가들은 자신들이 기존의 과학계가 해결하지 못했던 문제들을 스스로 바로잡고 있다고 생각했다. 시민활동가들은 단지 자신들과 뜻을 같이하는 과학자들에게 조력하는 연구 보조원에 그치지 않았다. 그들은 종종 질병을 발견하고, 가설을 제시하고, 주 정부가 행동을 취하도록 압력을 행사하고, 과학 연구를 착상하고 감독하는 역할을 수행했다. 그들은 스스로 '대중 과학자(popular scientist)'의 역할을 수행했다. 브라운은 우번시 사례 연구에서 대중역학(popular epidemiology)을 "일반인들이 질병의 역학을 이해하기 위해 스스로 통계자료와 그 밖의 정보를 수집할 뿐 아니라 질병을 밝혀내기 위해서 지식과 전문가 자원이 이용될 방향과 순위를 결정하는 것"이라고 정의했다. 대중역학이라는 말 자체는 러브 캐널(Love Canal) 거주자들이 자신들의 지역사회의 보건 문제에 관심을 촉구하기 위해 벌인 노력을 기술하는 과정에서 만들어졌다. 대중역학은 단순히 우리가 알고 있는 전통적인 역학에 대중이 참여하는 것을 뜻하지 않으며, 전문가들의 영역이라고 생각되어온 역학조사의 접근방식을 지역민의 관점에서 새롭게 변화시키고, 독자적으로 가설을 수립하고 연구문제를 정립하며, 연구가 올바로 이루어지는지 감독하는 역할까지 포괄한다.

5. PUS 연구의 성과, 그리고 제기되는 도전

구성적 PUS는 사회구성주의를 비롯한 STS의 이론적 성과를 토대로 과학과 대중의 관계를 새롭게 비추는 중요한 역할을 했다. 이 접근방식은 그동안 홀대받았던 대중 집단들의 역할을 적극적으로 부각시키는 중요한 역할을 했고, 브라이언 윈의 컴브리아 목양농 사례 연구(192쪽의 박스글 참조)를 비롯한 수많은 사례 연구를 통해서 과학이라는 사회적 실행이 이루어지는 '있는 그대로의' 과정을 보다 풍부하고 생생하게 보여 주는 데 성공했다. 또한 공식지만이 아니라 민간지와 암묵지와 같은 지식도 상황에 따라 중요한 과학지식으로 인정되고 기능할 수 있다는 PUS의 주장은 과학기술의 시민참여가 실행가능하고, 우리 사회의 과학기술적 쟁점을 공론화하고 해결하는데 실질적으로 기여할 수 있다는 근거로 작용했다. 또한 과학기술 정책뿐 아니라 과학 커뮤니케이션과 과학 교육 등 대중과 직접 접촉하는 많은 영역에서 결핍모형의 문제점을 비판하고, 일방적인 과학지식 전달을 넘어 대중과의 상호작용을 중시하는 경향이 확산되는 데에도 일조했다.

그러나 최근 들어 행위자-연결망 이론(ANT)과 같은 새로운 접근방식이 제기되면서 구성적 PUS는 새로운 도전을 맞이하고 있다(5장 참조). 가령, 구성주의 PUS는 전통적 PUS와 달리 과학과 대중의 위계적 관계를 해체하고 양자를 대칭적으로 인식했지만, 과학과 대중은 여전히 별개의 영역에 위치한다. 이 접근에서 대중은 비균질적인 국소적 대중으로 새롭게 이해되지만, 국소적 대중 내의 이질성은 크게 부각되지 못한다. 공식지에 대한 비판은 과학의 특권적 지위를 해체하고 과학지식을 탈신비화하는 데 크게 기여했지만, 과학 지식 전반은 대중과 분리된 것으로 인식된다. 전통적 PUS에서 과학이 대중과 무관한 특권적 지위를 가졌다면, 구성적 PUS에서 대중과 과학의 관계는 상호작용을 하는 정도로 가까워졌지만 아직까지 별개이다.

이러한 이분법의 잔존은 과학과 대중을 별개의 실체로 인정하면서 양자의 관계를 두 실체 사이의 갈등과 대립이라는 측면에서 주로 접근하는 경향을 낳는다. 특히 전문가로서의 과학자와 지역 대중은 문화, 가치 등의 전제가 전혀 다르며, 양자의 이해가 근거하는 가치체계는 공약불가능한 것으로 가정된다. STS 연구자 마이크 마이클(Mike Michael)은 이것을 문화적 전제와 관여의 공약불가능성(incommensurability of cultural preconception and commitment)이라고 불렀다(Michael, 2002). 따라서 전문가와 대중, 중앙과 지방, 공식지와 민간지, 정책입안자와 정책대상 사이의 끝없는 갈등, 투쟁, 긴장이 전제되며, 연구와 분석도 이러한 지점들을 주된 대상으로 삼는다. 현실적으로 양자 사이의 갈등이 빈번하게 나타날 수 있지만, 갈등과 논쟁은 과학과 대중의 관계의 한 측면일 뿐이다. 따라서 갈등과 논쟁을 중심으로 과학과 대중의 관계에 접근하는 것은 일면적인 접근에 국한될 수 있다. 결국 이분법이 잔존한다는 측면에서 구성적 PUS의 대칭성은 불완전한 대칭성인 셈이다. 특히 구성적 PUS는 대중 집단에 대해서는 대체로 비균질성을 적용하지만, 전문가들은 균질적인 존재로 가정되는 경우가 많다. 최근의 한 연구는 위기 인식(risk perception)에서 전문가와 대중이 상이한 전제에 기반하기 때문에 상반된 위기 인식을 가진다는 가정이 지나치게 일반적이라고 비판하면서, 전문가들 내의 이질성이 간과되고 있는 측면을 제기하였다 (Sjoberg, 2002).

한편, 구성적 PUS는 과학의 대중이해에서 주로 과학에 문제를 제기하는 전략을 채택한다. 또한 구성적 PUS는 태생적으로 결핍모형과 대중화론의 비판에서 출발하면서 대중의 역할을 강조했다. 이 대목에서 대중의 낭만화에 대한 우려가 제기된다. 구성적 PUS의 대중관에는 충분한 기회와 지식이 제공된다면 시민들이 과학지식을 이해하고 합리적인 의사결정에 도달할 수 있다는 가정이 깔려 있다는 것이다. 그러나 국소적 집단 내에서도 대중은 점점 더 이질적으로 분화되고 있고, 논쟁 상황에서는 단일 집단 내에서도 이해관계와 가치관에 따라 갈등이 벌어진다. 국소적 대중들은 이상적인 담론 상황에서 합리적 의사결정에 도달하기보다는 정치경제적 이해관계와 역관계의 영향을 받는다.

최근 구성적 PUS의 한계를 지적하면서 일부 연구자는 이질적 (heterogeneous) PUS라는 새로운 접근방식을 제기한다. 이질적 PUS는 구성적 PUS의 성과를 기반으로 하면서, 과학과 대중의 관계를 분리된 두 영역의 상호작용이 아닌 이질적인 연결망으로 파악하려고 시도한다. 이러한 접근방식이 구성적 PUS를 대체할 수 있을지 여부는 아직 불확실하지만, 최소한 구성주의적 접근방식의 설명력을 높여주고 과학과 대중의 관계를 조망하는 새로운 관점을 제공해 줄 수 있을 것으로 기대된다.

PUS는 과학기술의 사회적 구성론이 실천적으로 적용된 영역으로 이미 여러 분야에서 많은 실질적 성과를 일구었다. 과학교육에서는 STS 교육으로 구체화되고 있으며 우리나라의 과학교육에서도 1990

년대 초반부터 받아들여지고 있다. STS 교육은 지식전달 중심의 기존 과학교육 방법에서 벗어나 학생들이 그 사회 속에서 구체적인 과학기술을 이해하고, 과학지식을 능동적으로 재구성하는 것을 중요시한다. 또한 국내외에서 이미 실험 단계를 지나 중요한 시민참여 제도로 정착하고 있는 합의회의(consensus conference)처럼 사회적으로 중요한 과학기술 문제의 의사결정에 대중을 참여시키기 위한 노력에 중요한 이론적 토대를 제공해 주었다. PUS는 그밖에도 과학언론, 과학관(science museum) 등 과학과 대중이 만나는 모든 분야에서 활발히 적용되고 있다. PUS 연구는 앞으로도 과학기술학은 물론 인접 학문 분야와 과학기술 커뮤니케이션, 시민참여, 사회운동 등 실천적인 영역에서 중요한 역할을 수행할 것으로 기대된다.

더 생각해 볼 문제

1. 역사적으로 과학과 대중의 관계가 어떻게 변천했는지 토론해 보자.
2. 글에서 언급된 것 이외에 우리 사회에서 PUS가 적용될 수 있는 분야가 어디인지 생각해 보자.
3. 자신이 흥미롭게 본 SF 소설이나 영화, 다큐멘터리 등에서 과학기술의 이미지가 어떻게 그려졌는지 토론해 보자.
4. 스마트폰이나 디지털 카메라와 같은 과학기술의 산물의 설계에 일반인들의 견해나 사용 후기가 어떤 영향을 미치는지 토론해 보자.
5. 암을 비롯한 여러 가지 질병을 앓는 환자들의 단체인 환우회가 사회적으로 공인된 제도인 의사나 병원의 공식 활동과 비교해서 어떤 역할을 담당하는지 토론해 보자.

〈심화학습을 위한 자료〉

- 그레고리, 제인 외, 이원근·김희정 옮김(2001), 『두 얼굴의 과학: 과학은 대중과 어떻게 커뮤니케이션하는가』, 지호.
- 김명진(2001), 『대중과 과학기술: 무엇을, 누구를 위한 과학기술인가』, 잉걸.
- 르원스타인, 브루스 외, 김동광 옮김(2003), 『과학과 대중이 만날때』, 궁리.
- 송성수(2009), 『과학기술과 문화가 만날 때: 과학기술문화론 탐구』, 한울.
- 카슨, 레이첼, 김은령 옮김(2011), 『침묵의 봄』, 에코 리브르.

8장

위험사회 속의 과학기술

강윤재

강윤재(동국대학교 다르마칼리지 교수)

서울대학교 화학과를 졸업하고, 고려대학교 대학원에서 과학기술학협동과정 과학사회학 박사학위를 받았다. 가톨릭대학교 연구교수를 지냈으며, 현재 동국대학교 다르마칼리지 초빙교수로 재직하며 과학책을 쓰고, 번역하고 있다. 저서로는 『세계를 바꾼 과학 논쟁』, 『과학 시간에 사회 공부하기』(공저) 등이 있으며, 옮긴 책으로는 『사이언스』, 『과학토크쇼』, 『H_2O』 등이 있다.

현대사회에서 과학기술과 위험의 관계는 양면적이다. 우리는 과학기술을 통해 안전을 추구하지만, 그로 인해 예상치 못한 위험에 빠지기도 한다. 2003년 수백 명의 사상자를 낸 대구지하철참사에서 '방화셔터'는 원래의 설계의도와는 정반대로 작동하여 승객들이 외부로 빠져나가는 것을 차단함으로써 '통곡의 벽'으로 변하고 말았다. 편리함과 풍요로움을 지나치게 추구하는 나머지 그 부작용에 시달리는 경우도 많아지고 있다. 2008년 한국사회를 뒤흔들었던 '미국산 수입쇠고기에 따른 광우병 파동'은 축산기술의 발전을 통해 값싼 쇠고기를 공급하려다가 그 부작용으로 광우병이 양산된 결과라고 볼 수 있다. 2011년의 후쿠시마 원전사고는 원자력 기술을 이용한 값싼 전기를 풍부하기 쓰기 위해서는 어떤 대가를 치러야 하는가를 잘 보여 준다.

현대사회에서 위험문제가 핵심쟁점으로 부상함에 따라 위험의 성격을 새롭게 이해하기 위한 학술적 노력도 함께 커지고 있다. 이는 위험문제에 대한 전통적 접근인 과학기술적 접근과는 구분되는 것으로 사회과학적 접근을 낳았다. 사회과학적 접근은 위험문제를 단순히 안전의 반대 개념으로 보기보다는 사회적 제요소(가령, 개인의 심리, 문화, 소통, 권력, 제도 등)가 개입되는 복합적인 것으로 본다(Krimsky and Golding, 1992). 또한, 과학의 불확실성이 위험문제에서 핵심을 차지하게 됨에 따라서 위험과 사회, 과학의 관계를 종합적으로 이해하기 위한 필요성도 함께 커지고 있다(Bammer and Smithson, 2008). 이는 현대사회에서 위험의 성격을 이해하는 데 있어서 STS가 지닌 역할의 중요성을 잘 보여 준다. 한편, 위험의 성격에 대한 새로운 이해는 위험문제를 둘러싼 사회적 실천방식에 변화를 불러왔다. 이런 변화는 주로 위험거버넌스와 위험커뮤니케이션, 시민참여 등을 둘러싼 논쟁을 통해 나타난다.

이 장에서는 먼저, 위험의 개념을 현대사회와의 관련성 속에서 새롭게 정의한다. 둘째, 위험의 성격을 새롭게 이해하기 위한 시도로서 심리학, 인류학, 사회학 등 사회과학 분야에서 이루어진 학술적 연구를 정리한다. 또한, STS의 관점에서 이루어진 연구 결과도 함께 정리하고 있다. 세 번째로는 새롭게 이해된 위험의 성격이 사회적 실천방식에 가져온 변화를 살펴보고자 위험문제의 해결 과정에서 제기되는 주요 쟁점 두 가지에 주목하고 있다. 마지막으로, 향후 과제에 대해 간략하게 검토하고 있다.

1. 위험이란 무엇인가

1) 위험의 과학적 정의

우리는 보통 미래의 위험을 대비하고자 보험에 가입한다. 자동차보험을 예로 들어보자. 보험료를 책정하기 위해서는 그 기준이 필요한데, 보험회사에서는 자동차의 위험(risk)을 기준으로 삼는다. 이때, 위험이란 자동차사고가 일어날 확률과 그때 발생할 수 있는 피해의 정도를 말한다. 이를 수식으로 나타내면 R=PM이다(이때, R은 위험, P는 발생가능성, M은 피해의 강도). 자동차사고에 대한 통계자료는 충분히 쌓여 있기 때문에 사고 확률과 피해의 정도를 비교적 정확하게 계산할 수 있다. 이런 원리는 보험의 전 분야는 물론, 질병이나 독성물질의 관리에도 적용된다. 가령, 미국산 수입 소고기에 따른 광우병의 위험을 두고, '골프를 치다가 홀인원을 한 사람이 벼락을 맞아 죽을 확률'이라고 한 것은 이런 접근법에 기초한 것이다.

위험의 정량화는 많은 편리함을 제공해 준다. 가령, 위험비교(risk comparison)기법은 정부의 위험정책에 긴요하다. 비교를 통해, 적은 예산으로 더 위험한 사건을 사전에 예방하는 것이 가능해지기 때문이다. 그러나 원자력발전소(이하, 원전)나 유전자변형식품(GMO)의 위험과 같은 경우는 정량화가 쉽지 않다. 원전은 원전사고의 발생회수가 많지 않고, GMO는 위험이 잠재되어 있기 때문이다. 즉, 원전사고는 통계자료가 빈약하여 정확한 발생 확률을 계산하기 힘들고, GMO는 피해가 잠복되어 있는 까닭에 피해의 정도를 정확히 측정하기 어렵다. 신기술과 복잡한 기술시스템이 늘어나는 추세에 비춰볼 때, 자동차사고와 같이 위험을 정확히 산정할 수 있는 경우는 오히려 드물다.

현대사회에서 위험문제는 파장이 매우 크다. 가령, 조류독감의 위험이 뉴스를 통해 나오면 닭고기 소비가 크게 위축되어 치킨집이 어려움에 처하고, 베이비파우더의 주성분인 탈크에 석면이 포함되어 있다는 사실이 밝혀지면서 사회가 온통 홍역을 치른다. 정부도 그 위험의 관리부실 책임에서 벗어나지 못한다. 심지어, 전문가들의 진단이 시민들에게 배척당하기도 한다. 위험의 과학적 정의(R=PM)가

위험에 관한 용어

용어상의 혼란을 피하기 위해서 여기서는 위험(risk), 위해(hazard), 위난(danger)으로 번역하고 있다. 일부에서는 risk를 '리스크'로 danger를 '위해'로 번역하는 경우도 없지 않다. 위험은 "특정한 위해의 발생 가능성"이고, 위해는 오염물질처럼 위험을 초래할 수 있는 대상이나 상태를 뜻한다(The Royal Society, 1992). 한편, 위난은 독일의 사회학자 루만(N. Luhmann)에 따라 "자연현상이나 타자, 다른 조직의 결정 등 외부로부터 오는 직접적 위협"으로 정의할 수 있다(노진철, 2004).

힘을 발휘하지 못하는 경우가 점점 많아지고 있다. 따라서 위험을 제대로 이해하기 위해서는 과학과 전문가의 울타리를 넘어서야만 할 것 같다.

2) 위험의 역사와 현대사회

위험이라는 용어가 현재와 같은 뜻으로 쓰인 것은 그리 오래되지 않았다. '위험'의 출현은 15세기 초반의 해양항해와 관련이 깊었다. 그때까지 위험은 인간으로서는 어쩔 수 없는 자연재해(폭풍우)나 신의 행위에 따른 것으로 일종의 '불운'에 불과했다. 그 후, 위험은 그 의미와 활용에서 변화를 겪는데 17~18세기의 서구 근대사회의 출현과 연동되어 있었다. 18세기 들어, 과학의 발달(특히, 확률론과 통계학)에 힘입어 위험의 과학화가 심화되었고, 그 결과 보험이 위험을 관리하는 사회 제도로 확립되었다. 19세기에 들어서면서 위험은 자연과 신의 영역을 떠나 인간의 영역으로 확실하게 들어왔다. 이런 일련의 변화는 근대사회와 위험의 관계를 잘 보여 준다. 근대인은

신의 보호를 벗어나서 자신의 판단과 결정으로 자신의 운명을 개척해나가는 존재인데, 그에 따라 실패의 불안에 시달릴 수밖에 없었다. '위험'이라는 새로운 개념의 발명은 그런 불안을 잠재우기 위한 것으로 볼 수 있다. 가령, 보험제도는 실패에 따른 보상을 제공함으로써 불안을 완화하거나 제거시켜 준다(Lupton, 1999).

베스트셀러 작가 번스타인(P. Bernstein)은 위험 연구가 본격화된 것은 르네상스 시대로 보고 있다. 이 시기는 많은 지리상의 발견과 자원의 개발이 활발해지면서 종교적 혼란, 초기 자본주의, 과학과 미래에 대한 맹렬한 발전이 추구되던 때로, 사상적 대전환에 따른 위험의 성격에 대한 새로운 자각은 당연했다는 것이다. '위험'이라는 단어는 '무릅쓰다(to dare)'는 뜻의 초기 이탈리아어 'risicare'에서 유래한 것으로, 운명이 아니라 선택을 의미했다. 무릅쓰기 위해서는 선택의 자유가 중요하며, 또한 합리적 판단수단인 확률(통계) 이론의 발달이 필수적이다. 이렇게 보면, 합리적 위험감수야말로 근대적 인간의 존재조건이며 소중한 덕목임을 알 수 있다. 위험이 클수록 이익도 크다는 식의 투자가(또는, 투기꾼)의 태도가 이를 잘 보여 준다(번스타인, 2008).

이상에서, 위험의 용어와 개념은 근대(성)와 함께 출현했으며, 현대의 대표적 사회제도인 보험과 밀접하게 연관되어 있음을 알 수 있었다. 이런 사실은 위험이 현대사회의 어두운 측면이거나 부산물에 불과한 것이 아니라 현대사회의 핵심적 작동원리임을 함축한다. 즉, 인간의 이성과 합리성을 중시하는 현대사회는 더 이상 신에 기대지 않고 인간 스스로 험한 세상을 해쳐나갈 수 있는 힘과 용기가 필요했는데, 위험의 발명을 통해 문제를 해결했다. 이런 맥락에서 현대사회는 위험을 측정할 수 있고(measurable), 계산할 수 있고(calculable), 예측할 수 있는(predictable) 것으로 발명했던 것이다.

그렇다면, 현대사회에서 왜 위험이 문제가 되고 있는가? 이 질문에 대한 대답은 다양할 수 있고, 뒤에서 다시 자세하게 다뤄질 것이다. 다만, 현대사회와 위험의 관계를 고려한다면, 사회가 더 위험해진 측면 못지않게 사회의 성격변화에도 관심이 주어져야 할 것 같다. 가령, 울리히 벡(Ulich Beck)의 '위험사회(risk society)'는 두 측면 모두를 고려하기 위한 시도라 할 수 있다.

2. 위험에 대한 사회과학적 접근

위험은 크게 객관적 위험과 주관적 위험으로 나뉜다. 객관적 위험이란 전문가들이 위험평가라는 과학적 과정을 통해 도출해낸 것(R=PM에 기초하여)으로, 불변의 성격을 띤다. 반면에, 주관적 위험이란 일반인들의 심리에 기초한 것으로, 개인마다 차이를 보인다. 현실적으로, 위험 수용방식의 차이는 위험 자체에 대한 것만큼 중요하다. 위험의 수용방식은 '인식된 위험(perceived risk)'과 관련이 깊은데, 이는 심리학적 접근으로 이어진다. 여기서는 심리학적 접근을 필두로 문화적 접근, 사회학적 접근 등에 대해 간략하게 살펴보고 있다.

1) 심리학적 접근

"인간은 생각하는 갈대"라는 파스칼의 말처럼, 인간의 마음은 수

시로 바뀐다. 위험연구에서 인식 또는 수용이 중요하다고 해도 변화무쌍한 인간심리를 토대로 삼는다는 것은 아무래도 견고한 과학과는 거리가 멀어 보인다. 그렇지만 심리학에 바탕을 둔 심리학적 접근은 사실이 그와 다름을 보여 준다. 가령, 전문가의 계산에 기초한 객관적 위험에 따르면 자동차가 비행기보다 훨씬 더 위험한데, 일반 시민들은 비행기를 더 위험한 것으로 인식한다. 비행기 사고는 뇌리에 강한 영향을 주기 때문인데, 이런 경향성은 쉽게 바꾸지 않는다. 실제로 연구 결과, 일반인들은 (1) 정보를 쉽게 얻고 떠올리기 쉬울수록, (2) 나와 관련성이 클수록, (3) 근접한 것일수록, (4) 드물지만 피해가 큰 것일수록, (5) 새롭고 강제된 것일수록, (6) 손해가 클수록, (7) 언론에 보도된 것일수록,(8) 잠재적 성격이 클수록 더 위험하다고 인식하는 경향이 뚜렷하다(Lupton, 1999).

가용성 추단법(available heuristic)은 이런 이유를 설명해 준다. 생활 속 지혜의 성격을 띤 이것은 오랜 진화의 산물로서 우리가 일상생활에서 활용하는 어림짐작, 시행착오, 주먹구구 등과 같은 맥락에 위치해 있다. 우리는 위급한 상황에서 신속한 판단에 도움을 줄 수 있는 심리적 경향성과 패턴을 확립할 필요가 있었던 것이다. 가령, 인적 없는 깊은 산속에서 수상한 낌새가 느껴질 때, 우리는 제한된 정보 속에서 최대한 빠르고 효과적으로 대응해야만 한다. 목숨이 경각에 달려 있기 때문이다. 이런 대처법은 오랫동안 전승되면서 일정한 심리적 경향성과 행동 패턴으로 자리를 잡았고, 매우 견고하여 좀처럼 바뀌지 않는다.

미국의 심리학자 슬로빅(P. Slovic)을 비롯한 일군의 심리학자들은 바로 이런 점에 착안하여 심리학의 연구 성과를 위험연구에 적용함으로써 큰 성과를 거뒀다. 그들은 심리측정 패러다임(psychometric paradigm)이라는 방법론을 사용하여 인식된 위험을 측정했다. 먼저, 설문지작업을 통해 '표현된 선호'를 묻고, 요인분석과 같은 통계작업을 거쳐 자료를 처리한 다음, 그 결과를 공포(dread)와 미지(unknown)를 두 축으로 삼는 인지지도(cognitive map)로 나타낸다. 이로부터 우리는 일반시민들이 다양한 위험에 대해 어떤 반응을 보일지 예상할 수 있으며, 그 이유도 이해할 수 있다. 또한, 위험은 낙인효과(stigmatization)를 낳기도 한다. 즉, 위험은 그 자체로 끝나는 것이 아니라 위험과 연관된 지역, 상품, 기술 등에 대해 과도한 거부반응을 일으키기도 한다(슬로빅, 2008). 가령, 후쿠시마 원전사고가 발생한 후 낙인효과로 후쿠시마에서 생산된 상품은 물론 후쿠시마 출신들도 차별을 받았다. 한편, 2008년의 광우병 파동으로 미국산 소고기에 낙인이 찍혔는데, 이는 위험의 사회적 증폭(social amplification of risk)에 따른 현상으로 이해할 수 있다(Kasperson and Kasperson, 1996; 강윤재, 2011).

심리학적 접근은 개인주의와 양적 방법론에 머물고 있지만 객관적 위험의 범주를 벗어나서 사회과학에 기초한 위험연구의 지평을 열었다는 점에서 긍정적으로 평가할 수 있다. 사람의 심리에는 사회적, 문화적 요소의 개입이 필수적이기 때문에 심리학적 접근은 필연적으로 사회학적·문화적 접근을 예비한다.

2) 문화적 접근

각 지역이나 문화마다 위험을 다르게 본다. 가령, 자이레에 있는 레레(Lele) 부족은 열병, 결핵, 문둥병, 궤양, 불임, 간염 등 열대병에 시달리면서도 오로지 벼락에 맞는 일, 불임의 고통, 그리고 질병 중에는 기관지염만을 위험으로 여겼다(더글라스와 윌다브스키, 1993). 우리의 경우와 비교하면 많이 차이가 난다. 이런 사실은 위험이란 사회적(문화적)으로 구성된 것이며, 따라서 한 사회의 위험을 이해하기 위해서는 그 문화를 먼저 이해할 필요가 있음을 말해 준다.

그렇지만 현대사회는 전통사회와는 달리 객관적 위험을 계산해낼 수 있는데, 이런 현대사회에서도 굳이 문화적 요소에 대한 고려가 필요할까? 영국의 인류학자 더글러스(M. Douglas)는 전통사회와 현대사회의 성격 변화가 위험에 대한 인식의 차이를 낳지만, 위험의 사회적 기능에는 별다른 차이가 없다고 주장한다. 즉, 현대사회에서 객관적 위험을 강조하는 까닭을 현대사회의 문화적 특징(즉, 과학기술에 기초하여 위험을 계산하는)에서 찾을 수 있다는 것이다. 달리 말해, 현대사회는 과학기술에서 얻은 객관적 지식을 토대로 사회질서를 유지하고 있기 때문에 현대사회에서 위험은 사회와 무관한 객관적 지식에 대한 것으로 정의되고, 그에 따라 정치적 영역을 빠져나와 전문가의 영역에 갇히게 되었던 것이다(Douglas, 1992). 가령, 최근 들어 환경오염에 대한 사회적 비난이 거센데, 이는 실제로 환경이 오염되었다는 사실 못지않게 개발 위주의 현대사회가 안고 있는 문제에 대한 가치판단이 크게 작용한 결과로 볼 수 있다. 이렇듯 현대사회에서도 위험은 사회질서의 유지(복원)이라는 기능과 역할을 유지하고 있다.

'격자-집단 모형(grid-group model)'은 문화적 접근의 대명사다. 이 모형은 유럽의 전통적 정치사상—즉, 위계적, 개인주의적, 분파적—에 기초한 것으로, 소속된 사회집단의 결속력과 구속력에 따라

격자-집단 모형

이 모형에서 격자(grid)란 조직의 개인에 대한 구속력 정도를, 집단(group)이란 조직의 결속력 정도를 각각 나타낸다. 그리고 집단과 격자를 두 축으로 삼아 네 가지 유형을 도출한다. 그리고 네 유형의 자연관이 다르기 때문에 환경위험에 대한 태도도 서로 다르게 나타난다.

네 가지 합리성

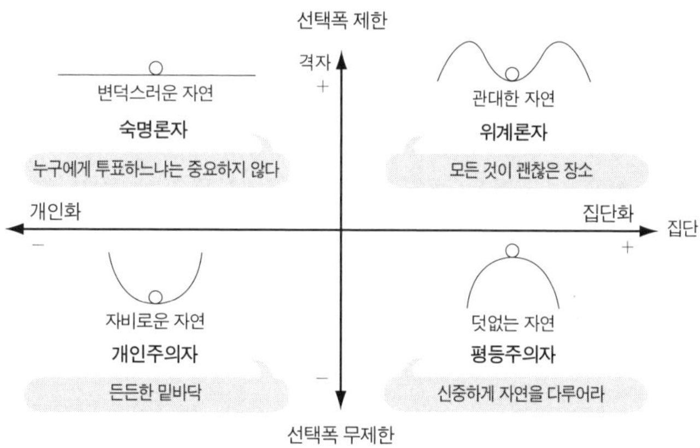

그림 8-1. 격자-집단 모형과 자연관.

위험을 달리 본다고 가정한다(그림 8-1). 가령, 환경문제에 대한 시민단체와 기업의 입장은 극단적으로 갈리고, 정부는 기업 편에 서면서 규제의 중요성을 강조한다. 이런 현상을 어떻게 이해할 것인가? 이 모델은 세 집단의 자연관이 서로 다르다는 점에서 그 이유를 찾는다. 즉, 평등주의자 시민단체는 자연을 허약한 대상으로, 자유주의자 기업은 안정화된 대상으로, 위계주의자 정부(공무원)는 관리가 필요한 대상으로 본다. 따라서 시민단체는 자연의 보호를, 기업은 개발을, 정부는 적절한 규제를 당연시한다.

인류학자 더글라스의 연구에 기초한 문화적 접근은 구조기능주의의 한계를 노출하고 있으며, 격자-집단 모형은 사회집단을 정태적으로 분류한 나머지 역동적 과정을 제대로 담아내지 못한다는 비판을 받고 있다. 이런 한계에도 불구하고 위험이 사회적으로 구성된다는 주장은 위험과 사회(문화)의 관계를 새롭게 조망할 수 있는 계기를 제공해 준다는 점에서 그 의미가 매우 크다.

3) 사회학적 접근

위험문제가 사회적 성격을 띠고 있다면, 사회학이 위험에 관심을 갖는 것은 당연하다. 실제로, 사회학자들은 매우 다양한 이론을 통해 위험문제를 다루고 있다. 여기서는 그중에서 특히 영향력이 큰 세 이론을 소개하고자 한다.

① 벡의 위험사회

현대사회의 놀라운 성공은 산업화(공업화)를 통해 가능했다. 세계는 말 그대로 '지구촌'이 되었고, 인류의 평균수명은 크게 늘어났고, 선진국들은 전례 없이 물질적 풍요를 누리고 있다. 반면에, 우리가 느끼는 위험의 강도도 더불어 커지고 있다. 신종 플루와 각종 테러, 원전사고, 기후변화 등 이전 시기에는 경험하지 못했던 수많은 위험이 우리를 둘러싸고 있다. 이런 딜레마를 어떻게 이해할 수 있을까?

표 8-1. 산업사회와 위험사회

	산업사회	위험사회
사회조직 원리	집산화(가족, 계급, 기업, 신분집단 등으로) + 전통	개인화 + 성찰성
불평등의 형태	사회적 계급지위	사회적 위험지위
핵심 갈등이슈/ 정의와 공정성의 핵심쟁점	희귀재화(부)의 분배	'해악(위험)' 의 분배
개인의 패러다임적 경험	기아	공포
집단의 잠재적 경험	계급의식	위험의식
유토피아적 추구의 대상	결핍의 제거	위험의 제거

* 자료: Scott(2000: 35).

독일의 사회학자 울리히 벡은 이런 질문에 답하고자 위험사회라는 개념을 제시했다. 그의 주장의 핵심은 현대사회가 '산업사회'에서 '위험사회'로 변하고 있으며, 그에 따라 사회의 작동원리가 근본적으로 뒤바뀌고 있다는 것이다(표 8-1). 산업사회에서는 산업(생산력)의 발전을 통한 빈곤의 퇴치가 중요한 과제였고 그 과정에서 계급갈등이 심화되었다면, 위험사회에서는 위험의 확대재생산에 따라 공포의 제거가 중요한 과제이고 이 과정에서는 위험갈등이 심화되었다.

위험사회의 도래는 산업사회의 실패가 아니라 놀라운 성공으로 말미암은 것이라는 벡의 관점은 무척 흥미롭다. 산업사회에서도 위험이 있었지만 그것은 부산물에 불과했다. 하지만, 위험사회에서는 위험이 더 이상 부산물에 그치지 않고 사회 전체를 위협하는 것으로 그 성격이 바뀌었다. 이런 변화는 전통적 사회제도를 무력화시키는 경향성을 띠는데, 사회제도의 재구성에 대한 요구로 이어진다. 가령, 현대사회에서 사회의 안전망을 보장하는 대표적 제도로는 보험과 과학을 들 수 있다. 전자는 피해를 보상해 준다는 점에서, 후자는 전문성에 기반하여 해결책을 제시해 준다는 점에서 중요하다. 그런데 기후변화와 같은 위험의 경우에는 부담이 너무 커서 보험은 무용지물이 되기 쉽고, 불확실성이 커서 과학은 해결책을 제때 내놓기 힘들다. 이와 같은 상황은 점차 늘어나고 있다. 따라서 전통적 사회제도에 대한 불신은 가중된다. 벡은 이런 조건이 우리에게 요구되는 것은 '탈근대(postmodern)'가 아니라 '성찰적 근대화(reflexive modernization)'라고 주장한다. 이때, 성찰성이란 반성(reflection)을 넘어선 자기-대면(self-confronation)을 말한다. 즉, 근대의 오류를 고치는 데서 그치는 것이 아니라 근대를 근대의 원래 정신에 비춰봄으로써 근대를 급진화하자는 것이다. 이렇게 함으로써 근대의 합리성을 살리면서도 근본적으로 다른 새로운 근대를 만드는 것이 가능해진다. 이런 점에서 위험사회는 위기이자 곧 기회를 내포하는데, 기회의 가능성은 '하부정치'에서 찾을 수 있다. 하부정치란 기존의 정치제도(예, 정당, 국회, 행정부 등)가 담아내지 못하는 시민들의 자발적 참여를 말하는 것으로, 대표적으로 NGOs의 활동을 꼽을 수 있다(벡, 1997; 기든스 외, 1998).

한국 사회의 경우에도 경제성장과 빈부격차가 여전히 핵심 주제로 남아 있지만 위험사회의 징후가 점차 강해지고 있다. 세계가 '지구촌'이 됨으로써 위험은 국경을 넘어서 전 세계로 확산되고 있기 때문이다. 우리가 '세계위험사회(world risk society)'에 관심을 기울여야 하는 이유이다. 가령, 2009년 멕시코에서 발생한 신종 플루(돼지독감)는 매우 빠른 속도로 퍼져나가면서 인류 전체를 공포로 몰아넣었고, 우리의 경우에도 예외는 아니었다. 여기서 한 가지 주목해야 할 점은 신종 플루의 위험은 일국이 아니라 국제사회가 함께 대응책 마련에 나섰다는 사실이다. 이처럼, 위험문제에 대한 국제사회의 영향력은 점차 커지고 있는데, 기후변화의 위험에 대한 국제사회의 노력을 떠올리면 쉽게 알 수 있다. 이런 현실은 위험을 둘러싼 국제적 정치제도화에 대한 관심을 촉구하며, 그에 비례하여 그린피스 등과 같은 국제 NGOs에 의한 하부정치의 중요성도 더욱 커지고 있음을 말해 준다(벡, 2010).

② 루만의 위험/위난 구분

2004년 위도의 방폐장 입지선정 문제에서 부안 주민들은 격렬하게 반대했던 반면, 2005년 경주 시민들은 왜 방폐장 유치에 적극 나섰던 것일까? 2008년 광우병 파동에서 왜 촛불시민들은 안전하다는 정부의 발표에도 불구하고, 미국소의 수입에 극심한 공포를 느꼈을까? 여러 대답이 가능하겠지만(가령, 방폐장의 경우에는 현금지원문제, 광우병의 경우에는 정부의 신뢰와 정치적 의도 등), 의사결정 과정의 참여 여부에 초점을 맞춰보면 흥미로운 함의를 얻을 수 있다.

독일의 사회학자 루만(N. Luhmann)은 사회체계이론으로 유명한데, 이는 사회를 인간주체가 아니라 체계(시스템)의 자기실현과정으로 본다. 사회의 발전이란 이런 체계의 기능적 분화와 자기완결성의 고도화를 의미한다. 서구 사회일수록 법, 경제, 정치, 과학 등 사회의 각 영역이 기능적으로 분화되고, 자율성이 높은 것은 이런 현상으로 풀이할 수 있다. 이런 일련의 과정은 커뮤니케이션을 통해 각 체계마다 의미체계가 확립함으로써 가능해진다. 하지만, 루만의 이론체계는 매우 어렵고 방대하기 때문에 여기서는 위험과 관련된 논의만을 국한적으로 다루고자 한다.

루만은 위험을 온전히 커뮤니케이션에 의해 비롯되는 사회적 현상으로 본다. 설령, 후쿠시마 원전사고가 발생했다고 하더라도 우리 사회에 그 소식이 전해지지 않는 한 그것은 위험으로 인식되지 않는다는 것이다. 환경에 실재하는 위협 그 자체가 아니라 사회 속에서 커뮤니케이션되고 있는 내용(의미)이 위험으로 구성되는 것이다. 그런데 그 내용은 의사결정(판단)에 따라 다른 의미로 받아들여질 수 있다. 의사결정에 참여한 경우와 그렇지 못한 경우로 나눠볼 수 있을 텐데, 이 두 경우에 있어서 위험의 내용에 대한 판단은 극단적으로 나뉠 수 있다. 전자의 경우에는 그 내용을 취사선택의 문제(주로, 비용-편익분석을 통해)로 구성하는 반면, 후자의 경우에는 수용불가한 문제로 구성한다. 우리는 내가 배제된 상태에서 이루어지는 의사결정에서 느꼈던 심리적 거부감을 쉽게 떠올릴 수 있다. 반대로, 매우 큰 위험 속에서도 기꺼이 그 결정을 따르는 경우도 어렵지 않게 접할 수 있다.

이런 위험의 이중성은 루만의 '위험/위난(risk/danger)의 구분'을 통해 이해할 수 있다. 의사결정의 참여 여부에 따라 동일한 해악(위해)이 수용가능한 위험과 수용불가능한 위난으로 구성되는 것이다. 따라서 부안 주민들은 정책결정 과정에서 원천적으로 배제된 채 수용을 강요당함으로써 방폐장을 위난으로 받아들여 격렬한 저항에 나섰던 반면, 경주 시민들에게는 정책결정 과정에 참여함으로써(주민투표가 형식적인 것에 그쳤지만) 방폐장을 위험으로 받아들여 금전보상을 조건으로 수용했다. 또한, 촛불시위에 참여한 시민들도 정부의 수입고시를 인정할 수 없었기 때문에 미국소가 위난으로 다가왔고, 그에 따라 공포가 극에 달했던 것이다(노진철, 2004; 노진철, 2010).

③ 페로우의 정상사고

원전과 같이 고위험(high-risk) 기술시스템의 절대적 안전을 보장할 수 있는 방법이 있을까? 현대사회를 지탱하고 있는 각종 기술시스템의 복잡성과 위험성이 빠르게 커지고 있는 현실을 감안할 때, 이 질문은 매우 중요하다. 이 질문에 대해서는 조직사회학의 분야에서 두 가지 대답이 제시되어 있다. 먼저, '거의 영(0)에 가깝게' 사고를 낮출 수 있다는 대답이 있는데, 미국의 정치학자 라 포르테(la Porte)가 이끄는 '버클리 그룹'의 고신뢰조직(HROs: high reliability organizations)으로 개념화되었다. 둘째, 그럴 수 없다는 대답이 있는데, 미국의 사회학자 페로우(C. Perrow)의 정상사고(normal accidents)로 개념화되어 있다. 여기서는 후자에 대해서만 간략하게 살펴보도록 하겠다.

정상사고란 일종의 시스템 사고로서, 원전과 같은 고위험 시스템은 정상적으로 가동되고 있는 상태에서 사고가 발생할 수 있음을 뜻한다. 이는 고위험 시스템의 경우에 사고를 피할 수 없음을 뜻한다. 페로우는 1979년 발생한 미국의 TMI(스리마일섬) 원전사고를 분석하면서 이런 사실을 알아냈다. 일반적으로 TMI 원전사고에 대한 원인으로는 운영요원의 실수와 안전장치의 미비 등이 꼽히지만 페로우는 이상한 점을 발견했다. 즉, TMI 원전사고에서 특별히 잘못된 점을 발견하지 못한 것이다. 그보다 처음에는 사소한 고장(보조급수펌프의 일시정지)이 발생했는데, 마치 '머피의 법칙'처럼 우연하게 여러 가지 문제점들(기계적, 제도적, 인적 차원의 악재들)이 겹치면서 순식

고위험 기술시스템의 세 가지 범주

페로우는 고위험 기술시스템의 지속여부를 둘러싸고 다음과 같은 세 가지 범주를 제시하고 있다.

1. 희망이 없고 포기되어야 할 기술시스템: 핵무기와 원전
2. 상당한 노력을 통해 위험을 줄일 수 있거나, 예상 편익이 너무 커서 위험을 감수할만한 기술시스템: 해상운송(유조선), DNA 연구 및 생산
3. 자체 수정과 노력을 통해 개선의 여지가 큰 기술시스템: 화학공장, 항공기 통제

간에 대형사고(국지적 노심용해melt-down)로 치달았던 것이다. 사고가 난 후에 수습 차원에서 사고의 원인을 되짚으면 그 원인을 알 수 있지만, 사고 당시에는 이 모든 악재가 한꺼번에 닥치기 때문에 도저히 손쓸 수가 없는 지경에 빠진다.

"대형사고는 일부 시스템에서 필연적이다…만약 조직이… '복잡하게 상호작용하고(complexly interactive)'… '팽팽하게 결합되어(tightly coupling)' 있다면, 작은 오류가 예상치 않은 방식으로 상호작용할 수 있고, 팽팽한 연결은 연쇄적으로 거대한 실패로 이어짐을 뜻하기 때문이다. …… 핵심은 우리가 아무리 열심히 〔예방〕하더라도, 복잡하게 상호작용하고 팽팽하게 결합된 시스템은 그 성격상 결국 대형참사를 불러올 것이라는 점이다"(Perrow, 1994: 216).

정상사고는 우리에게 어떤 교훈을 던져주는가? 안전장치와 안전관리를 획기적으로 높인다면 고위험 기술시스템의 대형사고를 예방

할 수 있다는 생각은 버려야 한다. 안전장치를 강화할수록 복잡성과 결합성이 더욱 커져서 사고의 가능성이 더 커지기 때문이다. 따라서 기술시스템을 지속시킬 것인가의 문제에 대한 진지한 고민이 요구되는데, 여기에는 과학적 합리성이 아니라 사회적 합리성이 더 요구될 수 있다(Perrow, 1999).

3. 위험에 대한 STS적 접근

지금까지 살펴본 이론적 접근들은 과학적 방법에 기초한 객관적 위험이라는 경계를 넘어서 사회과학의 영역으로 관심을 확장시켰다는 점에서 긍정적이라고 평가할 수 있다. 그렇지만 현대사회에서 위험과 과학기술의 관계는 핵심적이다. 따라서 사회적 성격과 요소로의 확장에서 멈출 것이 아니라 한 걸음 더 나아가서 과학기술과 사회를 모두 고려하려는 시도로 이어질 필요가 있다. 이는 곧 STS의 관점에서 위험문제를 바라볼 필요가 있음을 말해 준다.

최근 들어, 과학기술의 발전이 곧 안전보장이라고 신념이 약화되면서 과학기술이 곧 위험이라는 인식이 커지는 역설적 상황이 전개되고 있다. 호모 사피엔스(homo sapiens, 지혜로운 인간)이자 호모 파베르(homo faber, 도구적 인간)인 우리 인류는 지혜를 발휘하여(과학발전을 통해) 위험을 이해하고, 기술발전을 통해 위험을 통제해 왔다. 그 결과, 각종 자연재해와 질병에서 벗어나서 안전하고 고통이 덜한 삶을 살 수 있게 되었다. 이런 측면에서 과학기술은 위험의 해결사라 할 만하다.

그렇지만 최근 들어 전통사회의 그것과는 본질이 다른 성격의 위험이 급증하고 있다. 전통사회의 위험문제가 주로 자연에서 비롯된 것이라면, 현대사회의 그것은 인공물에서 비롯된다. 대형 정전사고, 원자력발전소사고, 독극물 유출사건, 지하철사고, 다리붕괴사고, 건물붕괴사고, 우주왕복선폭발사건, 지구온난화, 오존층파괴, 환경호르몬, 고엽제(agent orange), GMO 등이 그 예이다. 이런 까닭에 오늘날 위험을 '기술 위험'이라 부르기도 한다. 이런 양상은 과학기술이 위험의 해결사가 아닌 유발자임을 말해 준다.

현대사회에서 위험의 성격과 특징을 제대로 파악하기 위해서는 해결사이자 유발자로서 과학기술의 양면성을 고려할 필요가 있다. 이는 위험사회에서 위험문제 해결에서 전문성에 대한 의존성은 더욱 커지고 있지만 그 신뢰는 약해지고 있다는 소위 "벡의 패러독스"를 이해할 수 있게 해 준다(van Loon, 2002). 그 핵심에는 불확실성(uncertainty)이 자리 잡고 있다. 전반적으로, STS 학자들은 이 개념을 중심으로 위험문제에 접근한다고 볼 수 있는데, 이러한 노력은 과학기술과 사회의 미시적·상호작용적 관계를 충분히 반영하면서 과학적 합리성(전문성)과 사회적 합리성(민주성)을 함께 반영한 이론들과 실천방안의 도출로 이어졌다. 여기에서는 그중에 탈정상과학과 하이브리드 포럼(hybrid forum)에 대한 논의를 간략하게 살펴보도록 하겠다.

1) 탈정상과학

기후변화가 일어났을 때 당할 인류의 피해는 상상을 초월하지만 예방에도 천문학적인 비용이 필요하다. 기후변화를 정확하게 예측해야 하는데, 기후과학은 논란만 일으킬 뿐 아직 명쾌한 답을 내놓지 못하고 있다. 기후변화에 대한 과학지식의 불확실성이 매우 크기 때문이다. 기후변화뿐 아니라 GMO와 나노기술 같이 인류의 미래를 위협할 수 있는 신기술도 빠르게 늘고 있지만 우리의 예측능력은 여전히 불확실할 뿐이다. 이런 당혹스런 상황에서 우리의 선택은 무엇인가?

미국 출신의 과학사학자 제롬 라베츠(Jerome Ravetz)와 호주의 수학자 펀토비치(S. Funtowicz)는 이런 상황을 "사실은 불확실하고, 가치는 다툼의 대상이 되고, 이해관계(위험부담)는 크고, 결정은 긴급을 요하는" 현실로 진단한다. 이제 우리는 확실치 않은 과학적 사실을 통해 얻어낸 불확실한 예측을 놓고 인류의 명운을 건 힘든 판단(결정)을 내려야할 처지로 내몰리게 되었다. 이렇게 다급한 환경에 적합한 새로운 접근으로, 두 학자는 '탈정상과학(post-normal science)'이라는 개념을 제시했다(라베츠, 2007).

현대사회의 위험 대응전략은 '시스템 불확실성(systems uncertainties)'과 '판단에 따른 위험부담(decision stakes)'을 두 축으로 삼아 크게 세 가지로 나눌 수 있다. 응용과학과 전문가상담, 탈정상과학이 그것이다. 현대사회에서 두드러지는 것은 마지막인 탈정상과학 전략인데, 기존에 통용되던 과학에 기초한 전문성으로는 더 이상 문제해결이 불가능해 상태에서 새롭게 추구되는 전력이기 때문이다.

펀토비치와 라베츠는 탈정상과학 전략이 요구되는 시대적 변화에 주목하고, 그 핵심에 과학의 한계(불확실성)가 놓여 있음에 주목했다. 따라서 새로운 전략은 바로 이 문제, 즉 과학의 불확실성을 해결할 수 있어야만 했다. 그런데 더 많은 과학적 노력을 통해서 불확실

탈정상과학의 개요

먼저, 수평축(시스템 불확실성)은 다시 불확실성의 세 가지 수준으로 나뉜다. 기술적 수준에서는 부정확성이 문제가 되고, 방법론적 수준에서는 불신뢰성이 문제가 되며, 인식론적 수준에서는 무지가 문제로 부각된다. 그리고 수직축(판단에 따른 위험부담)도 세 가지 단계로 나뉘는데, 응용과학의 수준에서는 비용-편익의 최소화가 이루어지며, 전문가상담에서는 피해의 크기가 평균이상이며, 탈정상과학에서는 문명 전체가 피해의 대상이 된다. 이렇게 해서 크게 세 가지 해결전략을 설정할 수 있다.

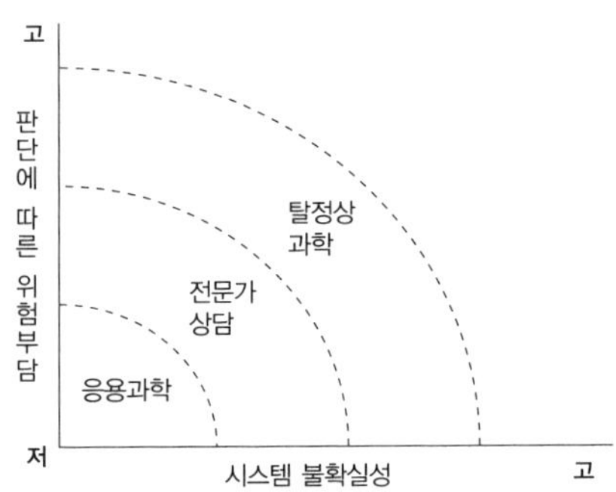

그림 8-2. 문제해결 전략의 세 가지 형태.

응용과학 전략이란 전통적 위험관리에 기초한 것으로, 위험평가를 통해 얻은 과학 사실을 위험관리정책에 효과적으로 사용할 수 있는 경우를 말한다. 위해요소집중관리(HACCP)를 통한 식품안전관리, 비교적 잘 확립된 허용기준을 통한 유해물질/독성물질 안전관리 등이 이 경우에 속한다고 할 수 있다. 전문가상담 전략이란 공학자나 의사처럼 전문가의 역량 발휘가 중요한 경우를 말한다. 가령, 삼풍백화점이나 성수대교와 같은 건축물의 안전문제를 다루거나 병원에서 환자를 다룰 때에는 실험실에서 얻은 지식을 그대로 적용해서는 곤란하고, 전문가의 경험에 기초한 판단과 대응이 매우 중요해진다. 마지막으로, 탈정상과학 전략은 기후변화와 핵폐기물 처분문제, 대형사고(유니언카바이드사의 보팔 독가스유출사고, 엑손발데즈 기름유출사고, 체르노빌 원전사고 등)와 같이 불확실성이나 피해의 정도가 너무 커서 앞의 두 전략으로는 해결이 어려운 경우에 필요하다(Funtowiz and Ravetz, 1992).

성을 해소할 수 있지 않을까라는 기대는 더 이상 할 수 없게 되었다. 우리가 처한 현실이 너무 긴박하여 빠른 결정이 요구되기 때문이다. 즉, 너무나 자주, 과학적 정보가 빈약한(soft) 상황에서 어려운(hard) 판단을 해야만 하는 상황에 처해 있다. 그래서 확장된 사실이 새로운 해결책으로 제시되었다. 과학적 사실만으로는 곤란하니 차선책으로 인류의 지혜를 총동원하자는 것이다. 확장된 사실이 정보로 제공되기 위해서는 정책결정의 참여집단도 과학기술 전문가로 국한되지 않고 확장된 공동체(extended communities)로 넓힐 필요가 있다(Funtowiz and Ravetz, 1992).

탈정상과학의 전략은 역사적 맥락에서 일종의 선거권의 확대로 해석할 수 있다. 현재, 이 개념이 적용되고 있는 대표적 양식으로는 시민배심원제도, 시민포사이트(citizen foresight), 합의회의 등을 꼽을 수 있다(Ravetz, 1999; Healy, 1999). 한편, 이런 접근이 과학의 권위 약화와 과학의 정치화를 초래할 수 있다는 우려도 없지 않다. 정책결정에서 전문가의 편향(한계)과 일반시민의 역량과 창조적 역할에 대해서는 PUS 분야에서 이루어진 연구 성과를 참고할 수 있다.

2) 하이브리드 포럼

탈정상과학은 위험문제의 해결에서 과학지식의 한계를 지적하면서, 그 부족한 부분을 사회적 요소를 통해 보충해야 한다는 입장에서 있다는 점에서 과학지식사회학(SSK)의 인식론에 근거한다고 볼 수 있다. 영국의 사회학자 윈(B. Wynne)은 SSK의 인식론을 위험문제에 적용한 대표적 학자라고 할 수 있다. 그는 영국 컴브리아 지방의 목양농(牧羊農) 사례를 통해 과학모델에 기초한 전문가들의 지식(전문지식)에는 한계가 있으며, 그와는 질적 성격을 달리하는 지역주민들의 지식(민간지식, 지역지식)이 존재한다는 사실을 보여 주었다. 그리고 전문가들의 실패는 지역주민들에게서 기원한 지식을 투입을 통해 방지될 수 있었다는 입장을 취한다(김명진, 2001).

조금 다른 맥락에서, 위험문제를 과학과 사회의 공동생산(co-production)이라는 관점에서 이해하려는 시도가 있다. 그 사상적 배경은 행위자-연결망 이론(ANT)과 미국의 STS 학자 자사노프(S. Jasanoff)의 사이보그 페미니즘(cyborg feminism)에 기초한다고 볼 수 있다. 여기서는 ANT의 입장을 주로 반영하여 관련 입장을 정리해 보도록 하겠다.

먼저, 위험은 결과이지 원인이 아니다. 이런 점에서 위험문제를 해결한다는 표현은 착각일 수 있다. 왜 그런가? ANT의 선구자 브뤼노 라투르에 따르면, 위험이 현대사회에서 창궐하는 이유는 '매개의 실천'과 '정화의 실천'이라는 2단계 작업을 통한 결과다. 우리가 흔히 과학기술의 발전이라고 하는 것은 이 세상에 존재하는 행위자들로 이루어진 행위자-연결망이 더욱 강력해지면서 새로운 인공물도 많이 만들어지고 있는 상태를 말한다고 할 수 있다. 이 과정에서 '인간적인 것(사회적인 것)'과 '비인간적인 것(자연적, 인공적인 것)'의 구분은 중요하지 않다. 하지만, 현대사회가 주로 관심을 보였던 영역은 '인간적인 것'이었다. (우리는 과학기술의 발전을 당연히 주어진 것으로 받아들이는 반면, 사회문제에는 민감한 반응을 보인다.) 따라서 현대사회를 가능하게 했던 것은 매개의 실천이었는데, 우리는 정화의 실천을 통해 엉뚱한 상상에 빠져 있었던 것이다. 위험은 바로 이런 실천의 불일치에 존재한다. 이것은 마치 우리 손으로 만들어낸 괴물의 존재를 애써 외면하다가 그 징후를 발견하고 느끼는 불안과 같은 것이라 할 수 있다.

그렇다면, 어떤 해결책을 생각해 볼 수 있을까? ANT의 또 다른 선구자인 칼롱은 불확실성을 다루기 위한 하이브리드 포럼의 조직을 제안한다. 이는 프랑스 근위축증협회(AFM)의 사례를 염두에 두고 있다. 이 협회는 근위축증 환자의 가족이 중심이 되어 결성된 것으로, 여타 조직과 가장 크게 다른 점은 질병 치료연구 과정에 직접 개입했다는 점이다. 근위축증에 관심을 보이지 않는 연구자들에게 자금지원을 통해 연구를 촉진하는 것은 물론, 자체적으로 연구에 나서기도 했다. 그 결과, 근위축증에 대한 과학지식을 축적할 수 있었고 병의 치료에도 커다란 성과를 낼 수 있었다. 또한, 협회는 텔레통(Téléthon)이라는 30시간의 TV 방송을 통해 모금은 물론 근육병에 대한 홍보를 진행하여 국민적 관심을 높이고 있다. 정리하면, 협회는 과학연구실에서 사회 전반에 이르기까지 불확실성(근위축증)을 제거하기 위해 필요한 모든 행위자들을 함께 묶기 위해 노력했고, 그 결과 놀라운 성공을 거둘 수 있었다. 칼롱은 협회와 같은 조직체를 하이브리드 포럼으로 정의했다.[1] 그는 또한 하이브리드 포럼의

1 하이브리드 포럼에 대한 보다 개념적 이해는 김환석(2011): 32~35쪽을 참조.

의미를 폭넓게 쓰고 있는데, 시민배심원제와 시민합의회의 등과 같은 시민참여제도도 여기에 속한다고 보고 있다.

4. 위험문제의 해결 과정에서 제기되는 주요 쟁점들

최근 들어 위험거버넌스(risk governance)에 대한 논의가 활발해지고 있다. 이는 거버넌스의 문제의식을 위험 영역으로 연장하여 위험문제의 사회적 해결능력을 높이기 위한 시도이다. 독일의 사회학자 렌(O. Renn)은 사전평가(pre-assessment), 위험평가(risk appraisal), 위험산정(risk evaluation), 위험관리(risk management), 위험커뮤니케이션(risk communication) 등을 주요단계로 하는 위험거버넌스 모델을 제시한 바 있다(Renn, 2008). 이 모델은 그동안 위험문제의 해결방식을 둘러싸고 벌어졌던 일련의 논쟁을 수용하고 있는데, 그것은 '사실과 가치의 이분법'과 '위험커뮤니케이션의 기능과 역할' 등이다. 이 쟁점들은 현대사회에서 위험문제의 성격을 이해하는데 있어서는 물론 해결방식을 결정하는데 있어서도 중요하기 때문에 따로 떼어내서 살펴볼 필요가 있다.

1) 사실과 가치의 이분법

위험평가에서 객관적으로 측정한 위험을 근거로 위험을 관리한다는 생각이 널리 펴져 있다. 이런 생각은 위험문제에 대한 정부의 체계적 접근의 필요성을 강조한 미국의 국가연구위원회(NRC)의 보고서—"붉은 책(Red Book)"으로 알려져 있다.—에서 구체화되었다

(NRC, 1983). 정부의 위험정책은 크게 위험평가와 위험관리로 나뉜다. 전자는 과학적 '사실'을 얻는데, 후자는 사회적 '가치'를 정책에 반영하는 데 목적이 있다. 가령, 발암물질인 다이옥신의 규제 정책을 생각해 보자. 먼저, 다이옥신이 발암물질인지, 그렇다면 얼마나 위험한지, 노출경로와 노출되었을 때 피해가능성 등에 대해 조사할 필요가 있다. 이런 과정을 위험평가라 하는데 위해파악, 용량/반응평가, 노출평가, 위험특성파악 등 4단계로 모델화한다. 그런데 이 과정은 순수하게 과학적인 것으로 사회적 요인이 개입되면 왜곡이 발생할 수도 있다. 반면에, 위험관리는 예방 및 규제정책의 과정으로 사회적 논란을 피할 수 없다. 가령, '델라니 조항(Delany Clause)'[2]에 따르면 다이옥신은 발암물질이기 때문에 전면 금지되어야 하지만, 쓰레기처리문제를 고려하면 문제가 복잡해진다. 쓰레기소각장을 짓기로 결정한다면, 다이옥신의 허용치를 둘러싸고 사회적 논란이 거세질 수밖에 없다. 지역주민들은 건강문제와 집값 하락을 우려하여 다이옥신에 대한 강력한 규제정책을 요구하는 반면, 정부와 운영기관에서는 그럴 필요까지 없다고 주장할 것이다. 이렇듯, 위험관리에서는 일정하게 사회적 가치를 반영할 수밖에 없지만, 위험평가에서 얻은 과학적 사실의 범주 내에서만 허용될 뿐이다.

STS의 많은 연구들은 사회와 무관한 '순수한' 과학지식이란 존재할 수 없음을 밝힌 바 있다. 위험평가의 과정은 '순수' 과학이라기보

---

2 뉴욕주 하원의원 제임스 델라니(James Delaney)의 이름을 따서 만든 조항으로 모든 발암물질을 금지하는 내용을 담고 있다. 1958년에 〈식품, 의약품, 화장품법〉에 개정 삽입되었다.

다는 '응용' 과학에 가깝기 때문에 사회적 가치의 개입이 더 클 수밖에 없다. 현실적으로 정부와 대기업은 위험평가에서 막대한 영향력을 행사한다. 정부는 국가정책에, 대기업은 자신의 이익에 유리한 방향으로 평가 결과를 이끌어내고자 한다. 가령 방폐장의 위험평가에서 정부는 평가위원회를 정부에 우호적인 전문가들로 채우는 방식으로 영향력을 행사한다. 담배회사도 전문가들에게 연구자금을 지원하는 방식으로 담배의 위험을 줄이려 한다. 이런 까닭에 '순수성'을 지나치게 강조하는 것은 과학(전문성)을 동원하여 목적을 달성하려는 의도를 감추기 위한 것이라 할 수 있다. 이런 조건은 전문가와 위험평가 자체에 대한 불신을 초래하여, 평가 결과가 사회적 갈등을 줄이기는커녕 더 확대시킬 수 있다.

이런 문제의식 속에서, 위험평가에 사회적 가치(관심)를 반영하기 위한 시도가 이루어지고 있다. 예를 들어 위험평가를 분석적-심의적(analytic-deliberative) 과정으로 보려는 시도가 있다. 이때 분석적이란 전문가에 의한 과학적 접근을 의미하고, 심의적이란 일반시민들에 의한 민주주의적 접근을 의미한다. 즉, 위험평가 과정에서 과학적 사실과 사회적 가치를 모두 반영하려는 노력인 셈이다(NRC, 1996). 또한 렌은 위험평가(appraisal) 과정에는 전통적 의미의 '위험평가(risk assessment)'는 물론 사회적 가치를 반영하는 관심평가(concern assessment)를 모두 포함해야 한다고 주장한다(Renn, 2008).

2) 위험커뮤니케이션의 기능과 역할

현대사회에서 위험커뮤니케이션의 중요성은 날로 커지고 있다. 2008년 미국산 수입 소고기 파동에서처럼 위험커뮤니케이션의 실패는 엄청난 사회적 혼란을 초래할 수 있다. 또한 2004년 만두 파동에서 보았듯이 "쓰레기 만두"라는 낙인효과에 따라 만두 회사 사장이 자살하고 만두 판매가 급감하는 등 만두 관련 업체들은 엄청난 손해를 감수할 수밖에 없었다. 그러나 위험커뮤니케이션에 대한 연구는 크게 주목 받지 못했고, 그나마 효과적 정보 전달을 위한 기능적 매뉴얼 개발이 주를 이루어 왔다. 최근 들어 위험문제에 대한 사회적 해결능력이 강조되고, 커뮤니케이션과 매체연구의 영향을 받아 위험커뮤니케이션에 대한 연구가 활발해지고 있다. 그에 따라 그 기능과 역할에 대한 '패러다임 전환'의 필요성이 제기되고 있다.

일반적으로 위험커뮤니케이션의 기능은 효과적 정보 전달로 인식된다. 그리고 그 역할은 정책결정이 이루어진 후에 그 내용을 시민들에게 효과적으로 전달하는 데 주어졌다. 따라서 위험거버넌스에서 위험관리의 하부 요소로 다뤄진다. 가령, 후쿠시마 원전사고가 발생했을 때, 정부는 전문가와 전문지식을 동원하여 방사능이 국내로 유입되지 않으니 안심하라고 발표했다. 심지어 근거 없는 불안심리에 빠지지 말라고 훈계하면서 '방사능 유언비어'를 강력하게 단속하겠다고 엄포를 놓았다. 그러나 방사능은 국내에 유입되었으며, 정부와 전문가에 대한 불신은 더욱 커졌다. 이 사례에서 정부의 위험커뮤니케이션은 정책을 관철시키기 위한 수단이며, 전문가 위주의 계몽적이고 일방향적 성격을 띠고 있다.

앞에서 살펴본 위험인식과 루만의 위험/위난 구분 등은 위험커뮤니케이션에 대한 새로운 시각의 필요성을 제공해 준다. 전문가와 일반시민(주민)은 같은 위험에 대해 서로 다른 판단을 할 수 있으며, 정책결정 후에 이루어지는 정보 전달 위주의 위험커뮤니케이션은 이해당사자들로부터 반발을 불러일으킬 수 있기 때문이다. 정부나 기업이 자신들의 목표를 위해 일방적으로 진행하는 위험커뮤니케이션은 시민들의 반발을 불러오고, 이런 위험커뮤니케이션의 실패는 정부와 해당 기업에 대한 신뢰를 약화시키는 결과를 낳을 수 있다. 따라서 시민들의 관심과 이해관계를 충분히 고려한 위험커뮤니케이션의 필요성이 강조되었다.

STS의 연구, 특히 PUS(과학의 대중이해)는 과학커뮤니케이션에서 결핍모형을 맥락모형으로 바꿀 필요성을 설득력 있게 제시했는데, 이로부터 위험커뮤니케이션의 성격을 새롭게 이해할 수 있는 길이 열렸다(김명진, 2004; 박희제, 2004). 또한, 위험거버넌스에서 위험커뮤니케이션의 실제적 기능과 역할에 대해서도 보다 잘 이해할 수 있게 되었다. 가령, 위험커뮤니케이션은 이타적인 커뮤니케이터(주로 전문가)에 의해 객관적인 정보를 대중에게 전달하는 것이 아니라 "도덕적 · 정치적 · 제도적 · 실천적 고려" 속에서 참여집단의 이해관계를 반영하는 "본질적으로 정치적 성격을 띤다"(Kasperson and Stallen, 1991: 1). 또한, 위험커뮤니케이션은 정보의 내용보다는 정보원(정부기관, 전문가, 언론매체 등)의 신뢰가 더 중요하며, 성공한 위험커뮤니케이션이란 "관련 쟁점이나 행동에 대한 이해수준이 향상되고, 이용 가능한 지식의 한계 속에서 관련자들이 적절하게 정보를 제공받았다고 만족하는 정도"라고 할 수 있다(NRC, 1989: 26).

현재, 위험커뮤니케이션에 대한 연구는 단순한 정보 전달이 아니라 시민참여를 적극적으로 보장하기 위한 방안 마련을 향해 나가고 있다. 이를 위해 합의적, 쌍방향적, 숙의적 성격의 위험커뮤니케이션을 현실화하기 위한 노력이 이루어지고 있다.

5. 향후 과제

위험은 그 탄생에서부터 현대(근대)사회와 밀접한 관련을 맺고 있었다. 하지만 최근의 위험은 이전과는 그 성격을 달리하는데, '기술위험'이라는 용어가 이를 잘 보여 준다. 현대사회에서 위험은 과학기술의 발전과 밀접한 관계를 맺고 있는데, 이런 점에서 위험은 '사회-기술적 문제(socio-technological problems)'로 규정할 수 있다. 이는 곧 사회-기술적 해결(solutions)의 필요성을 말해 준다. 그동안 STS는 과학과 사회의 공동생산에 많은 관심을 기울여 왔고, 적지 않은 성과를 냈다. 하지만 위험문제에 대한 STS의 관심은 이제 막 시작되었을 뿐이다. 앞으로의 활약을 기대해 본다.

향후 과제는 개념적·이론적 측면과 실천의 측면으로 크게 나눠서 생각해 볼 수 있다. 먼저 개념적·이론적 과제는 STS의 문제의식을 연장하여 위험문제의 성격을 보다 새롭고 풍부하게 이해하는 것이 될 것이다. 이를 위해서는 불확실성을 사회적으로 해결해 나가는 과정에 대한 다양한 사례를 검토할 필요가 있을 것이다. 또한, 전문성의 정치라는 관점에서 위험이 권력으로 작동하는 방식에 대한 푸코식의 문제의식에도 관심을 기울일 필요가 있을 것이다. 그리고 실천적 과제는 시민참여의 효과적 방안을 마련하는 것이다. 이미 STS에서 제시되어 있는 다양한 시민참여제도를 위험문제에 효과적으로 연장하는 방안에 대한 검토가 필요할 것이다.

더 생각해 볼 문제

1. 과학기술은 우리의 안전을 보장해 주는 것으로 인정받아 왔다. 그러나 과학기술이 고도로 발전한 현대사회에서는 과학기술이 우리를 위험에 빠뜨린다는 생각이 퍼져나가고 있다. DDT, 플라스틱, 지하철, 식품첨가물(MSG) 등을 예로 들어 왜 그런지 생각해 보자.
2. 2008년 미국산 수입쇠고기에 따른 광우병 파동 때, 광우병 수입소의 위험이 지나치게 과장되어 여론을 호도했다는 주장이 있었다. 이 주장에 대해 어떻게 평가할 수 있는지 생각해 보자. 그리고 인지된 위험에 대한 이해가 정책적으로 어떤 중요성을 지니는지도 함께 생각해 보자.
3. 위험사회는 위험한 사회를 뜻하는 것을 넘어서서 보다 구조적 차원에서 위험이 확대재생산되고 있음을 지적한다. 이런 관점에서 현대사회가 위험해졌다는 것은 어떤 의미를 지니는지 생각해 보자.
4. 원전이나 GMO와 같은 기술시스템이나 인공물은 너무 복잡하여 사고를 예방하거나 그 영향을 미리 알기가 매우 힘들다. 이런 점에서 정상사고와 탈정상과학은 매우 유용한 관점이라 할 수 있는데, 그 이유를 생각해 보자.
5. 불확실한 세상에 살고 있는 우리는 전문가에 기댈 수밖에 없다. 그런데 전문가들은 자신들의 연구에만 몰두할 뿐, 우리를 대변해 주지는 않는다. 이런 현실에서 하이브리드포럼은 위험문제 해결책으로 어떤 역할을 할 수 있을지 생각해 보자.

〈심화학습을 위한 자료〉

- 기든스, 앤서니·벡, 울리히·래쉬, 스콧, 임현진·장일준 옮김(2010), 『성찰적 근대화』, 한울.
- 벡, 울리히, 홍성태 옮김(1997), 『위험사회: 새로운 근대(성)를 향하여』, 새물결.
- 이영희(2011), 『과학기술과 민주주의: 시민을 위한, 시민에 의한 과학기술』, 문학과지성사.
- 임경순, 김춘식, 송성수 외(2013), 『과학기술과 환경 그리고 위험커뮤니케이션』, 한국학술정보.
- 라투르, 브뤼노 외, 홍성욱 엮음(2010), 『인간·사물·동맹: 행위자네트워크 이론과 테크노사이언스』, 이음.
- 슬로빅, 폴, 이영애 옮김(2012), 『일반인을 위한 위험판단심리학』(개정판), 시그마프레스.

9장

과학기술과 시민참여

이 영 희

이영희(가톨릭대학교 사회학과 교수)

연세대학교 사회학과를 졸업하고 동대학원에서 박사학위를 받은 뒤 과학기술정책연구원 선임연구원을 거쳐 현재 가톨릭대학교 사회학과 교수로 재직하고 있다. 대통령자문 지속가능발전위원회 전문위원, 시민과학센터 소장, 한국과학기술학회 회장 등을 역임하였고 현재는 한국비판사회학회 부회장을 맡고 있다. 과학기술과 사회, 과학기술에 대한 민주적 통제, 전문성의 정치와 과학기술 시티즌십 등이 주요 연구 관심 주제이다. 지은 책으로는 『포드주의와 포스트 포드주의』, 『과학기술의 사회학』, 『과학기술과 민주주의』, 『과학기술·환경·시민참여』(공저), 『통섭과 지적 사기』(공저) 등이 있으며, 옮긴 책으로는 『과학과 사회운동 사이에서』(공역)가 있다.

* 이 글은 이영희(2011)에 수록된 논문들을 일부 편집한 것이다.

현대 사회에서 급속도로 발전하고 있는 과학기술은 시민사회에 다양한 사회적·윤리적 문제(환경, 인권, 고용, 성차별 등)를 야기하고 있으며, 이에 따른 사회적 갈등과 논쟁이 계속 증가하고 있는 상태이다. 유전자변형식품의 안전성, 생명복제의 윤리성, 정보화로 인한 개인 프라이버시침해 가능성, 원자력발전소 및 핵폐기물의 안전과 생태계에 미치는 영향, 환경호르몬이 인체에 미치는 영향 등이 현재 그러한 사회적 갈등과 논쟁을 야기하는 대표적인 과학기술적 이슈들이다(김명진, 2001; 강양구, 2006; 강윤재, 2011).

그런데 이와 같이 과학기술이 야기하는 사회적 논쟁의 대부분은 전문가 대 비전문가(시민)라는 구도로 진행되는 바, 이러한 논쟁의 과정에서 일반 시민들은 '전문가집단의 자기 이해관계 및 권위적 태도'를 문제시하는 반면 전문가들은 시민들이 '무지에 기초한 불필요한 오해와 억지'를 부리고 있다고 서로를 불신하고 비난하는 경향이 있다. 그러나 우리가 성숙된 시민사회를 만들어 나가기 위해서는 무엇보다도 이러한 전문가와 비전문가(시민) 사이의 불신과 잘못된 대립을 해소하는 것이 필요하다. 이를 위해서는 전문가들과 일반 시민들 사이의 토론과 대화를 제도화하는 것이 매우 중요하다. 특히 과학기술은 모든 사회구성원들에게 영향을 미치게 된다는 점에서 사회적 공공성을 가지고 있다. 그렇기 때문에 전문가들만이 과학기술에 대한 중요한 정책결정과정을 독점하는 것이 아니라, 비전문가(시민)집단과의 상호학습적인 토론을 통해서 과학기술이 야기하는 사회적 문제에 대한 정확한 진단과 해결책을 공동으로 모색하는 것이 요구된다. 그럼에도 불구하고 현대사회가 기술적으로 복잡해져감에 따라 전문가주의는 갈수록 강화되는 반면 민주주의는 상당히 위축되는 우려할만한 상황이 계속되고 있다(듀이, 2010).

지금까지 우리나라 과학기술정책의 입안과정을 보더라도 사회구성원들에게 직접적으로 영향을 미치는 과학기술 사안에 대해서조차도 시민들의 참여는 거의 보장해 주지 않고 전문가와 기술관료들이 정책결정과정을 독점하다시피 하였음을 알 수 있다. 이처럼 우리나라 과학기술정책이 갖는 '엘리트주의적' 성격은 과학기술정책을 기본적으로 산업의 경쟁력을 향상시키기 위한 경제정책, 혹은 산업정책의 하위분야로만 인식하는 '효율지상주의적' 개발논리와 결합되어 과학기술정책에 대한 시민참여를 더욱 어렵게 하는 요소가 되었다.

그러나 이제 우리나라에서도 과학기술이 시민들의 일상적인 삶에 커다란 영향을 미친다는 점이 분명하게 알려지면서 과학기술정책에 대한 시민참여의 욕구는 그 어느 때보다도 높아지고 있다. 사실 서구에서는 이미 1970년대부터 과학기술에 대한 중요한 정책결정과정에 시민들이 직접적 혹은 간접적으로 참여하는 것이 하나의 관행으로 굳혀져 있는 상태이다. 이러한 과정에서 서구에서는 과학기술정책에 대한 시민참여의 다양한 실험들이 이루어진 바 있고, 그중 일부는 지속성을 갖는 제도로 정착되기도 하였다.

1. 과학기술 시민참여의 배경

1) 과학기술(자)에 대한 대중적 신뢰의 하락

제2차 세계대전 이후의 고도 경제성장 시기에는 과학기술의 발전에 대해 대체로 별다른 의문이 제기되지 않았다. 오히려 대다수의 사람들에게 있어 기술의 발전은 인류에게 물질적 풍요와 건강, 그리고 미지세계의 정복을 가져다주는 진보의 상징이었다. 그러나 1960년대에 들어와 과학기술의 잠재적 위험성에 대한 사회적 인식이 확산되면서 과학기술은 사회진보를 가져온다고 보았던 전통적인 진보에 대한 신념이 약화되기 시작하였다. 기술발전은 이제 이웃들을 위협하는 환경문제들을 일으켰고, 성장을 촉진하기 위해 소에게 투여한 약물은 암을 발생시켰으며, 효율적인 것으로 보이는 산업의 생산공정은 노동자들의 건강을 크게 위협하고 있음이 밝혀졌다. 이미 1962년에 레이첼 카슨이 당시 첨단 과학기술의 산물로 여겨지던 '꿈의 살충제' DDT가 사실은 자연생태계의 먹이 사슬을 파괴해서 자연에 치명적인 해악을 가져온다는 점을 지적한 책 『침묵의 봄』이 사람들 사이에서 널리 읽히게 되면서 과학기술이 초래할 수 있는 부정적인 효과들에 대한 사회적 인식이 확산되기 시작하였다(김명진, 2008). 아울러 1960년대 후반부터 시작된 베트남전쟁에서 첨단 과학기술을 활용한 대량살상무기들이 사용되는 것이 알려지면서 진보의 상징으로서의 과학기술(자)에 대한 지금까지의 대중적 신뢰는 급격하게 하락하기 시작하였다. 이러한 과학기술(자)의 '정당성 위기(the legitimation crisis)'는 과학기술(자)에 대한 대중들의 의견조사 결과에도 반영되어 나타났다. 1970년대에 이루어진 많은 여론조사 결과들은 절대적인 수준에서 볼 때 여전히 다수는 과학기술에 대한 신뢰를 유지하고 있지만, 상대적으로 볼 때 과학기술에 대한 대중들의 신뢰수준은 그 이전에 비해 저하하고 있음을 보여 주었다(Goggin, 1986).

이러한 과학기술(자)에 대한 대중적 신뢰의 하락은 특정한 기술개발 계획들의 진행을 저지하고 과학기술정책 결정에 시민대중의 참여를 증가시키려는 정치적 노력들을 가져왔다. 직접행동을 통한 저지 및 봉쇄의 대표적인 예로는 낙태반대운동과 동물권리운동을 들 수 있다. 1970년대에 미국에서는 낙태반대론자들은 태아연구에 대한 연방정부의 자금지원을 봉쇄했고, 빠른 속도로 성장한 동물권리운동은 생의학 연구의 관행에 규제와 제약을 가져왔다. 이와 아울러 과학기술 문제에 대한 의사결정과정, 즉 과학기술정책 결정과정을 과학기술 전문가들의 손에만 맡겨둘 수 없다는 인식이 확산되면서 과학기술정책 결정과정에의 시민참여가 활발히 추구되기 시작하였다(Mitcham, 1997).

2) 기술관료주의 비판과 '기술시민권' 사상의 확산

앞에서 살펴본 과학기술(자)에 대한 대중적 신뢰의 하락은 당시 막강한 위세를 떨치고 있던 기술관료주의(technocracy)에 대한 비판을 불러일으켰다. 기술관료주의란 기술적 교육을 받은 전문가들이 자신들의 전문지식을 이용하여 지배하는 행정체계이며 공공적 정책결정의 메커니즘을 의미한다. 기술관료들은 통상적으로 시민대중이 비합리적이고 전문성이 결여되어 있기 때문에 공공적 의사결정에 참여해서는 안 된다고 주장하는 경향이 있다. 이미 미국과 유럽에서는 20세기 초반부터 기술적 전문가들이 단지 정부에 자문하는 역할만이 아니라 스스로가 정부기구의 한 부분으로 제도화되어 현대 관료주의의 핵심을 이루고 있었다.

그런데 특히 기술관료주의를 집중적으로 비판하였던 1960년대 후반의 반문화-반체제운동을 계기로 하여, 사람들의 삶에 중요한 영향을 미치는 기술적 의사결정과정을 소수의 기술관료와 전문가들에게 맡겨두지 말고 그러한 결정으로부터 영향을 받게 될 당사자로서 일반 시민들도 참여해야 한다는 대중적 참여주의의 논리가 확산되기 시작하였다(Feenberg, 1999). 이러한 기술정책의 결정에 대한 대중적 참여주의의 논리는 근래 '기술시민권(technological citizenship)' 사상으로 새롭게 자리매김되고 있다. 일반적으로 시민권이라는 개념이 국가에 의해 통치되는 일정한 영역 내에서의 개인의 사회구성원으로서의 자격요건, 참여기회, 지위 등의 공평성을 의미하는 것처럼, 기술시민권이라는 개념도 '기술사회'에서 기술정책결정과 관련하여 사회구성원들이 향유해야 하는 참여의 권리와 의무를 말한다. 기술시민권은 권리 차원에서 크게 첫째, 지식 혹은 정보에 대한 접근권리, 둘째, 기술정책결정과정에 대한 참여의 권리, 셋째, 의사결정이 합의에 기초해야 함을 주장할 권리, 넷째, 집단이나 개인들을 위험에 빠지게 할 가능성을 제한시킬 권리 등으로 구성된다. 기술시민권은 이러한 권리적 요소들과 함께 의무적 요소들도 내포하고 있다. 기술시민권 개념에 포괄되는 의무적 요소들로는 첫째, 자신의 안전 확보를 위해 과학기술적 지식을 학습하고 활용해야 할 의무, 둘째, 국가의 위험관리를 위한 다양한 단계들에 적극적으로 참여해야 할 시민적 의무, 셋째, 자신을 둘러싼 과학기술에 대한 시민적 성찰과 판단을 내려야 할 의무와 책무 등이 지적된다(Frankenfeld, 1992).

요컨대 기술시민권은 과학기술 관련 의사결정에 대한 참여의 권리와 더불어 그러한 참여를 내실 있게 할 수 있는 과학기술적 학습과 성찰, 그리고 자신이 살고 있는 사회의 과학기술적 문제들에 대한 실천적인 관여(engagement)의 의무를 강조하는 개념으로써, 과학기술이 사회적으로 점점 더 중시되는 현대 과학기술사회의 시민으로서 살아가는 데 필요한 새로운 시민권 개념이라고 할 수 있다. 결국 기술시민권이라는 용어는 시민참여를 통해 기술에 대한 민주적 통제를 추구하는 개념적 장치로 기능하게 된다. 이러한 점에서 볼 때 기술시민권을 구성하는 권리와 의무의 여러 요소들은 사실 서로 결합되어 있지만, 여기에서 가장 중요한 것은 시민들이 중요한 기술상의 의사결정과정에 어떠한 형태로든지 참여함으로써 기술이 보다 민주적인 방향으로 전개될 수 있도록 영향력을 행사한다는 점이다. 즉, 기술의 사회적 형성과정에 보다 시민적이고 민주적이며 생태친화적인 가치들을 부여함으로써 기술 발전에 대한 민주적 통제를 꾀하는 것이다. 이러한 기술시민권 개념은 현재 일부 STS 연구자들에 의해 과학기술정책에 대한 기존의 전문가 독점구조를 깨고 과학기술정책의 형성과정에 이해당사자로서 시민들도 일 주체로 참여해야 한다는 '시민과학(citizen science)'론으로 발전되고 있다(이영희, 2000; 어윈, 2011).

3) 공공정책의 정당성과 효과성 문제

앞의 두 가지가 공공의 관점에서 본 시민참여의 배경요인이라면, 정책결정자/집행자의 관점에서도 시민참여의 필요성이 제기된다. 그것은 바로 정책의 정당성(legitimacy)과 효과성(effectiveness)의 문제이다. 이 둘은 밀접하게 연결되어 있는데, 특히 사회의 민주화가 진전될수록 이의 중요성은 증대된다. 공공정책의 효율성(efficiency)이란 주로 정책의 결정과 실행에 있어서의 신속성을 의미한다. 따라서 효율성 논리를 떠받드는 권위주의 정치·행정체제 하에서는 공공정책을 입안하고 실행할 때 정책의 정당성과 그에 대한 사회적 신뢰의 크기가 그다지 중시되지 않는다. 기술관료들은 그냥 "결정하고, 선포하고, 밀어붙이면" 되었기 때문이다. 꼭 필요할 경우에만 사후적으로 시민들을 설득하는 절차를 밟았을 뿐이다. 그러나 사회의 민주화가 진전되면서 이제 효율성 논리보다는 정당성과 효과성 논리가 더욱 중요해진다(주성수, 2006; 박재창 외, 2009).

여기서 정당성이란 주로 절차적 정당성을 말하는데, 공적 의사결정과정이 얼마나 개방적이며 민주적인가 하는 문제와 관련되어 있다. 즉 공적 의사결정과정이 개방적이고 민주적일 경우 그 의사결정의 정당성이 확보될 수 있는 반면, 아무리 신속하고 효율적인 의사결정이라고 하더라도 의사결정과정이 비민주적이었다면 그 의사결정의 정당성은 그만큼 훼손되는 것이다. 한편 효과성이란 결정된 정책이 원래의 의도대로 잘 집행되어 소기의 성과를 거두는 것을 의미한다. 그런데 민주화된 사회에서 공공정책의 효과성은 시민대중의 적극적인 이해와 협조가 없이는 성취될 수 없기 때문에, 정책결정과 실행과정의 정당성 제고가 무엇보다도 필요하게 되는 것이다. 따라서 시민참여를 기반으로 만들어진 정책은 정치적 정당성과 정책집행의 효과성을 제고시키는 효과도 거두게 된다(Brooks, 1984). 사실 우리나라의 경우에도 그동안 많은 과학기술정책들이 시민사회의 저항에 부딪혀 많은 애로를 겪은 바 있는데, 이 역시 정책에 대한 정당성 획득의 실패에서 기인한 것이었다.

미국과 유럽에서 1970년대 이후 과학기술정책 분야에서도 시민참여가 확산될 수 있었던 것은 한편으로는 시민참여에 대한 사회적 요구가 증대되었기 때문이지만, 다른 한편으로는 정부에서도 이제 더 이상 효율성의 논리만 가지고는 공공정책에 대한 사회적 수용도를 높일 수 없다는 점을 인식하여 그러한 시민참여에 대한 사회적 요구들을 적극적으로 받아들이게 되었기 때문이다.

2. 과학기술 시민참여의 모델들

1) 시민참여의 유형

앞에서 살펴본 바와 같이 과학기술은 일반 시민들의 삶에 지대한 영향을 미치기 때문에 일찍부터 서구에서는 과학기술에 대한 시민사회의 참여모델들이 다양하게 발전되어 왔다(Kleinman, 2000). 소극적인 참여에서부터 적극적인 참여에 이르기까지, 비공식적인 참여로부터 공식적인 참여에 이르기까지, 그리고 간접적인 참여로부터 직접적인 참여에 이르기까지 과학기술에 대한 시민참여 모델들은 실로 다양한 스펙트럼을 보여 주고 있다. 구체적으로 보면 시위나 집회, 피켓팅과 같은 사회운동적 참여행동에서부터 합의회의, 시민배심원회의(citizens' jury), 투표 등과 같은 제도적 참여행위에 이르기까지 참여의 방식은 매우 다양하다. 물론 사회운동적 참여행동도 매우 중요한 시민참여의 한 방식임에는 틀림없지만(한재각·장영배, 2009) 이 글에서는 제도화된 시민참여 방식들에 논의를 국한하고

표 9-1. 과학기술 시민참여의 방식들

참여모형	참여자들의 특성	소요기간	특징/메커니즘
국민(주민) 투표	국가, 또는 지역의 전 인구가 참여할 수 있음. 실질적으로는 이들 중에서 일부분만 참여.	투표하는 시간만 필요	투표는 보통 두 가지 선택지 중에서 하나를 선택하는 것으로, 모든 참여자들이 동일한 영향력을 갖고, 최종 결과는 구속력을 부여받음.
공청회/청문회	관심 있는 시민들이 참여하며, 공간의 크기에 따라 참여자 수가 제한됨. 진정한 참여자는 발표를 하는 전문가와 정치인들.	몇 주에서 몇 년이 걸릴 수도 있음. 일반적으로 주중, 근무시간에 개최됨.	공개 포럼에서 관련 기관이 발표를 함. 시민들은 의견을 피력할 수는 있지만, 결과에 직접적인 영향을 주지는 못함.
여론조사	수백, 수천 단위의 대규모 표본이지만, 보통은 관심 있는 인구집단이 표본이 됨.	일회성을 갖는 이벤트로 몇 분 정도 소요.	서면이나 전화를 통해 수행하며 다양한 질문들을 포함함. 정보수집을 위해서도 활용.
위원회	일반시민이 아니라 시민사회단체의 대표가 주로 참여함.	다양	정부의 공공정책과정에 참여하여 의견제시.
규제협상	이해당사자 집단들을 대표하는 소수가 참여하며, 시민대표를 포함할 수도 있음.	불확실하지만, 최종기한을 엄격하게 설정하는 것이 보통. 4개월-8개월(수 일에 걸쳐 몇 차례의 회합 개최).	이해당사자 대표들(및 주관기관)의 교섭위원회에서 협상. 특정한 문제(보통 규제)에 대해 합의가 요청됨.
합의회의	가능한 한 일반 시민대중을 대표할 수 있는 (해당사안에 대한 지식이 없는) 10명에서 16명의 시민을 자원자 중에서 선발.	주제에 대해 시민패널들에게 정보를 제공하기 위해 사전 설명과 강의가 필요하고, 본회의는 3일 동안 열림.	시민패널이 독립적인 간사의 도움을 받아 작성한 질문들을 전문가들에게 던짐. 회의는 개방되어 있음. 핵심 질문들에 대한 결론은 보고서나 기자회견을 통해 발표됨.
시민배심원/시민패널	일반적으로 독립적인 주관기관이 무작위로 선발한 12~24명의 일반시민. 지역주민을 대표할 수 있도록 신경 씀.	준비기간은 통상 3~4개월 정도 소요되고, 일반적으로 4일에서 5일 정도의 회의.	시민패널이 독립적인 간사의 도움을 받아 작성한 질문들을 전문가들에게 던짐. 비공개가 일반적이며, 핵심 질문들에 대한 결론은 보고서나 기자회견을 통해 발표됨.
공론조사	인구통계적 대표성을 갖는 표본 300~400명	3개월 정도	기존의 여론조사와는 달리, 1차 의견조사를 한 다음 300~400명의 표본을 무작위로 추출하여 충분한 정보제공 및 전문가들과의 토론과정을 거친 후 다시 의견조사를 함.

자 한다. 현재 과학기술정책 결정과정에서 활용되는 제도화된 시민참여의 대표적인 모델로는 국민(주민)투표, 공청회/청문회, 각종 위원회, 여론조사, 위원회, 공론조사, 규제협상, 합의회의, 시민배심원/시민패널, 공론조사 등을 들 수 있는데, 이들 각각의 특징에 대해 간략하게 정리하면 표 9-1과 같다.[1]

이처럼 과학기술에 대한 시민참여 방식들은 제도적 참여방식에 국한해도 그 형태는 매우 다양하다. 일반 시민들이 직접 참여하는 방식이 있는가 하면 시민사회단체의 대표들에 의한 참여 방식도 있다. 또한 여론조사처럼 참여자들의 선호를 일순간에 단순하게 취합하는 방식이 있는가 하면 참여자들이 보다 오랫동안 심사숙고의 과정을 거친 다음에 선호를 결정하게 하는 방식도 있다. 이처럼 제도적 시민참여의 방식은 첫째 참여의 주체가 누구인가, 즉 일반 시민인가, 엘리트 시민(시민사회단체의 대표자들)인가, 둘째 시민들의 참여 방식은 어떠한가, 즉 선호 취합(preference gathering)인가, 숙의(deliberation)인가의 여부를 기준으로 보면 표 9-2의 A, B, C와 같은 세 가지 방식이 주로 도출된다(괄호 안은 그 대표적인 방식들을 예시한 것임).

예컨대 일반 시민들을 대상으로 하는 여론조사나 투표(A 방식), 또는 공청회, 위원회, 규제협상 등을 통한 시민사회단체 대표들의 참여(B 방식)도 제도화된 시민참여의 방식들이다. 그러나 시민사회단체 대표들의 참여는 그 자체 의미가 없는 것은 아니지만 일반시민들의 직접적인 참여가 아니라 시민사회단체의 대표와 같은 '엘리트 시

1 이들 각각의 시민참여 모델에 대한 보다 자세한 내용은 참여연대 시민과학센터(2002)를 참고하기 바란다.

표 9-2. 제도적 시민참여의 방식들

	일반시민	엘리트 시민
선호취합 방식	A(여론조사, 투표)	B(공청회/청문회, 위원회, 규제협상)
숙의적 방식	C(합의회의, 시민배심원회의, 공론조사)	

민'의 참여라는 점에서 진정한 의미의 시민참여라고 하기에는 무리가 있다. 아울러 여론조사나 투표 등을 통한 참여는 보다 많은 수의 시민들의 참여를 끌어낼 수 있다는 장점을 지니고 있지만, 특정 시점에서 고정된 시민들의 선호를 단순 취합하는 데 머물고 만다는 점에서 커다란 한계를 지니고 있다. 바로 이러한 한계로 인해 일반 시민들에 의한 숙의적 방식의 시민참여(C 방식)가 중요하게 떠오르는 것이다.

숙의는 참여자들이 학습과, 토론, 그리고 성찰을 통해 자신들의 판단, 선호, 관점을 변화시켜 나가는 동태적인 과정이다. 특히 이러한 선호의 전환이 강제, 위협, 상징 조작, 기만이 아닌 토론과 논변에 기초한 설득과 상호학습을 통해 일어난다는 점이 큰 특징이다(조현석, 2006). 따라서 숙의에 기반을 둔 시민참여는 특정 시점의 정태적인 선호 취합을 목적으로 하는 투표나 여론조사 등을 통한 시민참여와는 현격한 차이를 보여 준다고 할 수 있다. 이러한 점을 감안하면, 특히 기술적 비전문가들인 일반 시민들이 기술적 사안들에 대한 논의과정에 보다 실제적으로 참여하려면 균형 잡힌 정보의 제공과 학습 및 숙고의 과정이 선행되는 이러한 숙의적 방식을 통하는 것이 더 바람직하다고 할 수 있다. 왜냐하면 시민들이 참여하여 논의해야 할 대상으로 제시되는 사안은 일반 시민들에게는 다소 익숙하지 않은 기술적 내용을 지니고 있으므로 일반 시민들이 이에 대한 선호를 바로 결정하기는 현실적으로 매우 어렵기 때문이다. 바로 이러한 점 때문에 우리는 최소한 기술적 사안에 대해 일반 시민들이 참여할 경우 단순한 선호취합과 같은 전통적인 시민참여 방식보다는 숙의적 시민참여 방식이 훨씬 더 바람직한 시민참여의 방식이라고 평가할 수 있다.

공공정책에 대해 일반 시민들이 참여하는 제도화된 방식들 중에서 숙의적 시민참여의 대표적인 두 가지 형태로 흔히 합의회의와 시민배심원회의가 꼽힌다. 덴마크에서 1980년대 후반에 개발된 합의회의는 통상 "선별된 일단의 보통사람들이 정치적으로나 사회적으로 논쟁적이거나 관심을 불러일으키는 과학적, 혹은 기술적 주제에 대해 전문가들에게 질의하고 그에 대한 전문가들의 대답을 청취한 다음 이 주제에 대한 내부의 의견을 통일하여 최종적으로 기자회견을 통해 자신들의 견해를 발표하는 하나의 포럼"이라고 정의된다. 합의회의는 신문 등의 대중매체를 이용한 광고를 보고 지원한 시민들 중에서 뽑은 15명 정도의 시민패널(lay panel)에게 문서화된 자료와 전문가 강의 등을 통해 관련 주제에 대한 지식과 정보를 제공하면, 이에 기반한 학습과 토론을 통해 시민패널이 자신들이 청취하였던 다양한 전문가 의견을 평가한 기초 위에서 정부가 취해야 할 행동들을 시민의 이름으로 제출하게 된다.

우리나라에서는 합의회의가 시민과학센터에 의해 1998년(GMO), 1999년(생명복제기술), 2004년(원자력발전)에 시도됨으로써 사회적으로 알려지게 되었다. 이를 계기로 합의회의는 KISTEP에 의해 2006년과 2007년도에 참여적 기술영향평가의 한 형태로 추진된 시민공개포럼의 모델로 활용되기도 했고, 2007년에는 정부의 재정지원을 받는 한 대학연구소에 의해 동물장기이식을 주제로 하여 실행되기도 하였다(이영희, 2011).

한편, 시민배심원회의는 미국의 비영리단체인 제퍼슨 센터가 1970년대 초반에 고안한, 공공정책에 대한 시민참여를 위한 체계적 프로그램이다(장경석, 2002). 시민배심원회의는 공공적으로 중요한 문제를 무작위로 선택된 시민들이 4~5일간 만나서 주의 깊게 숙의하는 절차로 구성된다. 시민배심원단은 일반적으로 지원자들이 아니라 무작위추출 과정을 통해 15명 내외로 구성이 되어 보통 시민들을 대표해서 일하게 된다. 시민배심원들은 자신들이 배심원에 참여하는 대가로 일정한 보수를 받으며 부여된 과제에 대해 해당 전문가 증인들의 증언을 듣고 해결책을 토론하고 숙의하는 과정을 거치게 된다. 전문가들의 증언은 다양한 시각과 주장들을 담게 되고 시민배심원들은 제기된 문제를 해결하기 위해 질의 응답식의 증언 과정에 참여한다. 증언은 문제의 모든 측면들을 공정하게 다루도록 하기 위해 다양한 의견 간에 균형을 맞추도록 설계되어야 함은 물론이다. 이러한 일련의 과정을 거쳐 나온 시민배심원의 최종의견이 정책권고안의 형태로 제출되게 되는 것이다. 미국의 제퍼슨 센터는 1974년 국가의료보건계획에 관한 시민배심원회의를 실시한 이래 농업문제에 있어 수질문제, 생명윤리의 문제, 조세와 예산안 개혁 등에 관한 시민배심원 프로그램을 개최한 바 있다. 현재 이 시민배심원회의 역시 전 세계적으로 활발하게 활용되고 있다.

합의회의나 시민배심원회의 모두 일반 시민들이 주제에 대한 충분한 정보를 제공받고 그에 대한 학습과 토의와 같은 깊이 있는 숙

공론조사

공론조사란 1988년에 미국의 제임스 피쉬킨(James Fishkin) 교수에 의해 개발된 '공론'의 조사방법으로서, 과학적 확률표집을 통해 대표성을 갖는 국민들을 선발한 다음 이들에게 해당 이슈에 대한 충분한 정보를 제공하고 이를 심도 있게 토론하게 한 후 참여자들의 의견을 조사함으로써 표피적인 의견이 아니라, 심사숙고한 질 높은 의견을 수렴하여 공공적 의사결정에 활용하고자 하는 시민참여의 한 기법이다. 공론조사의 핵심적인 전제는, 사람의 의견이나 선호는 충분한 정보가 제공되고 숙의가 이루어지게 되면 변화할 수 있으며, 그러한 심사숙고에 기반하여 변화된 의견과 선호가 보다 합리적인 선택이라는 것이다. 따라서 공론조사는 일반적으로 행해지는 일회적인 여론조사 혹은 의견조사와는 크게 다르다. 공론조사의 첫 번째 단계는 약 2,000~3,000명 정도의 표본을 대상으로 해당 이슈에 대해 의견조사를 실시한 다음, 이들 중에서 성, 연령, 지역을 감안한 비례할당추출방법을 통해 다시 200~300명 정도의 대표성을 갖는 최종 참여자(일반 시민)를 선발하는 것이다. 이렇게 선발된 참여자들에게 해당 이슈에 대한 찬반 주장 등 다양한 정보를 제공함으로써 참여자들이 해당 이슈를 숙지할 수 있도록 한 다음, 참여자들을 무작위로 소집단으로 나누어 해당 이슈에 대해 심도 있게 논의하는 토론회를 개최하고 이후에 있을 전체 토론회에서 전문가 패널에게 질문할 내용을 선정토록 한다. 소집단 토론회가 종료되면 이제 찬반측 전문가로 구성된 패널과 함께 일반 참여자들이 토론하는 전체 토론회를 개최하게 된다. 이 전체 토론회 직후에 일반 참여자들을 대상으로 다시 한 번 해당 이슈에 대한 의견조사를 실시하고 그 결과를 발표함으로써 공론조사의 과정은 종료된다. 대체적으로 보면, 1차 의견조사 결과와 심사숙고의 과정을 거쳐 나온 2차 의견조사의 결과는 상당히 다른 경우가 많다.

의 과정을 거쳐 최종적인 의견을 형성하는 숙의적 시민참여제도로서의 성격을 지니고 있다. 양자 모두 참여자들 사이의 숙의를 극대화하기 위해 참여하는 시민의 수를 15명 내외로 제한한다는 점도 공통적이다. 그러나 둘 사이에는 상당한 차이도 존재한다. 먼저 대체로 시민배심원회의는 배심원들을 무작위로 선발한다는 점에서 지원자 중에서 시민패널을 구성하는 합의회의와 크게 다르다고 할 수 있다. 아울러 합의회의의 경우 주관기관은 큰 주제만 정하고 구체적인 질문들은 시민패널들이 만들도록 하는 반면, 시민배심원회의는 구체적인 질문들 역시 주관기관이 미리 정해 준다는 점에서 보다 임무지향적이라고 할 수 있다. 한편 합의회의나 시민배심원회의의 참가자의 수가 너무 적어 대표성의 문제가 발생할 수 있기 때문에 합의회의나 시민배심원회의처럼 시민들 사이의 숙의를 강조하면서도 참여자의 숫자를 200~300명 정도로 늘림으로써 숙의성과 대표성의 문제를 동시에 해결하고자 하는 시도도 공론조사(deliberative polling)라는 이름으로 이루어지고 있다(피시킨, 2003).

2) 시민참여의 영역

과학기술사회에서 시민참여가 실현될 가능성에 대해 회의적으로 생각하는 입장에서는 과학기술사회의 중요한 공공정책은 대개 기술적 전문성을 요구하는 것이므로 이러한 영역에 시민이 참여하는 것은 가능하지도, 바람직하지도 않다고 주장해 왔다. 앞에서 제시된 시민참여 모델들에서 다뤘던 주제들은 과연 기술적 전문성이 전혀 요구되지 않는 평이한 영역에 속하는 것들이었는가?

우리가 앞에서 살펴본 시민참여 모델들에서 논의의 대상이 되었던 주제들은 평이한 것에서부터 상당한 기술적 전문성이 요구되는 것에 이르기까지 매우 다양한데, 다소의 기술적 전문성이 요구되는 주제들만 선별하면 다음과 같다. 먼저 시민배심원제의 경우에는 고형폐기물 관리방법 찾아내기, 유전자재조합 연구지침의 방향성, 국가의료보건계획의 타당성 등과 같이 상당한 전문성이 요구되는 주제들이 논의된 바 있다. 합의회의의 경우에는 기술적 전문성이 요청되는 주제들이 훨씬 더 많이 다루어졌는데, 대표적으로 농업과 산업에서의 유전공학의 적용, 전자주민카드, 유전자변형식품, 유전자치료, 불임치료, 생명복제기술, 방사능폐기물 관리, 국가에너지정책, 형질전환동물, 장기이식 의학 등의 주제를 들 수 있다.

이처럼 우리가 앞에서 검토한 시민참여 모델들은, 약간의 정도 차이는 있지만, 모두가 기술적 전문성이 상당히 요구되는 것으로 알려진 영역도 포괄하고 있다는 점에 비추어 볼 때, 일반 시민은 기술적 전문성이 결핍되어 있으므로 과학기술정책 결정과정에 참여할 능력이 없다는 식의 기술관료주의적이고 전문가주의적인 주장은 별 근거가 없음을 알 수 있다. 그럼 이러한 시민참여 모델들이 기술적 전문성이 요구되는 영역들도 포괄한다고 할 때, 거기에 참여하는 일반 시민들도 기술적 전문가들과 동등한 수준의 전문적 지식을 갖추고 있음을 의미하는가? 반드시 그렇지는 않다. 대체로 일반 시민들은 기술적 전문가들이 가지고 있는 지식과는 상이한 종류의 지식에 기반하여 기술적 주제에 대한 논의과정에 참여하는 것이다. 과학기술에 대한 전문가의 지식은 주로 교과서나 통제된 실험실에서의 탐구활동의 결과로 발생하는 것임에 반해, 일반 시민들의 지식은 주로 삶의 현장에서의 경험을 통해 발생한다. 그런데 사실 문제가 되고 있는 기술적 주제에 대한 해결책을 모색하는 데 있어서 그 분야의 기술적 전문가들조차도 의견이 항상 일치하는 것은 아니며, 이들이 문제해결에 항상 기여하는 것도 아니다. 오히려 일상적인 삶의 경험 속에서 축적한 일반 시민들의 지식이 문제해결에 더 효과적일 수도 있다. 왜냐하면 일반 시민들도 스스로 인식하건 인식하지 못하건 간에 자신의 삶의 영역에서의 경험과 통찰을 통해 끊임없이 학습을 하고 있으며, 그 결과 사물에 대한 나름대로의 안목과 지식을 축적하게 되기 때문이다(Fischer, 2000). 따라서 특정한 기술적 문제에 대해서는 그러한 기술적 환경에 오랫동안 놓여 있던 일반 시민들이 오히려 문제해결에 기여할 수 있는 '생생한' 지식을 더 많이 갖고 있을 수도 있는 것이다(Wynne, 1991).

3) 시민참여의 효과

시민참여의 효과란 시민참여의 결과가 정책 결정에 구체적으로 반영되는 정도를 의미한다. 겉으로는 시민참여를 장려하지만 시민참여를 통해 나타난 시민들의 목소리를 실제적인 정책 결정에 반영하지 않는다면 그것은 진정성을 지닌 것이라고 할 수 없기 때문에 참여의 효과는 시민참여에 대한 평가에서 중요한 의미를 지닌다. 그러면 우리가 앞에서 살펴본 시민참여 모델들의 경우 시민참여의 결과가 관련 공공정책 결정에 얼마나 반영되는가? 참여의 효과와 관련하여 가장 강력한 것은 시민참여로 인해 산출된 결과가 법적 구속력을 지니는 것이다. 그러나 우리가 앞에서 살펴본 시민참여 모델들 중에서 이처럼 그 결과가 법적 구속력을 지니는 것은 거의 없다고 할 수 있다. 이러한 점에서 본다면 시민참여 모델들의 정책적 효과는 가변성과 불확실성이 매우 높다고 판단할 수도 있다. 실제로 우리가 앞에서 검토해 본 시민참여 모델들이 구체적인 정책 결정과정에서 행사하는 영향력의 정도는 매우 다양한 것으로 알려져 있다.

예컨대, 시민패널이 작성한 최종보고서에서 제시된 정책제안들이 얼마나 실제 정책에 법률, 자금지원, 규제지침 등을 통해 반영되었는가를 중심으로 합의회의의 정책적 효과를 분석한 연구들에 따르면, 의회 산하의 기술영향평가 프로그램으로 합의회의가 제도화되어 있는 덴마크의 경우, 일부 주제들에서 시민참여 합의회의의 실질적 영향이 나타난 것으로 평가된다. 덴마크 의회는 1989년에 열린 '인간 게놈 연구'에 관한 합의회의 결과를 받아들여 고용 혹은 보험에서 유전자검사를 이용하는 것을 금지하는 법안을 상정했고 이는 몇 차례의 검토를 거쳐 1996년에 법으로 통과되었다. '농업과 산업에서의 유전공학 적용'에 관한 1987년의 합의회의는 의회가 '생명공학 연구 프로그램(1987~1990년)'에서 동물에 대한 유전자조작에 대해서는 자금지원을 하지 않기로 결정하는 데 영향을 주었다. 그리고 방사선조사식품을 다룬 1989년 합의회의 역시 의회가 이를 반대하는 정책을 채택하는 데 영향을 주었다고 한다. 그러나 이상의 몇몇 사례들을 제외한다면, 합의회의를 도입한 여타 국가들에서 합의회의가 정책 결정에 직접적인 영향을 미친 경우는 그다지 많지 않은 것도 사실이다.

참여의 효과 측면에서 볼 때, 시민배심원회의를 비롯한 여타의 시민참여 모델들의 경우에도 대체로 합의회의와 사정이 비슷한 것으로 판단된다. 그러나 시민참여 효과의 이러한 불균등성에도 불구하고 전반적으로 평가하자면 앞에서 살펴본 시민참여 모델들에 따른 참여의 정책적 효과는 현재까지는 긍정적이라고 할 수 있다. 비록 직접적인 영향은 아니더라도 다양한 시민참여를 통해 형성된 사회적 여론은 정책결정자들에게 상당한 압력으로 작용하기 때문이다. 어쩌면 시민운동이 기본적으로 '영향력의 정치'에 기반하고 있듯이, 궁극적으로는 여론에 대한 영향력을 통해 참여의 결과가 공공정책에 반영되도록 압력을 행사하는 것이 시민참여의 효과를 극대화하는 좋은 방법일 수도 있는 것이다. 이러한 점들로 미루어 볼 때, 앞에서 살펴본 시민참여 모델들은 나름대로의 직간접적인 정책적 효과를 통해 참여민주주의의 실질적 구현에 기여하고 있다고 평가할 수 있겠다.

3. 한국에서의 과학기술 시민참여의 실험들

총체적으로 평가한다면, 현재 우리나라 과학기술정책 결정과정에서의 시민참여는 매우 빈약한 상태라고 할 수 있다. 물론 군사정권 시기에 비해 민주화의 진전에 따라 시민참여 역시 조금씩 확대되고는 있지만, 앞에서 살펴본 서구에서와 같이 다양한 형태의 시민참여 모델들이 개발되거나 활용되고 있는 것은 아니다. 아마 우리나라에서 정부 차원에서 가장 많이 활용하고 있는 시민참여 제도로는 공청회와 자문위원회를 들 수 있을 것이다.

먼저 공청회부터 살펴보기로 하자. 정부에서는 주요 과학기술정책을 최종적으로 결정하기 전에 일단 공청회를 거치는 것이 현재 관례화되어 있다. 일반 시민들을 대표해서 시민단체 인사들이 참여하는 자문위원회의 경우에도 정치적 민주화의 진전에 따라 1990년대 이후에 널리 확산되고 있다. 이러한 자문위원회를 통한 시민참여는 특히 환경정책 분야에서 활발히 이루어지고 있으며, 과학기술정책 분야에서도 일부 이루어지고 있다. 과학기술정책 분야에서 자문위원회를 통해 이루어졌던 시민참여의 대표적인 예로는 2000~2001년의 '생명윤리자문위원회', 2003년 이후의 기술영향평가위원회, 그리고 2005년 〈생명윤리 및 안전에 관한 법률〉에 의거해 설치된 국가생명윤리자문위원회 등을 들 수 있다.

하지만 문제는 이러한 참여 제도들이 별로 내실 있게 운영되지 못하고 있다는 점이다. 예컨대 대부분의 공청회는 진정으로 시민들의 의견을 반영하는 시민참여의 제도로서보다는 단지 절차적 정당성 획득을 위한 통과의례 정도로 여겨지고 있는 것이 현실이고, 각종 위원회에 참여하는 시민단체 대표들의 경우에도 참여를 통해 정책 결정과정에 대한 실제적인 영향력을 행사하기는커녕 '참여행정'을 위한 들러리 역할을 수행하는 데 그치고 있다는 비판도 제기되고 있다. 요컨대 과학기술정책의 결정과정에서 정부 관료들은 겉으로는 시민참여의 제도들을 받아들이는 시늉을 하면서도 실제로는 시민참여를 자신들의 입맛에 맞게 변조해 버림으로써 많은 경우 시민참여 제도를 허울뿐인 것으로 만들어 버리는 것이 현실이다.

이처럼 정부가 과학기술정책에 대한 시민참여에 대해 다소 소극적인 태도를 보이고 있는 것과는 대조적으로 오히려 시민사회 내부에서 서구에서 개발된 시민참여 모델들을 적극적으로 확산시키고자 하는 움직임을 보여 주었다. 그 대표적인 것이 과학기술 분야의 비정부단체인 시민과학센터가 조직한 합의회의이다. 1998년 11월에 시민과학센터는 유네스코 한국위원회의 요청에 따라 유럽에서 개발된 합의회의 모델을 도입하여 '유전자변형식품의 안전과 생명윤리'

전력정책의 미래에 대한 시민합의회의 시민패널 최종보고서

원자력 발전과 방사성 폐기물 처리를 둘러싼 국민적 관심과 이해당사자 간의 갈등이 어느 때보다도 첨예한 우리나라의 현실 속에서, 시민패널 모두는 보통 국민의 의사를 대표한다는 무한한 자부심과 부담감을 동시에 안고 이번 합의회의에 임하였다.

원자력발전과 전력산업 전반에 대한 전문적인 지식을 갖추지 못한 사람들이 모여 두 번의 예비 모임 및 3박 4일의 본회의라는 비교적 짧은 기간 동안 전문가들의 의견 청취와 스스로의 학습 및 토론을 거쳐 만들어진 이 보고서가 완벽할 수 없다는 점은 인정한다.

하지만 원자력에 직접적인 이해관계가 없고, 연령과 성, 직업, 거주 지역 등이 서로 다른 평범한 우리 16명의 시민들이 사회적으로 논란이 많은 문제에 대해서 토론하고 합의한다는 것은, 충분하고 균형 잡힌 정보가 주어졌을 경우 일반 국민들이 도달하는 상식적인 결론이 어떤 것인지를 보여 줄 수 있다는 점에서 의미가 있다고 할 것이다.

우리는 '원자력 중심의 전력정책, 어떻게 할 것인가'라는 주제 아래 다양한 입장의 정보들을 접하고 민주적으로 토론한 결과 친환경성, 공급안정성, 사회적 수용성 등의 기준을 도출하였고 이에 입각하여 그동안의 우리나라 전력정책을 평가하였으며, 진지하고 치열한 토론과 표결의 산고 끝에 원자력발전소의 신규건설 중지와 중장기적인 대안 마련이라는 최종 결론에 합의하였다(전체 시민패널 16명의 3/4인 12명 이상이 동의할 경우 '합의'한 것으로 간주하기로 결정하였음).

(* 여기서는 보고서 본 내용의 일부만을 수록하였다.)

에 관한 합의회의를 우리나라 처음으로 조직하였다. 농민, 주부, 학생, 교사, 노동자 등 일반 시민 14명으로 구성된 시민패널은 전문가패널을 상대로 유전자변형식품의 안전성과 생명윤리에 대해 이틀

동안 열띤 토론을 벌이고 자신들의 의견을 보고서로 제출하였다. 시민패널은 유전자변형식품이 과연 필요한가에 대해 뚜렷한 합의를 이루지는 못했지만, 유전자변형식품이 건강과 환경에 미치는 대해 과학자들이 지나치게 과신하고 있다는 점을 지적하고, 정부에 대해 유전자변형식품의 안전성을 보장할 제도적 대책을 세울 것을 요구하였다. 이어서 1999년 9월에도 시민과학센터는 유네스코 한국위원회의 지원 하에 '생명복제기술'에 대한 합의회의를 개최하였다. 시민패널로 지원한 88명의 일반 시민 중에서 선정된 16명은 두 차례의 예비 모임과 9월 10일부터 3박4일에 걸친 본 행사를 통해 전문가들로부터 수강과 토론 등을 거쳐 최종적으로 생명복제 기술에 대해 합의된 의견을 발표하였다. 인간개체복제만이 아니라 배아복제까지도 금지해야 한다는 시민패널의 최종 결론은 사회적으로 상당한 논란을 불러일으킨 바 있었다. 한편 2004년에는 시민과학센터가 '전력정책의 미래에 대한 시민합의회의'를 개최하기도 하였다. 핵발전의 지속 여부를 둘러싼 이 합의회의의 주제 역시 매우 논쟁적인 성격을 지니고 있었기 때문에 시민패널의 최종보고서는 사회적으로 상당한 주목을 받았다(김환석, 2010).

또한 시민과학센터는 2008년도에 기술영향평가 사업 주관기관인 한국과학기술기획평가원(KISTEP)의 의뢰를 받아 무작위선발 방식으로 뽑힌 일반시민들로 구성된 시민배심원회의를 조직하였다. 무작위로 일반시민들을 선발하여 배심원을 구성한 것은 국내에서는 최초로 이루어진 시도였다. 2008년 시민배심원회의는 대상주제로 '국가재난질환 대응체계'를 선정하고, 구체적으로는 조류인플루엔자(AI)로 인한 국가재난질환을 다루었다. 무작위로 선발된 시민배심원들은 합의회의에 비해 주거지역, 직업, 학력, 연령 등의 측면에서 아주 다양한 '일반시민들'로 구성될 수 있었다는 점이 큰 장점이었다(이영희, 2011).

총괄적으로 보면 한국에서 시민사회가 주도한 시민참여의 실험들, 특히 합의회의와 시민배심원회의는 각각 어느 정도 차이는 있지만 대체로 언론을 주목을 끌어내는 데는 비교적 성공적이었다고 평가할 수 있다. 비교적 많은 수의 전국단위 언론매체들이 이러한 시민참여 실험의 의미를 다뤘기 때문이다. 합의회의와 시민배심원회의 등 시민참여 행사가 언론의 조명을 받는다는 것은 과학기술의 민주화 개념이 간접적이나마 사회적으로 확산된다는 것을 의미하는 것으로 이해할 수 있다. 1차 합의회의 개최 직전에 "과학민주화 앞당길 시민참여의 새 장"이라는 제목으로 합의회의를 소개했던 교수신문(1997년 7월 13일자)이나 "원전 신규건설 중지해야"라는 제목으로 2004년 원자력정책 합의회의의 결과를 헤드라인으로 보도한 한겨레신문이 여기에 직접적으로 해당되는 경우라고 할 수 있다. 이처럼 시민사회가 주도하는 시민참여 프로그램은 사회적으로 나름대로 적지 않은 파장을 야기하기는 했지만, 이러한 시민참여 프로그램이 과연 정부의 최종적인 정책결정에 대해서 어느 정도의 영향을 미쳤는가는 현재로서는 정확히 파악하기 어려운 상황이다.

4. 나가며

민주주의의 확대와 진전에도 불구하고 여전히 강고하게 남아 있는 뿌리 깊은 오래된 '신화' 중의 하나는 전문적 영역에 대한 시민참여는 바람직하지도, 가능하지도 않다는 주장이다. 그러나 지금까지의 분석을 통해 우리가 알 수 있는 점은, 비록 전문성을 특징으로 하는 과학기술정책 분야라고 해서 그 분야에 대한 전문지식을 갖고 있는 전문가들만이 참여할 수 있는 것은 아니라는 사실이다. 일반 시민들도 자신들의 삶의 경험에 기초하여 축적한 나름의 전문성과 지식을 바탕으로 과학기술정책과 관련된 논의과정에 참여할 수 있다는 점을 앞에서 소개한 다양한 시민참여 모델들이 보여 주고 있다. 1970년대 이후 유럽과 미국을 중심으로 하여 개발된 시민참여 모델들은 과학기술정책에 대한 시민참여를 부정하는 논리들이 별 근거 없음을 잘 드러내 보여 주었다.

한편 20세기 중후반기에 들어와 전문가주의에 바탕을 둔 기술관료제 역시 그 한계를 분명하게 노정하였다. 전문가들만이 '과학적'이고 '합리적'인 의사결정을 내릴 수 있다는 독단은 결국 과학기술정책의 결정과정에 대해 기술적 효율성을 최고의 가치로 여기는 '도구적 합리성'의 논리가 지배하도록 부추겼으며, 이는 다시 제도권 과학과 전문가 시스템에 대한 사회적 불신을 초래하는 결과를 빚어내기도 하였다.

이제는 과학기술정책의 결정과정에는 과학기술을 잘 알고 있는 전문가들만이 참여해야 한다고 주장하는 기술관료주의와 전문가주의, 그리고 과학 예외주의로부터 벗어나야 함과 동시에 과학기술시대의 새로운 시민권으로서 '기술시민권' 개념이 승인되어야 한다. '기술시민권' 사상에 기반하여 추구되는 과학기술정책 결정과정에서의 민주주의의 증진이란 결국 주요 과학기술정책의 결정과정이 소수의 전문가와 기술관료들에 의해 은밀하게 이루어지던 '밀실'에서, 정책결정과정에 대해 더 많은 사람들이 알 수 있고 참여할 수 있는 '광장'으로 나가는 것을 의미한다. 결국 '좋은 거버넌스(good governance)'의 핵심은 시민사회의 참여인 것이다.

정부는 참여 확대를 위해 과학기술정책 결정과정에 일반 시민, 소비자, 현장과학기술자, 이해당사자들이 폭넓게 참여할 수 있는 제도적 틀을 마련해야 한다. 국가과학기술위원회를 비롯한 정부 차원의 각급 위원회에 시민(단체) 대표를 일정비율 이상 포함시켜 과학기술기본법의 원래 취지를 살리고 정책의 대표성 제고를 꾀해야 할 것이다. 참여는 정책결정의 모든 국면에서 다 장려되어야 하지만, 특히 국가기술지도 사업이나 국가연구개발사업 기획과 같이 장기적이고 국가적인 비전을 형성하는 단계에서부터 참여가 촉진 것이 바람직하다. 아울러 과학기술정책의 주요 사안들에 대해 공론조사, 합의회의, 시민배심원회의 등과 같이 외국에서는 이미 많이 활용되고 있는 다양한 방식의 일반 시민들의 참여 모델들을 도입, 활용함으로써 일반시민의 목소리가 정책과정에 직접 반영될 수 있는 참여의 통로를 확대하는 데 정부가 앞장서서 노력해야 한다. 그렇게 할 때 비로소 과학기술은 보다 인간적이고 생태 친화적인 방향으로 발전하게 될 것이다.

더 생각해 볼 문제

1. 과학기술과 같이 전문적이고 복잡한 주제에 대한 의사결정과정에 과연 일반 시민들도 참여하는 게 바람직한가, 그리고 과연 참여할 수 있는가에 대해 논쟁이 있다. 각자 이 논쟁에 대해 어떻게 생각하는지 논거를 들어 토론해 보자.
2. 일반 시민들이 오랜 기간의 삶의 경험에 기반하여 획득한 지식을 시민지식(lay knowledge)이라고 한다. 시민지식의 구체적 예들을 떠올려 보고, 그러한 시민지식이 실제로 과학기술적인 문제의 해결에 기여한 사례가 있는지 찾아보자.
3. 2005~2006년 경 터진 황우석 사태 당시 황우석 박사를 비판하는 '황까' 그룹과 그를 옹호하는 '황빠' 그룹이 서로 격렬하게 대립하였다. 이러한 적대적 대립 현상도 크게 보면 국가생명공학정책의 형성과정에 대한 일종의 시민참여라고 할 수 있지만, 그다지 생산적이었다고 평가되지는 않는다. 과연 이 책에서 이야기하고 있는 제도화된 시민참여방식으로 그러한 적대적 대립구도를 생산적으로 승화시켜나갈 방법은 없었을까 토론해 보자.

〈심화학습을 위한 자료〉

- 시민과학센터 편(2011), 『시민의 과학: 과학의 공공성 회복을 위한 시민사회의 전략』, 사이언스북스.
- 어윈, 알랜, 김명진·김병수·김병윤 옮김(2011), 『시민과학: 과학은 시민에게 복무하고 있는가?』, 당대.
- 이영희(2011), 『과학기술과 민주주의: 시민을 위한, 시민에 의한 과학기술』, 문학과지성사.
- 참여연대 시민과학센터 편(2002), 『과학기술·환경·시민참여』, 한울.

10장

과학기술자의 사회운동

김명진

김명진(한양대학교 강사)

서울대학교 전자공학과를 졸업한 후 서울대 대학원 과학사 및 과학철학 협동과정에서 석사학위를 받고 박사과정을 수료했다. 현재 경희대, 덕성여대, 한양대 등에서 강의를 하면서 집필과 번역에 몰두하고 있으며, 과학기술의 민주화를 추구하는 시민단체인 시민과학센터의 운영위원으로도 활동하고 있다. 저서로는 『야누스의 과학』, 『할리우드 사이언스』가 있고, 역서로는 『닥터 골렘』(공역), 『시민과학』(공역), 『미국기술의 사회사』, 『과학……좌파』 등이 있다.

오늘날 과학기술학(STS)은 기성 학계 내에서 잘 확립된 학문 분야 중 하나로 자리 잡았다. 과학기술학은 여러 분야에 걸친 학제적 주제로서 역사가, 철학자, 사회과학자들에 의해 전문적으로 연구되고 있으며, 이를 공부하고 싶은 학생은 과학기술학 전공의 대학원에 진학해 일정 기간 동안 수련을 쌓아 전문적인 학자가 된다. 이처럼 지난 30여 년 동안 과학기술학은 점차 제도화되는 길을 걸어왔다.

그러나 STS를 과학기술에 대한 인문·사회과학적 통찰과 더 나아가 현재의 과학기술을 바람직한 방향으로 변화시키기 위한 실천 활동으로 이해한다면, STS의 역사는 과학사, 과학철학, 과학사회학 같은 학문 분과 내부로 반드시 국한되는 것이 아니다. STS에는 또 하나의 전통, 즉 과학기술자들의 사회운동이라는 '잊힌' 전통이 존재한다. 이는 과학기술자들 스스로가 현대사회에서 과학기술과 관련된 제반 문제들, 가령 핵무기나 과학기술의 군사화, 성차별, 인종차별, 환경오염 같은 문제들을 나름대로 이해하고 비판해 온 흐름을 말한다. 기술철학자 칼 미첨(Carl Mitcham)은 이러한 흐름을 가리켜 "전문직업적 과학 이상주의(professional scientific idealism)"의 전통이라고 부르기도 했다(Mitcham, 2003).

과학사회학자인 스티브 풀러는 이러한 STS의 두 가지 전통을 고교회파(High Church)와 저교회파(Low Church)라는 이름으로 정식화했다. 풀러에 따르면 고교회파는 인문학과 사회과학의 방법을 사용해서 과학과 기술을 연구하는 분과 학문 분야로 과학은 과연 특별한 지식인가, 과학지식은 어떻게 생산되는가, 기술은 내적인 발전 논리를 가지는가와 같은 인식론적 문제들에 관심을 집중한다. 반면 저교회파는 과학기술이 갖는 사회적 함의를 다루는 실천 활동이자 사회운동으로 전문 학자들이 아닌 과학자, 엔지니어, 과학 교사, 운동가 등이 주축을 이루며, 현대사회에서 과학이 야기하고 또 해결하는 문제들에 초점을 맞춘다. 이러한 두 가지 전통에서는 STS라는 용어 자체도 서로 다르게 이해하는 경향이 있는데, 고교회파에서는 STS를 과학기술학(science and technology studies, S&TS)의 약자로 보는 반면, 저교회파에서는 그보다 앞서 쓰이던 용어인 과학기술과 사회(science, technology and society, ST&S)의 약자로 이해한다. STS라는 용어 자체에서부터 이미 STS의 정의, 위상, 역할, 임무에 대해 서로 상반되는 두 가지 상이 경합하고 있는 셈이다(Fuller, 1997; Cutcliffe, 2000).

이 장에서는 STS의 두 가지 전통 가운데 후자, 즉 과학기술자들이 주도해 온 사회운동의 전통과 그들의 과학기술 인식을 미국과 영국을 중심으로 해서 역사적으로 개관해 보려 한다. 이를 위해 먼저 1절에서는 제2차 세계대전기의 원자폭탄 개발과 이후 냉전기의 군비경쟁이 촉발한 전후 과학자운동의 흐름을 살펴보고, 2절에서는 과학자운동 단체에 속하지는 않았지만 전후 과학기술과 관련된 문제를 인식하고 이를 사회적으로 쟁점화하는 데 기여한 몇몇 과학자들의 삶을 되돌아본다. 3절에서는 68운동을 전후해 양심적 과학자운동의 틀을 벗어던지고 과학기술과 사회에 대한 급진적 인식을 갖추게 된 새로운 과학자운동의 등장에 대해 서술하고, 4절에서는 부분적으로 미국의 운동에 영향을 받아 전개된 영국 급진과학운동의 흐름에 대해 개관해 본다. 마지막으로 5절에서는 이러한 과학기술자운동이 사회운동 일반에 갖는 의미와 그것이 내포하는 딜레마에 대해 성찰해 본다.

1. 원자폭탄과 양심적 과학자운동

제2차 세계대전 이전에도 미국에서 과학자들의 정치운동이 없었던 것은 아니지만, 과학자들의 본격적인 사회운동 참여는 제2차 세계대전기에 최초의 원자폭탄이 개발되고 그것이 실전에 사용된 것에 대응해 나타났다. 그것의 배경은 전쟁 직전으로 거슬러 올라갈 수 있다.

원자폭탄의 이론적 기초가 되는 우라늄의 핵분열은 제2차 세계대전 직전인 1938년 독일 베를린에 있던 화학자 오토 한(Otto Hahn)과 프리츠 슈트라스만(Fritz Strassmann)에 의해 발견되었고, 1939년 초에 핵분열 연쇄반응의 가능성이 프랑스와 미국에 있던 프레데릭 졸리오-퀴리(Frédéric Joliot-Curie)와 레오 질라드(Leo Szilard)에 의해 각각 확인되었다. 이는 핵분열을 이용해 엄청난 에너지를 발산시키는 가공할 만한 무기의 개발 가능성을 시사했고, 얼마 후인 1939년 9월에 제2차 세계대전이 발발했다. 당시 유럽의 파시즘을 피해 미국으로 망명한 과학자들은 히틀러가 연합국보다 앞서 원자폭탄을 개발할 것을 우려했다. 그중 한 사람인 질라드는 역시 미국에 망명해 있던 알베르트 아인슈타인을 움직여 루즈벨트 대통령에게 편지를 보내 원자폭탄의 개발가능성을 알리고 미국이 빠른 행동에 나서야 함을 촉구했다. 그로부터 2년 뒤인 1941년 12월에 원자폭탄 개발을 위한 미국 정부의 비밀 계획인 맨해튼 프로젝트가 출범했다. 프로젝트에 참여한 수천 명의 과학자들은 오크리지, 핸퍼드, 로스앨러모스 등지에서 원자탄에 들어갈 원료 물질인 우라늄 235와 플루토늄을 농축, 추출하고 폭탄을 설계, 제작하는 일에 몰두했고, 1945년 7월에 트리니티에서 최초의 원자폭탄 실험에 성공했다. 이어 8월 6일과 9일에 일본의 히로시마와 나가사키에 떨어진 두 발의 원자폭탄은 수십만 명의 목숨을 앗아갔고 제2차 세계대전의 종식을 이끌었다(김명진, 2008).

이처럼 원자폭탄의 개발과정에서는 매 단계에서 과학자들의 기여가 결정적이었다. 이에 대해 과학자들의 반응은 엇갈렸다. 일각에서는 전쟁을 조기에 종식시켜 미군 병사들의 희생을 막는 데 기여했다며 기뻐했지만, 다른 일각에서는 자신들의 과학 연구가 수십만 명의 목숨을 순식간에 앗아간 대량살상 무기로 변모한 데 두려움과 윤리적 가책을 느꼈고 이러한 무기를 통제해야 하는 책임이 자신들에게 있다고 믿었다. 이 중 후자에 속하는 과학자들은 전쟁이 끝난 직후부터 조직을 만들어 본격적인 운동에 나섰다. 먼저 종전 직후인 1945년 말에 맨해튼 프로젝트에 참여했던 과학자들이 주축이 된 원자과학자연맹(Federation of Atomic Scientists)이 결성되었다. 이는 곧 미국과학자연맹(Federation of American Scientists, FAS)으로 이름을 바꿨고, 핵무기의 국제적 통제와 군비 축소, 과학자들에 대한 보안 규제 반대 등을 위한 활동에 나서기 시작했다. FAS는 1950년대에 대기

중 핵실험을 반대하는 운동에 기여했으나, 그것이 성과를 거둬 부분적핵실험금지조약(대기중, 바다속, 우주공간에서의 핵실험을 금지한)이 체결된 1963년 이후 활동이 소강상태에 빠졌다. FAS는 제레미 스톤(Jeremy Stone)이 새로운 회장으로 취임한 1970년 이후 활동을 다시 재개했고, 미-소 군축협상을 지지하고 안드레이 사하로프(Andrei Sakharov) 등 소련의 반체제 과학자의 구명운동을 전개하는 등 활발한 활동을 펼쳤다(Mitcham, 2003).

제2차 세계대전 직후에 만들어진 또 다른 과학자단체이자 매체로는《원자과학자회보(*Bulletin of Atomic Scientists*)》가 있다.《원자과학자회보》는 2차 대전이 끝나기 직전인 1945년 6월에 일명 '프랑크 보고서'를 작성하는 데 참여했던 시카고대학교 금속연구소의 과학자들이 주축을 이뤄 창간되었다. 프랑크 보고서는 여기 참여한 물리학자 제임스 프랑크(James Franck)의 이름을 딴 것으로, 원자폭탄의 완성이 목전에 다다른 시점에서 이를 당시 남아있던 유일한 적국인 일본에 사용하지 말고 공해상에서 시범을 보여 일본의 항복을 유도하자는 주장을 담고 있었다. 아울러 이 보고서는 원자폭탄의 실제 사용이 부추길 무한 군비경쟁을 우려하면서 전후 원자폭탄에 대한 국제적 통제방안을 마련하자는 제안도 내놓았다. 그러나 전쟁부 장관 헨리 스팀슨에게 보내진 이러한 제안은 아무런 영향도 미치지 못했다. 전쟁에서 원자폭탄이 실제로 사용된 데 충격을 받은 시카고 과학자들은 제2차 세계대전 직후 시카고원자과학자(Atomic Scientists of Chicago)라는 단체를 만들고 1945년 12월에 잡지《원자과학자회보》의 창간호를 발간했다.

《원자과학자회보》발간을 주도했던 것은 레오 질라드와 유진 라비노비치(Eugene Rabinovich)였다. 특히 맨해튼 프로젝트에서 수석 화학자의 지위까지 올랐던 라비노비치는 1973년 사망할 때까지 무려 28년 동안 잡지의 편집인 자리를 지키며 단체의 정신적 지주 역할을 했다. 《원자과학자회보》는 핵무기에 대한 대중의 인식을 제고시켜 군비축소를 이끌어내는 것을 목표로 했고, 특히 1947년부터는 핵무기로 인한 국제정세의 긴장과 위협을 상징적으로 보여 주는 '최후의 날 시계(Doomsday Clock)' — 현재의 국제 정세가 얼마나 긴박한지를 최후의 순간을 상징하는 '자정(midnight) 전 몇 분'의 형태로 표시하는 — 를 잡지 표지에 게재함으로써 핵무기가 인류에게 가하는 위협을 널리 알리는 데 일조했다. 초기에 핵무기의 국제적 통제를 강력하게 주장하던 이 잡지는 미국과 소련 간에 군비경쟁이 가속화되면서 이것이 어려워지자 1950년대부터는 핵무기를 넘어서 과학기술과 관련된 다양한 사회 문제들, 가령 세계 기아, 인구폭발, 도시 문제, 에너지 위기 등으로 다루는 주제를 넓혔다(Mitcham, 2003; McCrea and Markle, 1989).

제2차 세계대전 이후 1949년 소련의 원자폭탄 실험, 1950년 한국전쟁 발발 등으로 점차 높아지고 있던 미-소 간의 긴장은 1952년과 1955년에 미국과 소련이 각각 수소폭탄 개발에 성공하면서 한층 더 심각한 위기상황으로 발전했다. 수소폭탄은 원자폭탄을 기폭제로 사용해 중수소의 핵융합을 일으켜 거기서 나오는 막대한 에너지를 이용하는 폭탄으로, 원자폭탄의 1,000배가 넘는 막대한 폭발력을 지녔고 이론적으로는 그 위력이 무제한인 폭탄도 만들 수 있었다. 이러한 상황 변화는 인간이 만들어낸 과학기술의 산물이 인류의 종말을 가져올 수도 있게 되었다는 위기의식을 불러일으켰다. 이에 따라

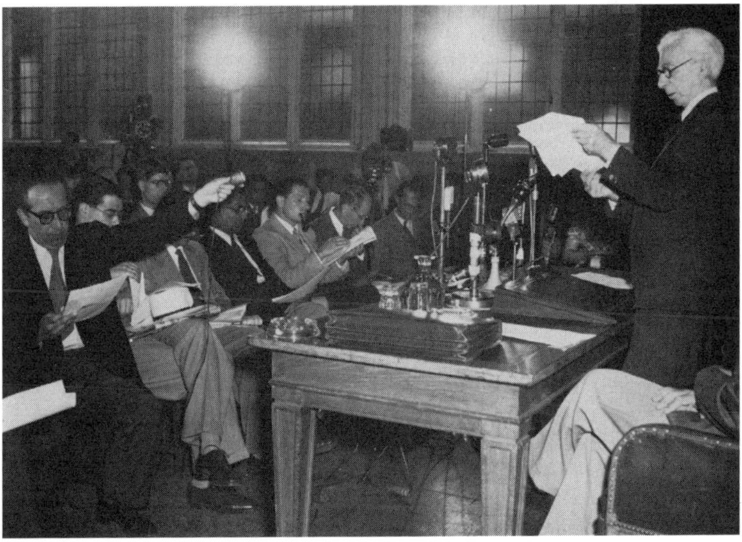

그림 10-1. 1955년 7월 9일 런던의 캑스턴 홀에서 버트런드 러셀이 러셀-아인슈타인 선언문을 낭독하고 있는 모습.

1955년 7월에 수학자이자 철학자인 버트런드 러셀과 당시 임종 직전의 알베르트 아인슈타인이 주도한 러셀-아인슈타인 선언(Russell-Einstein manifesto)이 발표되었다. 두 사람을 포함해 모두 11명의 저명한 과학자들(그중 9명은 노벨상 수상자였다)이 동참한 이 선언문은 "전 세계의 정부들이 전쟁을 통한 목표 추구는 가능하지 않음을 깨닫고 공개적으로 인정한 후 모든 분쟁 해결에서 평화적 수단을 찾을 것을 촉구"했다. 아울러 이 선언문은 대량살상무기의 개발로 인해 야기된 위험을 평가하는 데 과학자들이 힘을 모을 것도 호소하고 있었다(Butcher, 2005).

이러한 호소에 답해 맨해튼 프로젝트에 참여했던 영국의 물리학자 조셉 롯블랫(Joseph Rotblat)을 중심으로 새로운 국제적 과학자 운동이 출범했다. 1957년 첫 회의를 개최한 캐나다의 어촌 마을 퍼그워시의 이름을 따서 과학과 세계 문제에 관한 퍼그워시 회의(Pugwash Conferences on Science and World Affairs)라고 명명된 이 운동은 이후 전 세계를 돌며 매년 1회 이상 회의를 가졌고, 냉전 시기에 미-소의 긴장이 고조될 때마다 둘 사이를 잇는 비공식 채널로서 역할을 했다. 퍼그워시 운동은 1970년대 중반 학생 퍼그워시(Student Pugwash)의 창립과 함께 교육과 세대 간의 가교 역할도 아울러 담당하게 되었다. 이러한 공로를 인정받아 퍼그워시 회의와 이를 이끌어 온 롯블랫은 1995년 노벨평화상을 수상했다(Mitcham, 2003 ; Rotblat, 2001).

2. 개별 과학자들의 사회운동 기여

제2차 세계대전 이후 냉전 시기에는 이처럼 단체를 만들어 그 속에서 활동한 과학자들 외에 개인적인 차원에서 핵무기 반대나 환경운동 같은 다양한 사회운동에 기여한 과학자들도 찾아볼 수 있다. 그러한 대표적인 인물로 라이너스 폴링(Linus Pauling), 배리 카머너(Barry Commoner), 레이첼 카슨 등을 들 수 있다.

폴링(1901~1994)은 20세기의 가장 중요한 화학자 중 한 사람이며, 화학의 역사 전체를 통틀어도 열손가락 안에 꼽힐 만큼 큰 영향을 미친 인물이다. 그는 20세기 초 물리학에서 등장한 양자역학적 접근방법을 화학에 최초로 적용해 1920년대 말부터 화학결합의 본질을 규명하는 일련의 논문들을 발표했고, 1954년에는 이러한 공로를 인정받아 노벨화학상을 수상했다. 1939년 그가 이 주제에 관해 펴낸

책『화학결합의 본질(*The Nature of the Chemical Bond*)』은 20세기에 가장 많이 팔린 화학 책으로 꼽힐 만큼 이름을 날렸다. 아울러 폴링은 1930년대 중반 이후 생물학적 분자의 구조 연구로 방향을 전환했고, 1951년 단백질의 알파 나선 구조를 규명하는 선구적 업적을 냈다(헤이거, 2003).

그러나 폴링은 이러한 과학자로서의 화려한 경력 못지않게 반전평화운동에서도 중요한 역할을 했다. 1950년대 초 이후부터 그는 점차 전쟁과 핵무기에 반대하는 사회운동에 깊숙이 관여하게 되었고(그는 러셀-아인슈타인 선언에 동참한 11명의 과학자 중 하나였다), 특히 1957년에는 수만 명에 달하는 전 세계 과학자들에게 핵실험 중지를 지지해 줄 것을 호소하는 서한을 발송해 1만 1000명이 넘는 서명을 받아 의회에 탄원서를 제출했다. 아울러 그는 수소폭탄의 이론적 근거를 정립해 흔히 '수소폭탄의 아버지'로 불리는 과학자 에드워드 텔러(Edward Teller)와 핵실험 낙진에 포함된 저준위 방사능의 위험성을 놓고 일련의 공개 논쟁을 벌이기도 했다. 그는 이러한 일련의 활동을 통해 부분적핵실험금지조약 체결에 기여한 공로를 인정받아 1962년에 노벨 평화상을 수상했다. 이후 그는 공중보건 문제로 다시 관심을 돌려 비타민 C의 대량복용이 감기의 예방과 치료에 도움을 주며 더 나아가 암을 낫게 할 수 있다는 이단적 주장을 펼쳐 주류 의학계의 전문가들과 일련의 논쟁을 벌이기도 했다(Jolly, 2002).

생태학자이자 사회운동가인 카머너(1917~2012)는 환경운동과 68 이후의 신좌파운동을 탁월하게 결합시킨 인물로 평가받고 있다. 그는 1958년 4월에 자신이 속한 워싱턴대학교의 동료들과 함께 광역세인트루이스핵정보위원회(Greater St. Louis Committee for Nuclear

Information, CNI)를 설립하면서 본격적인 운동을 시작했다. 그가 단체 결성에 나선 것은 그 전 해에 세인트루이스 지역에서 핵실험의 낙진 수치가 인근 지역보다 높게 나타났다는 지역 언론의 보도가 계기가 되었다. 이는 방사능 낙진의 위험에 대한 과학자들 간의 견해 차이와 공개 논쟁을 낳았고, 불안감을 느낀 지역 주민들의 문의가 빗발치자 그는 방사능 낙진의 위험에 대해 정보를 수집하고 대중에게 제공하는 단체의 필요성을 느끼게 되었다. 핵정보위원회는 비정파적인 과학 정보 수집과 제공을 목표로 하는 공익단체를 표방했고, 세인트루이스에서 처음 만들어진 이후 5년간 22개 지역에서 유사한 조직이 속속 창설되었다. 1963년에 부분적핵실험금지조약이 체결돼 방사능 낙진에 대한 관심이 줄어들자, 핵정보위원회는 1967년에 환경정보위원회(Committee for Environmental Information)로 이름을 바꾸어 환경과 관련된 다양한 사안들에 관해 대중에게 정보를 제공하는 것을 지향하게 되었다(Moore, 1996; Moore, 2008: 96-129).

1960년대 중반 이후 카머너는 여러 저작을 통해 환경운동과 신좌파운동의 문제의식을 결합시키는 데 점차 관심을 쏟게 되었다. 그는 제2차 세계대전 이후 환경문제가 점점 더 심각해진 이유가 단지 인구 증가나 산업화의 진전에 있는 것이 아니라 자본주의적 이윤추구가 빚어낸 특정한 기술과 산업의 발전에 있다고 주장했고, 이러한 그의 문제의식은 『인구폭탄(*The Population Bomb*, 1968)』의 저자이자 신맬더스주의자인 폴 얼릭(Paul Ehrlich)과 일련의 공개 논쟁으로 이어졌다. 그의 책 『원은 닫혀야 한다(*The Closing Circle*, 1971)』는 이러한 문제의식을 집약해 베스트셀러가 되었고, 생태학의 기본 법칙에 부합하는 방식으로 미국 경제를 재조직해야 한다고 주장해 주목을 끌었다(카머너, 1980; Egan, 2009).

카슨(1907~1964)은 아마도 현대 환경운동의 태동에 가장 큰 영향을 미친 인물일 것이다. 그는 대학원에서 생물학 석사학위를 받고 1936년부터 1952년까지 연방정부 기구인 어류야생생물청에서 근무하며 자연과학의 전문지식과 문학적 감수성을 훌륭하게 결합한 글들을 썼던 과학자이자 작가였다. 그녀는 나중에 '해양 3부작'으로 일컬어지게 되는 『해풍 아래서(*Under the Sea-Wind*, 1941)』, 『우리를 둘러싼 바다(*The Sea around Us*, 1951)』, 『바다의 가장자리(*The Edge of the Sea*, 1955)』를 차례로 발표해 국제적인 명성을 얻었다. 그녀는 1956년경부터 합성살충제 문제에 본격적으로 관심을 갖기 시작했고, 1958년부터 4년여에 걸친 집필 작업 끝에 1962년 9월 『침묵의 봄』을 출간했다. 그녀는 이 책에서 합성살충제가 자연계와 인간에게 미치는 위험성에 대해 경고하고 대안적인 접근 방법을 제안했으며, 그간 살충제의 문제점이 제대로 지적되지 않았던 이유로 농무부, 화학회사, 대학의 화학자들이 유착관계로 맺어져 있다는 점을 지목했다(카슨, 2011). 카슨의 문제제기는 살충제가 전적으로 안전하며 인류의 복지를 위한 물질이라는 생각에 젖어 있던 기성 집단들의 반발을 불러왔으나, 대중의 여론은 압도적으로 카슨을 지지했다(Lear, 1993).

카슨 사후에 『침묵의 봄』은 합성살충제 반대운동, 더 나아가 현대 환경운동을 태동시킨 기폭제 역할을 했다. 1960년대 미국에서는 지역별로 DDT 등의 합성살충제를 이용하는 항공 방제에 반대하는 시위와 법정소송이 이어졌고, 지방자치단체들은 자체적으로 조례 등을 제정해 특정 살충제의 사용을 금지했다. 아울러 오두본협회 등

환경단체들의 회원이 폭발적으로 증가했고 그린피스 같은 새로운 환경단체도 생겨났다. 1970년 4월 22일에는 미국에서 2천만 명이 참여한 가운데 제1회 지구의 날 행사가 열렸고, 환경문제를 전담하는 연방기구인 환경보호청(EPA)이 같은 해에 창설되었다. 환경보호청은 설립 직후인 1972년에 DDT의 사용금지 조치를 내렸다. 무엇보다도 카슨은 화학산업이 대변하고 있던 진보에 대한 확신에 경종을 울렸고 이는 과학기술을 바라보는 비판적 시각을 불러일으키는 데 일조했다(맥길리브레이, 2005).

3. 68운동과 과학자운동의 급진화[1]

제2차 세계대전 이후 1960년대 중반까지 과학자운동의 주류는 자유주의적, 개인주의적 운동 모델에 기반하고 있었다. 여기서는 양심적인 과학자 개인의 결단을 강조했고, 과학자가 가지고 있는 전문가적 권위에 바탕을 두고 일반대중에게 정보를 제공하고 계몽하는 역할을 상정했다. 그들은 대체로 과학의 가치중립성을 믿었고, 과학은 쓰기에 따라 좋게도 나쁘게도 사용될 수 있다고 생각했으며, 자신들이 대학이나 연구기관에서 수행하는 과학 연구 그 자체에 대해서는 전혀 의심을 품지 않았다. 그러나 1960년대를 거치면서 과학자운동은 이전과는 현저하게 다른 급진적인 모습을 띄기 시작했다. 과학은 중립적인 것이기보다는 힘센 사회세력의 입김에 의해 좌우되어 사

1 이 절의 서술은 Moore(1996)과 Moore(2008: 130-189)에 크게 기대고 있다.

회 구조를 불평등하게 왜곡시키는 주범으로 점차 인식되었고, 순수과학의 보루였던 대학은 군대와 대기업의 영향 하에 변질된 공간으로 상아탑으로서의 지위가 의심받기 시작했다.

1960년대에 이러한 변화가 나타난 데는 몇 가지 계기들이 작용했다. 우선 1950년대의 학계를 옥죄고 있었던 억압적인 정치 분위기 — 특히 매카시즘으로 대표되는 반공주의 — 가 1950년대 말부터 서서히 해빙을 맞기 시작했다. 이에 따라 이전 시기에 라이너스 폴링 같은 과학자-활동가들이 겪어야 했던 가혹한 제재에서 벗어나 좀 더 자유로운 사상적 조류들을 접하는 것이 가능해졌다. 아울러 영향을 준 것은 제2차 세계대전 후, 특히 1957년의 이른바 스푸트니크 충격 이후 기초과학 연구에 대한 지원이 크게 늘면서 과학과 공학 분야의 대학원이 비대해지고 젊은 연구자들의 수가 폭증한 것이었다. 이처럼 대학에 자리 잡은 젊은 과학자들이 많아짐에 따라 과학계의 평균 연령은 낮아졌고, 상대적으로 자유롭고 급진적인 생각을 가진 과학자들의 분파가 생길 가능성은 더 높아졌다.

그러나 무엇보다 중요했던 것은 1960년대 중반부터 대학을 휩쓸기 시작한 베트남전 반대운동이었다. 민주사회학생동맹(Students for a Democratic Society, SDS) 같은 학생단체들이 주도한 이 운동은 격렬한 학내 시위를 낳았고, 때로는 교수들의 참여 하에 '시국토론(teach-in)' 운동으로 발전하기도 했다. 베트남전 반대운동은 과학의 군사화에 대한 문제제기와 대학에서의 군사연구에 대한 반대로 곧장 이어졌는데, SDS의 각 대학 지부들은 대학에 속한 기관 및 연구소와 군대와의 밀월관계를 자체적으로 조사해 폭로하는 활동을 학교별로 진행했고 이러한 폭로는 다시 베트남의 민중을 학살하는 데 기여한 과학에 대한 문제제기로 이어졌다.

대학 내의 베트남전 반대운동과 과학의 사회적 역할에 대한 근본적 의문 제기가 서로 만난 가장 극적인 사건은 1969년의 이른바 '3·4(March 4)' 운동이었다. 이는 MIT에서 물리학과 생물학을 전공하던 대학원생 4명의 주도로 처음 조직화가 시작되었다. 이들은 베트남전 반대에 대한 학내 논의를 활성화하기 위해 1968년 11월에 과학행동조직위원회(Science Action Coordinating Committee, SACC)라는 단체를 만들었다. 처음에 그들은 전쟁 반대를 탄원하는 서명운동을 조직하는 온건한 활동을 펼쳤고, 이에 대해 교수집단의 지지와 참여도 잇따랐다. 그러나 1969년으로 접어들면서 운동은 급진화되기 시작했다. 1969년 1월에 그들은 군대와 과학의 관계를 좀 더 널리 알리고 이에 대해 고민해 볼 수 있는 기회로 과학자들이 하루 동안 연구를 중단하고 당면한 현안에 대해 공개적으로 논의해 볼 것을 제안했고 행사 날짜를 3월 4일로 잡았다. 이러한 결정은 언론에 과학자들의 연구 '파업'으로 묘사되면서 엄청난 반향을 일으켰고, 수십 개의 다른 대학으로 확산되어 나갔다. 3·4 행사를 준비하면서 SACC는 단지 과학의 '오용(misuse)'이 아닌, 과학 그 자체의 제도적 기반(대학)과 군대의 지원을 받는 대학 연구를 공격하는 좀 더 급진적인 입장을 내걸기 시작했다. 3월 4일에는 미국 전역의 30여개 대학에서 수천 명의 학생과 교수들이 참여해 시국토론 등의 다양한 행사가 진행되었다.

3·4 운동이 진행되는 과정에서 미국의 과학자운동에서 가장 중요한 단체 중 하나가 생겨났다. 우려하는 과학자연합(Union of Concerned Scientists, UCS)은 3·4 행사를 준비하던 상대적으로 온건한 입장의

교수와 대학원생들에 의해 1969년 3월에 창립되었다. 그들은 당시 SACC가 내건 주장이 지나치게 급진적이라고 믿고 있었고, 과학의 존재 기반을 송두리째 무너뜨리기보다는 과학자들이 체제측 전문가에 맞서는 일종의 '대항전문가(counterexpert)'로서 사회 문제 해결에 개입하고 기여하는 것이 필요하다고 보았다. UCS는 정부가 제공하지 않는 과학기술 정보를 언론과 대중에게 제공하는 권위 있는 정보원의 역할을 하고자 했다. UCS의 초기 운동을 이끌었던 것은 MIT의 물리학자 헨리 켄달(Henry Kendall)과 경제학자 대니얼 포드(Daniel Ford)였다. 1970년대에 그들은 정보공개법을 활용해 핵발전소의 안전성 문제에 대한 논쟁에서 시민집단의 가장 중요한 정보원 구실을 했다(Mitcham, 2003).

한편, 과학계 내에서 베트남전에 반대하는 움직임은 민중을 위한 과학(Science for the People, SftP)이라는 또 다른 급진과학운동단체의 결성으로 이어졌다. 이는 1967년 말 미국물리학회(American Physical Society, APS)를 개혁하려는 몇몇 물리학자들의 노력이 시발점이 되었다. 캘리포니아-버클리대학교의 물리학 교수였던 찰스 슈와르츠(Charles Schwartz)는 당시 다른 분야의 전문학회들이 베트남전에 반대하는 공식 입장을 속속 채택하고 있었던 데 반해 APS에서는 그런 행동에 미온적인 것에 불만을 갖고 있었다. 그는 APS의 기관지인 《오늘의 물리학(*Physics Today*)》에 편지를 보내 학회 차원에서 시사적인 쟁점에 관한 입장을 정할 수 있는 회원 투표가 가능하도록 학회 정관을 개정할 것을 요구했다. 이러한 요구는 《오늘의 물리학》 지면에서 열띤 논쟁을 낳았지만, 1968년 5월에 진행된 정관 개정을 위한 투표는 큰 표차로 부결되었다. 이에 슈와르츠와 스탠퍼드대학교의

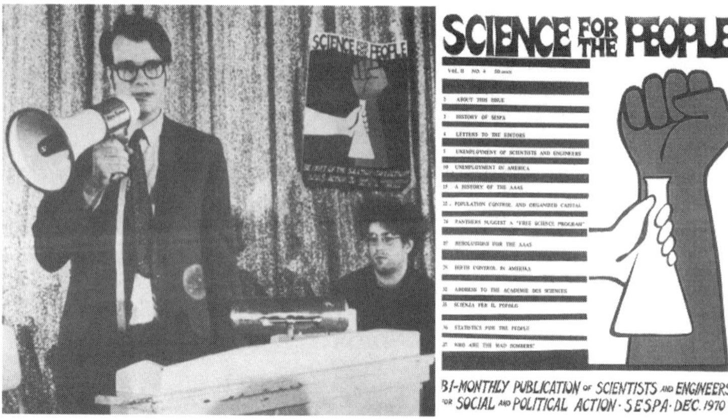

그림 10-2. 1970년 AAAS 총회에서 선전 활동을 하고 있는 '민중을 위한 과학' 활동가들(좌)과 이 단체에서 발간한 잡지 《민중을 위한 과학》의 표지(우).

물리학자 마틴 펄(Martin Perl)은 새로운 조직의 결성을 제안했고, 1969년 2월 APS가 주관한 학술대회에서 사회·정치적 행동을 위한 과학자들(Scientists for Social and Political Action, SSPA)의 결성이 공식 발표되었다. 이 단체는 곧 명칭에 '엔지니어'를 집어넣어 사회·정치적 행동을 위한 과학자와 엔지니어들(SESPA)로 알려지게 되었고, 그 해 말부터는 새로 발간하기 시작한 기관지의 이름을 따라 명칭을 '민중을 위한 과학'으로 바꾸었다.

이전 시기의 과학자운동이 (과학의 오용은 피해야 하지만) 과학의 발전은 궁극적으로 진보이며 과학자는 중립적이고 우월한 전문가로서 사회에 기여해야 한다는 생각에 기반하고 있었다면, SftP는 그러한 흐름에서 탈피해 과학적 전문성 그 자체를 의문시하고 지식과 권력의 관계를 재조명하며 과학이 민중에 봉사할 수 있는 길을 고민했다. SftP는 이러한 인식뿐 아니라 그 문제제기 방식과 활동 방식에서도 파격적이었다. 특히 수백 개의 과학 관련 학회들을 거느린 상급 단체인 미국과학진흥협회(American Association for the Advancement of Science, AAAS)의 1969년, 1970년 총회에서 그들이 벌인 활동은 학계에 충격을 주었고 전국적으로 단체의 이름을 널리 알렸다. SftP 활동가들은 엄숙함과 점잖음으로 특징지어지는 종래의 학회 분위기를 깨뜨리고 피케팅, 시위, 의사진행 방해 등의 수단을 동원해 자신들의 요구를 관철하려 했고, 군사 연구에 깊숙이 관여해 온 과학자들에게 엉터리 상을 수여하거나 '범죄'에 대한 기소장을 낭독하는 식으로 조롱했다(Wisnioski, 2003).

이처럼 전국적 차원에서 전개된 몇 가지 활동을 빼면, SftP는 탈중심화된 조직과 활동 방식을 추구했다. 한때 수십 개에 달했던 SftP의 지역 지부들은 해당 지역의 주민, 노동자, 여타 운동단체들과의 연대 하에 자체적인 활동을 전개했는데, 관련된 쟁점은 공장에서의 산업보건 문제 개입, 베트남 민중들에 대한 지원, 사회생물학에 대한 반대, 페미니즘, 제3세계 농업에 대한 지원 등으로 매우 다양했다. 이 중에서 사회생물학 반대 활동은 특히 주목할 만하다. 1975년에 에드워드 윌슨(Edward Wilson)의 책 『사회생물학(*Sociobiology*)』이 발간되자 하버드대학교의 생물학자이자 SftP의 회원이었던 리처드 르원틴(Richard Lewontin)을 비롯한 몇몇 생물학자와 교사들은 사회생물학연구그룹(Sociobiology Study Group, SSG)을 결성해 활발한 활동을 전개했고, 1983년에 이 그룹은 책임 있는 유전학을 위한 회의(Council for Responsible Genetics)라는 이름의 비영리단체로 탈바꿈했다.

한국의 과학자운동

서구에 68이 있었다면 한국에는 87이 있었다. 분단 이후 그 맥이 단절된 과학자 운동은 1987년 노동자대투쟁 이후 과학기술 노동조합 운동으로 부활했다. 1987년 12월 한국과학기술원(KIST)의 노조 설립을 필두로 수십 개의 정부출연연구소와 민간기업들에서 과학기술관련 노조 설립이 잇따랐고, 1989년 10월에는 과학기술자들의 노동운동 단체인 전문기술노동조합연맹(전문노련)이 설립되었다.

한편 이 시기에 젊은 과학기술자들의 대중운동 단체 건설도 활발하게 이뤄졌다. 주로 1980년대 초반에 대학을 다닌 직장인, 대학원생 등으로 이뤄진 이들 그룹은 1970년대 이후 생겨난 핵, 공해, 산업재해 등 과학기술의 사회적 문제에 대한 관심과 1980년대 초반 민중과학, 민족자립과학 등의 논의 성과를 살린 연장선상에서 과학기술자운동을 고민했고, 1987년 8월 "민족, 민주의 사회변혁운동에 과학기술자들의 대중적 참여를 적극 도모하고자" 청년과학기술자협의회(청과기협)를 결성했다. 이어 1990년 여름에 청과기협의 일부 회원들이 독립해서 청과기협과 다른 방향의 활동을 추구하기 위해 한국과학기술청년회(한과청)를 만들었다. 청과기협은 과학기술혁명론과 지식프롤레타리아론 등을 통해 자본주의의 고도화와 함께 과학기술자가 그 속에 포섭되는 과정을 분석해 과학기술자운동의 이론적 근거를 마련하고자 했고, 한과청은 대외종속에서 벗어난 자립적인 민족과학기술운동을 모토로 내걸었다. 한과청의 경우 1990년대 초중반에 완성형 한글코드 개정 문제나 특허심판 제도에 대한 위헌제청 등에서 정부 정책에 개입을 시도해 일정한 성과를 거두기도 했다.

그러나 이러한 역할에도 불구하고, 청과기협이나 한과청 같은 단체들은 대체로 구체적이고 대중적인 실천 프로그램을 만들어내는 데 실패했고, 1990년대 후반에 접어들면서 활동의 동력을 상실했다. 청과기협과 한과청이 문을 닫은 후 한국 사회에서 대중적 과학기술자운동 단체는 사실상 찾아볼 수 없게 되었다. 전문노련은 과학기술노동조합(과기노조)으로 이름을 바꿔 과학기술운동 단체의 정체성을 살려 나가려 했으나 시간이 흐르면서 점차 임금 및 노동환경 개선이라는 노동운동의 측면이 다른 측면을 압도하는 모습을 보였다(정광철, 1993; 박진희, 2004).

4. 영국의 급진과학운동[2]

영국의 급진과학운동은 68운동의 영향을 받아 1960년대 말에 시작되지만, 영국에는 제2차 세계대전 이전부터 저명한 과학자들이 과학과 관련된 다양한 사회 문제 해결에 개입하는 전통이 존재했다. 특히 '비저블 칼리지(Visible College)'라는 이름으로 통칭되었던 1930년대의 좌파 과학자 그룹이 중요한 역할을 했는데, 여기에는 J.D. 버널(J.D. Bernal), J.B.S. 홀데인(J.B.S. Haldane), 랜슬롯 혹벤(Lancelot Hogben), 하이먼 레비(Hyman Levy), 조셉 니덤(Joseph Needham), P.M.S. 블래킷(P.M.S. Blackett) 등 30여명의 저명한 과학자들이 포함되었다. 그들은 과학자로서도 중요한 업적을 남겼고 아울러 1930년대의 사회주의 운동에서도 두각을 나타내었다.

이들의 문제의식을 이해하려면 1930년대의 특수한 상황을 고려해야 한다. 당시 서구 자본주의 사회는 대공황으로 말미암아 대대적인 실업 문제로 시달리고 있었고, 과학자들 역시 이로부터 예외가 아니었다. 이와 함께 독일과 이탈리아 등 몇몇 국가에서 발호하고 있었던 파시즘은 과학, 군사조직, 인종주의 이데올로기를 기묘한 방식으로 뒤섞어 서유럽의 자유를 위협하고 있었다. 이러한 상황에서 젊은 과학자들은 당시 소련으로 대표되었던 '과학적 사회주의'를 하나의 대안으로 받아들였고 자연스럽게 이에 매혹되었다. 1930년대 좌파 과학자운동의 대표격이었던 버널은 1939년에 발표한 『과학의 사회적 기능(*The Social Function of Science*)』에서 과학을 기술적·사회적 변

2 이 절의 서술은 워스키(2014)에 크게 기대고 있다.

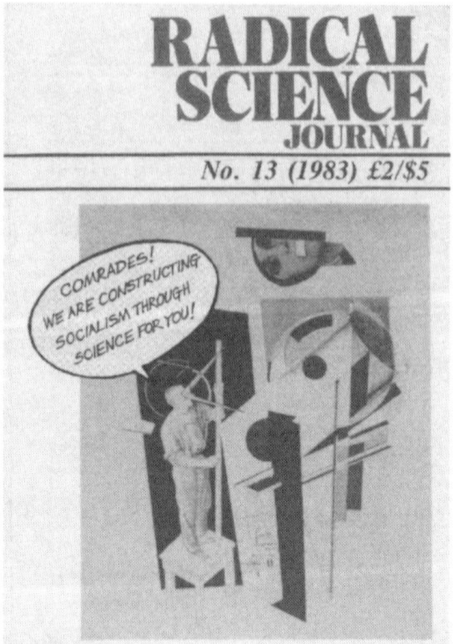

그림 10-3. 1970년대 중반부터 1980년대 중반까지 급진과학동인이 발간했던 《급진과학저널》의 표지.

혁의 원동력으로, 과학 노동자를 새로운 사회의 핵심이자 권력의 중심으로 그려내면서 이러한 과학의 잠재력은 체계적이고 계획적인 사회주의 체제 하에서만 온전히 발휘될 수 있다는 주장을 펼쳤다. 그들은 이러한 자신들의 주장을 대중적으로 선전하는 작업에 나섰고, 과학노동자연맹(Association of Scientific Workers)을 조직해 과학자들의 권익을 보호하고 공공 연구개발의 확충을 주장하기도 했다.

이처럼 1930년대 좌파 과학자들은 과학을 가치중립적인 힘이자 해방의 잠재력으로 그려냈고 그것의 잠재력을 가로막는 자본주의 사회의 모순을 비판했다. 그러나 제2차 세계대전에서 미국이 개발해 실전에 사용된 원자폭탄은 과학과 미래에 대한 그들의 낙관에 찬물을 끼얹었다. 이어진 냉전 체제 하에서 그들은 소련과 연관된 불온한 인물로 낙인찍혀 활동의 폭이 크게 줄어들었고, 1953년 스탈린 사망 후 스탈린 체제의 죄과가 백일하에 드러나면서 사실상 정치적 사망 선고를 받았다.

그 뒤를 이은 1960년대 영국의 급진과학운동은 SESPA/SftP와 UCS 등 미국에서 새로운 과학자단체들이 등장한 데 자극받아 시작되었다. 1969년 창립된 영국 과학의 사회적 책임 협회(British Society for Social Responsibility in Science, BSSRS)에는 구좌파, 자유주의자, 급진주의자 등 다양한 정파들이 뒤섞여 있었고, 활동도 지역 지부나 주제별로 다양하게 전개되었다. 공장에서의 직업보건 문제 개입, 인종주의 비판, 과학과 페미니즘, 통계학의 오용에 대한 폭로 등이 이어졌고, 기술이 북아일랜드의 정치적 억압에 어떤 식으로 기여하고 있는지에 대한 문제제기도 있었다. 그러나 다양한 정파와 입장이 뒤섞인 BSSRS의 구성은 이내 내부적인 균열을 낳았다. 힐러리 로즈(Hilary Rose)와 스티븐 로즈(Steven Rose) 부부처럼 좀 더 급진적인 입장을 가진 과학자들이나 마이클 스완(Michael Swann)과 존 자이먼(John Ziman)처럼 좀 더 온건한 자유주의 성향의 과학자들은 이내 단체에서 탈퇴해 독자적인 행보를 전개하게 되었다. 이와 함께 미국에서 건너온 과학사학자 로버트 영이 이끌었던 급진과학동인(Radical Science Collective)이 1971년에 결성돼 1974년부터 《급진과학저널(*Radical Science Journal*)》을 발간하기 시작했다.

영국의 급진과학운동은 미국에 비해 과학의 본질에 대한 이론적인 작업이 좀 더 활발했고, 과학과 기술에 대한 다양한 급진적 관점들이 그 속에서 개진되었다. 로즈 부부는 과학을 가치중립적인 힘으로 상정했던 버널 같은 구좌파 과학자들을 비판하면서, IQ 인종주의나 사회생물학을 겨냥해 과학은 일종의 이데올로기라는 급진적인 이론을 전개했다. 이에 대해 급진과학동인은 과학을 가치중립적으로 보는 버널의 입장과 과학을 이데올로기로 보는 로즈 부부의 입장을 모두 비판하고 나섰다. 그들은 미국에서 진행 중이던 노동과정 논쟁의 영향을 받아 자본주의하에서 과학의 생산과 그것이 미치는 파급

효과를 이해하기 위해서는 과학을 일종의 노동과정(labor process)으로 보아야 한다는 주장을 펼쳤다. 그러나 이러한 주장이 지닌 흥미로운 잠재력이 이론적인 수준을 넘어 실제 과학 생산과정에 대한 사례연구로 이어지지는 못했다.

한편, 급진과학운동과 관련해 기술에 대한 이론화에서 주목할 만한 사례로는 1970년대 중반 마이크 쿨리(Mike Cooley)의 주도 아래 루카스항공의 노동자들이 추진한 협동계획(Corporate Plan)이 있다. 그들은 선진 자본주의 사회의 기술이 대단히 고도로 발달했지만, 정작 사회 구성원들의 필요와는 동떨어져 있는 현실의 모순에 주목했고, 이러한 문제의식에 입각해 사회적으로 유용한 생산(socially useful production)이라는 개념을 제시하고 시장에서 소외된 사람들의 필요를 충족시키기 위한 시범적 연구개발을 수행했다. 루카스항공의 실험은 회사 경영진의 거부와 당시 노동당 정부의 비협조로 실패로 돌아갔지만, 여기 담긴 문제의식은 1980년대 초 노동당 좌파가 집권한 광역런던의회(Greater London Council)로 계승되어 지방정부의 강령과 정책에 영향을 미쳤고(서영표, 2009), 이후의 기술정치에도 지속적인 영감의 원천이 되었다.

5. 과학자운동의 의미와 딜레마

1960년대 말에서 1970년대까지 한 시대를 풍미했던 급진과학운동의 흐름은 1980년대 들어 미국과 영국에서 보수주의 정부가 들어서고 신자유주의의 물결이 사회를 휩쓸면서 그 동력을 상실했다. 이에 따라 미국의 SftP나 영국의 급진과학동인 같은 단체들은 1980년대 말에 활동이 중단되었다. 그러나 이러한 몇몇 사례들을 빼면 제2차 세계대전 이후에 생겨난 많은 과학자운동 단체들은 지금까지도 건재하며 활발한 활동을 전개하고 있다. FAS는 현재 50여명의 노벨상 수상자를 포함해 5천 명의 회원을 거느리고 있고, 《원자과학자회보》 역시 지속적으로 발간되고 있으며, UCS는 8만 명의 회원과 4개 도시에 있는 130명의 전임 활동가를 두고 매년 2천만 달러의 예산을 쓰는 거대한 단체로 성장했다. 이러한 단체들은 한때 과학자운동의 문제의식을 주도했던 핵무기 반대나 군비 축소 같은 몇몇 주제들에 국한되지 않고 좀 더 폭넓은 주제들로 확장해 왔다. 1980년대에는 일명 '스타워즈 계획'으로 불리는 레이건 행정부의 전략방위계획(Strategic Defense Initiative, SDI)에 반대하는 목소리를 냈고, 1990년대 이후에는 농업과 환경의 관계나 지구온난화 방지 같은 주제들로 관심을 넓히고 있다.

과학자운동의 성과는 여러 실천 활동과 그로부터 얻은 가시적 성과 외에도 그것이 취한 이론적 관점에서도 찾을 수 있다. 과학자운동에 참여했던 과학자들은 자신들이 연구하는 과학의 본질에 대해 좋건 싫건 나름의 이해를 기해야 했고, 이는 때로 과학의 전문성이 지닌 한계나 과학과 지배 이데올로기의 관계에 대한 심오한 통찰로 발전하기도 했다. 과학자운동에 참여했던 과학자들 중 일부는 과학 연구, 군사무기 개발, 기업의 이윤추구의 관계에 대한 자기성찰에 근거해 과학자라는 직업을 스스로 그만두는 극단적인 선택을 하기도 했다.

이처럼 전후 과학자운동은 과학의 본질을 이해하고 현재의 과학

한국의 대항전문가들

과학기술자운동 단체의 활동은 극히 미미하지만, 한국의 사회운동에서 대항전문가의 역할마저 찾아보기 어려운 것은 아니다. 정보운동, 환경운동, 산업보건운동 등의 부문운동들에서는 관련 분야의 전문가와 활동가들로 구성된 단체들이 중요한 대항전문가로서의 역할을 담당하고 있다. 시민환경연구소, 노동건강연대(구 노동과건강연구소), 진보네트워크, 보건의료단체연합 등의 단체들은 지난 20여년 동안 주류 과학계의 무관심 속에서 외로운 투쟁을 벌여 왔다. 최근 몇 년간 한국사회에서 터져나온 과학기술/환경 관련 사안들(미국산 쇠고기 수입재개 논쟁, 4대강 살리기 논쟁, 삼성반도체 백혈병 논쟁, 천안함 침몰 원인을 둘러싼 논쟁, 구제역 사태)은 이러한 단체들과 직간접적으로 연관된 대항전문가의 이름들(박상표, 우석균, 김정욱, 박창근, 반올림, 이승헌, 김정수 등등)과 떼어놓고는 거의 생각할 수조차 없다.

그러나 몇몇 대항전문가들의 고군분투에도 불구하고, 과학자단체의 제도적 뒷받침이 없는 상태에서 이러한 움직임은 개인의 양심에 따른 활동 이상으로 확장되기 어렵다. 상대적으로 전문직에 속한 개인의 자율성이 보장되는 보건의료계에서 대항전문가를 가장 흔히 찾아볼 수 있는 이유도 바로 여기에 있다. 이 때문에 가령 한국의 반핵운동에서는 미국의 우려하는 과학자연합이나 일본의 다카기 진자부로가 이끌었던 원자력자료정보실 같은 대항전문가 조직을 찾아볼 수 없다. 이러한 대항전문가의 부진은 사실상 한국사회에서 과학기술과 관련된 사회적 논쟁을 특징짓는 한 가지 요소로 자리 잡았다.

을 좀 더 나은 방향으로 변화시키는 이론적인 측면과 실천적인 측면 모두에서 STS에 중요한 기여를 해 왔다. 그러나 나름의 전문성을 살리면서 사회운동에 기여하려는 대항전문가 내지 '시민과학자(citizen scientist)'들의 활동은 과학에 대한 대중의 기대와 충돌하면서 미묘한 긴장을 낳고 있다. 대중은 대체로 과학 정보의 객관성과 중립성을 믿고 있으며 과학자가 사회적으로 갖는 권위도 바로 여기서 유래한다고 생각한다. 과학자가 이러한 객관성과 중립성을 저버리고 특정한 입장을 편드는 것처럼 보이는 순간 그가 가진 전문성과 권위는 심대한 타격을 받게 된다. 따라서 과학자운동은 과학 정보제공의 중립성과 특정한 쟁점에 대한 입장 개진 사이에서 아슬아슬한 균형을 잡아야 하는 어려운 과제를 안고 있다. 이는 바꿔 말하면 과학의 탈신화화가 그만큼 어려운 과제라는 뜻도 된다. 과학자들이 논쟁 상황에서 솔직하게 진정으로 중립적인 과학이란 존재할 수 없음을 인정하거나 과학이 갖는 한계를 언급하면 이는 이미 대중이 원하는 과학이 아니게 된다는 점에서 그렇다. 대중(혹은 사회운동)이 원하는 과학은 과학의 권위를 그대로 유지하면서 동시에 자신들의 입장을 확고하게 지지해 주는, 어찌 보면 모순된 요구를 담은 것이기 때문이다. 이는 과학자운동의 미래에 대해 중요한 고민거리를 제공해 주고 있다.

더 생각해 볼 문제

1. 전후의 과학자운동을 관통하는 핵심 문제의식은 '과학자의 사회적 책임'에 있다. 그러나 이 용어는 서로 다른 세대의 과학자운동에 의해 서로 다른 방식으로 이해되어 왔다. 가령《원자과학자회보》의 발간에 참여한 질라드와 라비노비치는 과학적 사고를 통해 사회 문제를 해결할 수 있으며 과학자운동은 엘리트집단을 상대로 해서 문제 해결을 위한 노력을 기울여야 한다는 과학주의와 엘리트주의에 입각해 있었다. 반면 1960년대 이후 신좌파운동의 세례를 받은 카머너는 과학자의 역할이 대중을 대신해 결정을 내려주는 데 있는 것이 아니라, 대중에게 접근 가능한 과학 정보를 제공해서 그들 스스로 정치적 의사결정에 참여할 수 있게 돕는 것이라고 생각했다. '과학자의 사회적 책임'을 바라보는 이처럼 상이한 입장들을 비판적으로 평가해 보라.
2. 68 이후 미국의 급진과학운동에 참여했던 과학자 존 벡위드는 자신이 대학원에 다닐 때 절친했던 실험실 동료인 프랑수아가 과학자로서의 길을 포기한 사례를 자서전에서 언급하고 있다. 프랑수아는 오늘날의 과학이 군사무기 개발이나 힘센 사회집단의 입김으로부터 도저히 분리해낼 수 없으며 자신도 그러한 체제를 움직이는 톱니바퀴 중 하나가 될 수밖에 없다는 사실을 깨닫고 과학을 그만두는 개인적 결단을 내렸다. 반면 벡위드는 그러한 문제점과 한계를 인정하면서도, 과학 활동을 계속하면서 그 속에서 운동에 참여해 싸워나가기로 결정을 내렸다. 두 사람의 상이한 결정을 어떻게 평가해야 할까? 자신의 생각을 얘기해 보라.
3. 서구의 과학자운동의 역사와 비교해 보면 한국은 과학자운동의 역사가 짧을뿐더러 현재 활동하고 있는 단체도 사실상 전무한 불모지에 속한다. 또한 한국에서 개인적으로 활동하는 대항전문가들 역시 제도적 뒷받침의 부재로 어려움을 겪고 있다. 이러한 '한국적 상황'이 빚어진 이유에는 어떤 것이 있을지 생각해 보라.

〈심화학습을 위한 자료〉

- '과학과 인간' 편집위(1988), 『과학기술자들의 사회운동』, 온누리.
- 나카야마, 시게루(1982), 『과학과 사회의 현대사』, 풀빛.
- 벡위드, 존, 김동광 외 옮김(2009), 『과학과 사회운동 사이에서』, 그린비.
- 조홍섭 편저(1984), 『현대의 과학기술과 인간해방』, 한길사.
- 진자부로, 다카기, 김원식 옮김(2011), 『시민과학자로 살다』, 녹색평론사.
- 워스키, 게리, 김명진 옮김(2014), 『과학…… 좌파』, 이매진.

11장

과학기술이 윤리를 만날 때

손화철

손화철(한동대학교 글로벌리더십학부 교수)

서울대학교 철학과를 졸업하고 벨기에 루벤대학교 철학부에서 학사 및 석·박사 학위를 취득했다. 세부 전공은 기술철학(Philosophy of Technology)이며, 주요 연구 분야는 기술과 민주주의, 기술철학의 고전이론, 공학윤리, 연구윤리, 기술과 현대 미디어 등이다. 현재 한동대학교 글로벌리더십 학부의 철학 담당 교수로 재직 중이다. 저서로는 『현대기술의 빛과 그림자: 토플러와 엘륄』, 공저로 『필로테크놀로지를 말한다』, 『욕망하는 테크놀로지』, 『과학철학: 흐름과 쟁점, 그리고 확장』 등이 있으며, 『길을 묻는 테크놀로지』를 번역했다.

과학과 기술을 이해하는 데 있어 굳이 윤리를 논할 필요가 있는가? 널리 퍼진 상식을 따르자면, 과학과 기술은 자연을 대상으로 삼고 객관성과 중립성을 그 특징으로 한다. 반면 윤리는 인간과 인간 사이의 관계에 집중하면서 가치 판단을 하는데, 이때 판단의 기준은 객관적이기보다는 주관적이라고 볼 수 있다. 이와 같은 입장에 받아들인다면 윤리의 문제는 과학기술의 영역과 무관하거나, 연관성이 있더라도 주변적인 중요성을 가지는 것에 불과하다.

그러나 조금만 생각해 보면 이러한 상식은 우리가 현실에서 경험하는 바와 다르다. 종교인이나 평화주의자 중에는 전쟁을 위한 무기 개발을 하는 공학자가 되는 것에 대해 윤리적 부담을 느끼는 사람이 있고, 인간 복제와 같은 생명공학에 대한 거부감은 상당히 일반적이다. 뛰어난 기능과 외양을 가지고 있더라도 에너지 소모가 지나친 제품에 대해서는 비판이 일기 십상이고, 누군가 에너지를 과도하게 사용하면 비난의 대상이 된다. 연구윤리를 지키지 않은 과학자와 공학자가 사회적으로 매장되는가 하면, 착한 과학기술을 표방하며 저개발 국가에서 개발, 사용, 유지할 수 있는 공학설계를 추구하기도 한다. 이전에는 고민할 필요조차 없었던 뇌사, 안락사, 장기이식의 문제가 대두되고, 아직 초보적인 단계에 있는 나노기술이나 로봇기술이 미래에 초래할 지도 모르는 문제들을 준비하려는 움직임도 있다.

요컨대, 다양한 차원에서 과학기술과 윤리가 만나고 있는 것이다.

복잡하게 얽혀 있는 이러한 만남의 다양한 층위들을 속속들이 파헤치는 것은 거의 불가능할지도 모른다. 이 장에서는 과학기술과 윤리가 만나는 지점들을 크게 두 가지로 나누어 살펴보도록 한다. 하나는 현대 과학기술이 기존의 윤리에 어떤 영향을 끼쳤는지 분석하는 것이다. 이를 통해 현대 과학기술이 제공한 여러 가지 가능성들은 우리가 가지고 있던 행위와 판단의 준칙들을 근본적으로 재구성하는 힘이 있다는 것을 알게 되고, 그러한 힘을 이해하는 것이 과학기술학의 중요함 목표라는 것이 드러난다. 다른 하나는 윤리적 고려들이 현대 과학기술 활동에 어떤 식으로 개입해 들어가고 있는지를 살펴보는 것이다. 연구윤리와 공학윤리 같은 분야들이 윤리학의 세부 주제들로 편입되었고, 새로 생겨나는 기술들에 대한 윤리적 고찰이 활발하게 일어나고 있다.

이러한 탐구의 궁극적인 목적은 보다 나은 과학기술의 발전을 추구하는 것이다. 그러나 여기에서는 과학기술과 윤리의 관계를 면밀하게 분석하고 관련 논의를 체계적으로 위치지우는 것에 초점을 맞추도록 한다.

1. 과학기술을 만난 윤리

1) 흔들리는 전통윤리

윤리는 일차적으로 사람들이 모여 살면서 생겨나게 되는 규범이다. 혼자 사는 사람에게는 윤리가 필요하지 않으며, 인간과 자연 사이에는 윤리적 관계가 형성되지 않는다고 보는 것이 일반적이다. 윤리는 '옳음' 혹은 '좋음'에 대한 한 사회 구성원들의 일반적이고 전통적인 견해를 반영하기 때문에, 공식적인 합의나 절대자의 권위에 의해서 정해지는 법과는 구별된다. 법에서는 그 적용의 한계와 위반에 대한 처벌이 비교적 분명하지만, 윤리는 그 한계도 모호하고 위반했을 때의 불이익도 명확하지 않다. 윤리가 주관적인 것이라 생각하거나, 윤리적 판단의 일부를 법으로 규정하여 명확한 기준으로 삼으려는 이유도 윤리의 이런 특징 때문이다.

물론 윤리의 준칙들이 인간 이성에 명확하게 드러난다고 본 의무론의 입장이나, 고통과 쾌락의 정교한 계산을 통해 윤리적 판단이 가능하다고 주장한 공리주의 이론은 윤리적 기준도 객관적으로 확립될 수 있음을 주장한다. 그러나 이와 같은 견해들을 모두 받아들이더라도, 전통적인 윤리학이 사람과 사람 사이의 관계를 주로 규정해 왔으며, 옳고 그름에 대한 사람들의 의식이 그 사회의 문화적, 정신적 특징을 대변하기도 한다는 사실을 부인할 수는 없다. 따라서 윤리적인 판단의 근거는 일반적으로 오랜 시간에 걸쳐 형성되고 잘 변하지 않는다.

이런 일반론에 비추어 볼 때, 현대 과학기술이 전통적 윤리에 미친 영향은 엄청나다고 할 수 있다. 이 장에서 다루는 과학기술과 윤리의 연관성이 문제로 떠오른 것 자체가 현대 기술의 발전과 연결되어 있음을 기억해야 한다. 그 변화의 충격이 둔탁하여 당장 피부에 느낄 만한 영향을 느끼는 것은 아니다. 그러나 현대 과학기술 시대를 살아가는 우리의 윤리적 판단은 깊고도 큰 폭의 흔들림에 노출되어 있다고 할 수 있다. 따라서 이 문제를 좀 더 구체적이고 실감나게 풀어가기 위해서는 현대 과학기술이 윤리에 대한 인식에 가져온 변화에 대해 몇 가지 차원에서 차례차례 살펴볼 필요가 있다.

2) 윤리와 연관된 주요 개념들의 의미 변화

현대 과학기술의 발전을 통해 인간의 삶을 구성하는 주요 사건들이 과거와는 다른 의미를 가지게 되었다. 가장 대표적인 예로는 생로병사의 문제가 있다. 의학과 관련 분야들의 눈부신 발전은 단순히 사람들이 더 오래 살고 병을 더 잘 고치는 데 그치지 않는다. 우리는 이제 태어남, 늙음, 병듦, 죽음의 의미를 각각 이전과는 전혀 다른 방식으로 이해하게 되었다. 시험관 아기의 탄생은 불임부부들의 고통을 덜어주기도 하지만, 신이나 운명의 영역에 속했던 새 생명의 탄생을 어느 정도 조작 가능한 것으로 만들었다. 죽음에 대한 정의는 비교적 단순했지만, 장기이식이 가능해지면서 뇌사라는 새로운 개념이 등장하게 되었다.

'윤리' 개념 그 자체도 과학기술의 발전에 영향을 받고 있다. 뇌신경학이나 진화윤리학은 옳고 그름을 판단하는 것의 기원을 찾으려 노력하고 있다. 이들의 연구는 지금까지 인류가 알아온 옳고 그름의 판단이 물리적 혹은 생물학적인 기원을 갖는다는 전제에 바탕하고 있는데, 이는 윤리의 개념에 획기적인 변화를 예고하고 있는 것이다.

3) 윤리적 판단의 시공간적 한계

현대 과학기술은 인간 행위의 시간적·공간적 범위를 크게 확장시켰다. 이에 따라 과거에 윤리적인 판단을 할 때 전제되었던 시공간적 한계가 완전히 없어졌다고 해도 과언이 아니다. 그 대표적인 예로 환경과 관련된 윤리적 판단을 들 수 있다. 환경 친화적이 되어야 한다는 윤리적 판단의 근거는 내가 살고 있는 지역이나 나와 내 자식의 세대에 국한되지 않는다. 한국에서 배출하는 온실 가스는 남극의 오존층에 영향을 미치고, 남미의 열대림 파괴는 지구 온난화와 연결되어 있다. 그런데 이러한 결과는 내가 어떤 행위를 한 후 바로 일어나는 것이 아니라 오랜 시간을 두고 진행된다. 과도한 에너지 사용은 미래 세대에 엄청난 짐을 안기게 마련이다. 예를 들어 핵발전 이후에 남는 사용 후 핵연료는 최소 10만 년 이상 안전하게 관리되어야 한다.

일반적으로 어떤 행위에 대한 윤리적 판단은 그 행위가 어떤 결과를 가져올 것인가에 대한 대체적인 예측이 가능하다는 것을 전제로 한다. 그러나 과학기술이 인간 행위의 시공간적 영향력을 극대화하면서 '의도하지 않은 결과(unintended consequences)'의 문제가 생겨난다. 현시점에서는 의도한 바를 충실하게 성취할 수 있는 행위가 먼 훗날 전혀 생각하지 못했던 결과로 이어질 수 있는 것이다.

물론 과거에도 인간이 상당한 범위의 공간이나 오랜 기간 동안 영향을 미칠 수 있는 행위를 할 가능성이 없지는 않았다. 또 의도하지 않은 결과의 문제가 과거에 전혀 없었던 것도 아니다. 그러나 그 영향력의 공간적 시간적 규모는 오늘날 현대 과학기술과는 비교하기 힘들 정도로 차이가 났던 것이 사실이다. 한스 요나스(Hans Jonas), 마르틴 하이데거(Martin Heidegger), 자크 엘륄(Jacques Ellul) 같은 학자들이 과거와 현대의 과학기술을 뚜렷하게 구분하여 사유하려는 이유가 바로 이것이다.

하이데거와 기술의 문제

20세기 가장 중요한 철학자 중 한 명으로 꼽히는 하이데거는 유명한 『존재와 시간』이라는 저서에서 플라톤 이래 서양 형이상학이 존재의 물음을 망각하고 존재자에 대한 물음에만 치중해 왔다고 비판했다. 이 말을 풀이하면, 신, 사람, 물건, 자연 같은 존재자에 대해 잘 안다고 해서 동사로서의 '존재' 혹은 '있음'을 이해했다고 볼 수는 없다는 것이다. 그는 철학이 가장 근본적인 물음을 물어야 하기 때문에, 진정한 철학적 물음의 대상은 존재자가 아니라 존재라고 주장한다.

하이데거는 현재 과학기술을 존재자 중심의 철학이 낳은 최종 결과물로 파악한다. 존재자에 대한 이해는 존재자를 대상화하고, 지배하는 방식이다. 자연에 대한 이해는 결국 자연의 지배로 이어지고, 이어서 인간에 대한 지배로 이어진다. 현대 과학기술사회에서 인간은 존재의 문제를 묻는 특별한 존재자가 아닌, 공장에 쌓여 있는 부품더미 속의 한 부속과 같은 취급을 받게 된 것이다. 이러한 문제 상황의 극복은 본래 물어야 할 물음, 곧 존재에 대한 물음을 묻는 것에서 다시 시작되어야 한다는 것이 하이데거의 주장이다.

4) 윤리적 행위의 새로운 대상들

윤리적 판단의 시공간적 한계가 사라진 것은 윤리적 행위의 대상이 변화한 것과도 밀접한 관련을 가진다. 과거에는 근거리, 동시대에 살고 있는 사람들이 윤리적 행위의 대상이었지만, 현대에는 이러한 기준이 적용되지 않는다. 무역 시장이 커지면서 한국인들이 소비하는 물건은 전 세계 곳곳에서 만들어지는데, 그 과정에 무슨 일이 있었는지는 알 길이 없다. 예를 들어 우리가 싼 값에 합리적으로 구매한 물건이 아동학대나 노동착취의 결과물일 수도 있다. 그래서 다국적 기업들이 부당한 착취를 통해 생산한 물건의 소비를 거부하는 운동이나, '공정무역'을 실천하려는 움직임이 생겨난다. 앞서 언급한 미래 세대에 대한 고려도 윤리적 행위의 대상이 확대된 것으로 볼 수 있다.

자연이 중요한 윤리적 행위의 대상으로 떠오른 것 역시 주목할 만한 일이다. 물론 동양에서는 인간과 자연의 관계를 서양에서처럼 동떨어진 것으로 보지 않았지만, 여전히 윤리에 대한 논의는 인간과 인간 사이의 규범을 중심으로 이루어졌다. 그러나 20세기 중반에서부터 인간과 자연의 관계가 윤리학에서 좀 더 큰 비중을 차지하게 되었다.

물론 자연 자체가 윤리적 행위의 대상으로 보아야 하는지, 아니면 자연의 파괴가 궁극적으로 인간에게 해악을 미치기 때문에 간접적인 윤리적 중요성을 가지는지에 대한 철학적 토론은 아직 결론에 이르지 못했다. 그러나 그 토론을 논외로 하더라도, 책임의 윤리를 강조하는 한스 요나스의 논변에 주의를 기울일 필요가 있다(요나스, 1994). 요나스에 따르면, 과거에는 자연이 워낙 크고 힘이 강해서 자연을 대상으로 하는 행위가 가지는 윤리성을 논할 필요가 없었다. 산 전체를 불태울 수는 있지만, 결국 산이 없어지는 것도 아니고 나무들은 다시 자라게 마련이기 때문이다. 그러나 핵무기로 대표되는 현대 기술의 힘은 인간에게 자연 전체를 없애버릴 수 있는 힘을 부여하였고, 그렇게 된 현 시점에서는 자연 역시 윤리적 행위의 대상이 된다. 인간을 시공간적으로 초월하는 '어머니 자연'의 개념은 현대 기술의 시대에 더 이상 맞지 않는다. '자연 보호'라는 말은 과거에는 얼토당토 않는 말이었지만, 자연에 존재하지 않던 수많은 물질과 생명을 임의로 만들고, 기존의 자연 질서를 영구히 변형시키는 힘을 가지게 된 지금은 우리에게 책임 있게 행동할 것을 요구하고 있는 것이다. 이런 맥락에서 동물학대에 대한 문제의식이 점점 커지고 있으며, 멸종위기 생물이나 열대림을 지키는 것을 윤리의 범위에 포함시키기도 한다.

5) 윤리적 행위자의 확장

윤리적 행위의 주체, 즉 행위자와 관련해서도 변화가 생겨났다. 과거에 윤리적 행위의 주체는 주로 개인이었지만, 현대에 와서는 집단이 가지는 윤리적 책임에 대한 물음이 진지하게 제기되고 있다. UN에서 사용을 금지하기로 결의한 집속탄과 같은 살상무기의 경우, 그 무기의 사용으로 인해 초래된 윤리적 과오의 책임을 누구에게 물을 것인가? 그 무기를 사용하기로 결정한 군대 지휘관, 집속탄을 직접 살포한 비행기 조종사, 무기구입을 책임진 국방부 공무원, 집속탄을 제조한 회사의 CEO, 그 무기를 설계한 공학자 등 이 사건과 관련된 이들은 많지만, 이 중 누구에게 책임을 물어야 할지는 그리 명확하지 않다. 그렇다고 해서 어떤 집단을 윤리적 책임의 주체로 보는 것도 막연하기 때문에, 결과적으로는 모두가 책임을 회피하기 쉬운 결과가 생겨나기도 한다. 문제는 윤리적 행위의 주체가 명확하지 않더라도 피해자는 분명히 있다는 사실이다. 물론 과거에도 윤리적 책임의 소재가 불분명한 경우는 많이 있었다. 그러나 현대기술이 이런 경우를 일반화시키고 있으며, 그 피해의 규모와 심각성이 훨씬 커졌다는데 그 심각성이 있다. 따라서 비윤리적 행위로 인한 피해를 저지하거나 감소시킬 역량이 조금이라도 있는 개인과 집단 모두에게 윤리적 책임을 물어야 한다는 원칙에 동의하는 것이 우선 중요하다. 그 동의에 입각하여 그 책임의 차등 문제에 대한 좀 더 정교한 고민과 분석이 이루어질 수 있을 것이다.

윤리적 책임의 소재가 복잡해진 것은 다음 절에서 좀 더 상세하게 검토할 전문가 집단의 윤리로 이어진다. 연구자 일반에게 적용된다고 할 수 있는 연구윤리와 공학자들의 공학윤리, 의사들과 생명과학·공학자 들의 의료윤리와 생명윤리 등이 대표적인 예이다. 이는 현대 과학기술의 발전이 관련 전문가들의 위상을 높였을 뿐 아니라, 일반적으로 모두에게 보편적이라 생각되어 온 윤리의 차원에서도 그들에게 특정한 책임을 요구하고 있다는 사실을 잘 보여 준다.

2. 윤리를 만난 과학기술

1) 과학기술의 윤리적 성격

과학기술은 객관적 사실의 영역을 다루는 것으로 널리 알려졌다. 따라서 과학기술이 윤리를 만나는 경우는 그 최종단계, 즉 그것이 실천적인 목적으로 사용될 때만으로 한정된다고 생각되었다. 과학기술 자체는 목적을 위한 도구이기 때문에 그 자체로는 윤리적 판단의 대상이 되지 않는다고 본 것이다. 과학기술이 윤리적으로 바람직하게도, 바람직하지 않게도 사용될 수 있다는 결론은 이러한 일반적 이해에서 비롯된 셈이다. 그러나 이와 같은 통념은 20세기 중반부터 여러 가지 방식으로 반박되어 왔다.

과학철학에서는 '과학이란 무엇인가'라는 물음을 중심으로 과학의 객관성에 대한 여러 논의가 진행되었다. 그중에서 20세기 후반

사상계에 큰 영향을 미친 토머스 쿤은 자신의 패러다임 이론을 통해 모든 과학적 관찰은 관찰 주체가 이미 받아들이고 있는 선지식, 즉 과학자사회의 합의에 영향을 받는다고 주장했다(2002). 따라서 예상과 다른 관찰결과는 기존의 이론을 부정하는 객관적 근거로서보다는 그 이론과 일관되게 설명되어야 할 수수께끼로 인식된다는 것이다.

패러다임 이론을 윤리의 문제로 확대시켜 연결시켜 본다면, 모든 과학기술 활동의 근저에는 과학적 이론뿐 아니라 그것이 속한 사회와 시대의 윤리적인 기준이 어느 정도 영향을 미치고 있다고 할 것이다. 결국 과학기술은 일반적인 의미에서 객관적이지 않을 뿐 아니라 윤리적인 특징을 가졌다고까지 말할 수 있게 된다. 이것을 인정하고 나면, 과학기술 자체에 대한 윤리적인 평가가 그렇게 이상한 것이 아니다.

미디어 이론가인 마샬 맥루언(Marshall McLuhan)은 "미디어는 메시지"라는 유명한 주장을 통해 매체가 가지는 중요성을 설파했다(2011). 그에 따르면 인간과 인간, 인간과 자연을 연결하는 모든 매개, 즉 미디어는 그 연관관계의 성격 자체를 규정한다. 예를 들어 같은 내용의 생일 축하 메시지라도 직접 만나 전달할 때와 전화로 이야기할 때, 이메일이나 휴대전화 문자 서비스로 보낼 때 각각 서로 다른 의미로 전달되게 마련이다.

인간 사이의 관계에서 통용되는 규범을 윤리라 할 때, 과학기술이 그 관계 자체의 한 구성요소가 된다. 따라서 맥루언의 주장은 과학기술 역시 윤리적인 의미를 가진다는 함의를 가진다. 위의 쿤의 주장과 합쳐서 생각하면, 모든 과학과 기술은 특정한 세계관을 반영하고 있고, 그 세계관은 다시 특정한 윤리적 태도를 포함한다고도 할 수 있겠다. 다시 말해서 각 시대의 기술들과 특정 기술의 추구는 모두 그 시대의 윤리와 가치를 일정 부분 반영하고, 결과적으로 그에 상응하는 윤리적 결과로 이어질 것이다.

'과학기술은 윤리적'이라는 명제를 이런 방식으로 논하는 것은 다소 일반적이고 추상적인 측면이 없지 않다. 또 이런 철학적 성찰보다는 앞서 언급한 여러 가지 현실적인 고민과 우려들이 과학기술에 대한 윤리적 관심을 불러 일으켰다고 하는 것이 사실에 더 부합한다. 그러나 이러한 이론적 논의들은 그와 같은 실천적 고민이 필요하다는 사실을 뒷받침해주는 중요한 근거이기 때문에 간과해서는 안 된다.

이 절에서는 과학기술의 영역에 윤리적 논의가 어떻게 침투하고, 어떤 영향을 미치고 있는지를 살펴보도록 한다. 이것은 앞의 논의와 밀접한 연관이 있기는 하지만 서로 다르다. 현대 과학기술이 윤리에 미친 영향은 인위적이거나 의도적인 것이 아니라, 인간의 물리적 영향력이 커짐에 따라 자연스럽게 일어난 일이다. 반면 과학기술 활동에 대한 윤리적 판단은 최근까지 유보되어 오다가 과학기술 발전에 따른 여러 가지 폐해들이 커지면서 요청된 것이라 할 수 있다. 따라서 구체적인 예시들에서 중복되는 부분이 있다 하더라도 과학과 윤리가 만나는 두 방식을 구별하여 생각할 필요가 있다.

과학기술학을 과학기술이 어떤 방식으로 형성, 유지, 발전되는지에 대한 총체적인 이해를 추구하는 학문으로 정의한다면, 사실상 이 분야에서 다루는 많은 부분들이 직·간접적으로 윤리의 문제와 연결이 되어 있다. 다른 장들에서 더 깊이 다루고 있는 내용들을 굳이 반복할 필요가 없으므로, 본 절의 나머지 부분에서는 이 책의 나머지 부분에서 다루지 않고 있는 윤리 관련 주제들을 중심으로 살펴보도록 한다. 먼저 과학기술과 관련하여 새롭게 제기되는 윤리적 물음들을 개괄적으로 살펴보고, 이어서 전문가 윤리에 대해서 좀 더 자세히 알아보도록 한다. 마지막으로는 '좋은 과학기술'을 추구하는 흐름을 소개할 것이다.

2) 새로운 윤리적 물음들

① 환경윤리

환경에 대한 관심은 이제 일반적이 되었다. 자연이 윤리적 행위의 대상에 된 것에 대해서는 이미 위에서 언급한 바 있다. 환경에 대한 본격적인 문제제기는 20세기 중반에 시작되었다고 할 수 있다. 처음에는 19세기의 생태론자 헨리 데이비드 소로우(Henry David Thoreau) 등과 같은 이들이 제기한 것과 유사한 논거를 가지고 과도한 경제발전과 기술발달로 인한 비인간화, 환경파괴 등의 부작용들을 고발하고, 보다 자연친화적인 삶을 살아야 한다는 것에 초점이 맞추어졌다. 따라서 이 때의 대립구도는 개발론자와 환경론자를 축으로 형성되었다.

그러나 시간이 지나면서 이 단순한 대립구도는 사라지게 되었다. 환경파괴와 그 피해가 개발론자들도 인정할 만큼 심각해졌기 때문이다. 이에 따라 생태주의적 삶으로의 전환을 주장하지는 않더라도 기존에 추구하던 과학기술 개발의 방향을 바꾸어야 한다는 반성이 공유되었다. 1972년 로마클럽의 보고서 『성장의 한계(*The Limits to*

Growth)』가 기존의 과학기술 성장이 지속가능하지 않다는 사실을 적시하면서 현 상황의 위험과 한계를 경고했다면, 1997년에 나온 교토의정서는 그에 대한 구체적인 대응책을 세계적 차원에서 마련하려는 노력이었다고 할 수 있다.

이러한 노력은 오늘날의 과학기술에 직접적인 영향을 미치고 있다. 20세기 중반까지만 해도 과학기술의 개발에서 그 결과가 환경에 미치는 영향이 무엇인지에 대한 고려는 거의 없었다고 해도 과언이 아니다. 그러나 오늘날 환경에 대한 고려는 과거에 비해 매우 중요하다.

환경윤리와 관련하여 과학기술학(STS)에서도 중요한 주제로 다루어지는 것 중에 핵에너지 문제가 있다. 원자력을 이용한 에너지 생산은 당장 필요한 대량의 에너지를 공급하는 좋은 방법이지만, 생산 이후에도 핵물질에서 나오는 방사능이 오랜 시간을 두고 많은 사람들에게 큰 위험부담을 안긴다. 2011년 3월 강진으로 파괴된 후쿠시마 원전 사고는 그렇지 않아도 세계 각국에서 논란이 되었던 장기적인 에너지 공급 정책과 관련한 수많은 논의를 촉발시켰다. 핵발전에는 발전소의 건립과 유지를 둘러싼 의사결정 과정, 미래 에너지 수요의 계상 방법, 위험에 대한 대처, 의도하지 않은 결과의 문제 등 여러 가지 현안들이 복잡하게 얽혀 있다.

② 생명윤리

생명윤리는 과학기술과 윤리가 가장 첨예하게 만나는 지점이다. 윤리가 '잘 사는 것'을 주제로 삼는 것으로 넓게 생각한다면, 생명과 연관된 과학기술에 대한 수많은 논의가 생겨나는 것은 당연한 일이

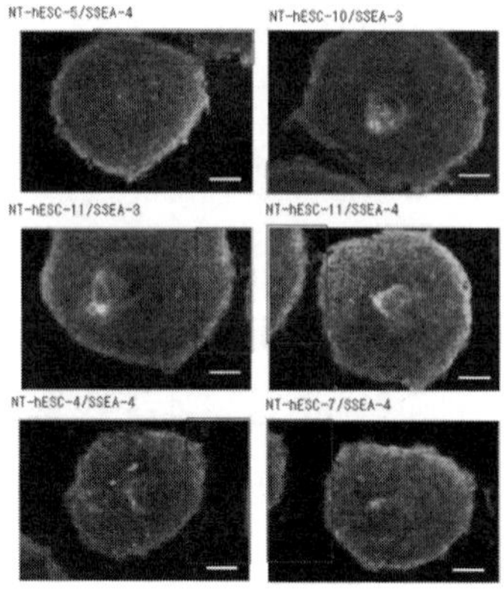

그림 11-1. 황우석의 연구부정 사건. 황우석은 체세포복제를 통하지도 않은 한 줄기세포주의 사진을 이리저리 잘라 마치 여러 개의 체세포배아복제 줄기세포를 수립한 것으로 조작하여 국제학술지에 게재하였다. 그러나 이 사건을 통해 배아를 이용한 연구의 생명윤리적 측면에 대한 논의는 오히려 가려지고 말았다.

라 하겠다.

앞서 과학기술이 생로병사의 정의를 바꾸고 있음을 지적한 바 있다. 그러나 그러한 근본 개념들이 과학기술에 의해 수동적으로 바뀌고 있는 것만은 아니다. 오랜 역사를 거쳐 사람들이 가지게 된 삶과 죽음에 대한 생각들이 과학기술 활동에도 일정한 영향을 미치게 마련이다. 허용되어야 할 과학기술 연구와 금지해야 할 것들에 대한 수많은 논의들이 오늘날도 계속되고 있다.

2004~2005년 한국을 뜨겁게 달구었던 이슈는 단연 줄기세포였다. 황우석의 연구부정이 드러나면서 생명윤리적 문제들은 묻혀 버리고 말았지만, 배아복제줄기세포의 연구를 허용해야 할 것인가의 문제는 아직까지 논란의 대상이다. 이 문제는 수정된 지 14일 이전의 배아를 인간으로 볼 것인지에 대한 논란, 인간 복제의 가능성을 여는 것, 인체 및 장기 매매에 대한 논란 등 생명윤리의 민감한 주제들이 모두 연관되어 있다. 미국에서는 기독교적 전통을 강조하는 공화당의 조지 W. 부시 대통령이 집권하는 동안 배아줄기세포 연구에

대한 정부 지원을 중단하기도 했다. 우리나라에서도 배아줄기세포 연구를 어디까지 허용할 것인지에 대한 논란이 아직 완전히 마무리되지 않았다.

장기 이식과 안락사, 대리모와 맞춤형 아기, 유전자변형 생물체(Genetically Modified Organisms, GMO) 등과 관련된 문제들 역시 기술적으로는 충분히 가능한 일들에 어떤 윤리적인 잣대를 댈 것인가에 대한 것이다. 이들은 모두 과학기술의 새로운 가능성이 생명의 존엄성, 인간의 인간됨 등 전통적인 인식에 새로운 도전을 가해서 이전에는 생각할 필요조차 없었던 윤리적 물음을 제기하는 것이다. 한편으로는 이 상황에 맞는 새로운 윤리를 개발해야 하기도 하겠지만, 구체적인 문제들은 신속한 해결을 필요로 하기 때문에 일단은 자신이 속한 사회의 윤리적인 질서와 균형을 최대한 유지하기 위한 방안이 필요하다.

미국이나 유럽과 비교해 볼 때, 우리나라에서는 아직까지 생명윤리에 대한 관심이 그리 크지 않다. 그러나 누구도 생로병사를 피할 수 없고, 그와 관련된 새로운 가능성이 속속 생겨나고 있기 때문에, 생명윤리에 대한 논의가 가지는 중요성을 간과해서는 안 된다.

③ 사이버윤리

사이버 공간은 이전에 없던 공간이지만, 여기서 일어나는 정치적, 경제적, 사회적, 문화적 교류는 통상적 의미의 공간에서 일어나는 것만큼이나 구체적이고 실질적이다. 따라서 이 공간을 사이버, 혹은 가상(假像)이라 칭하는 것이 과연 적절한지에 대해서도 다시 생각할 필요가 있다.

인터넷상의 개인정보 관리

과거 인터넷상의 윤리를 논할 때에는 익명성의 보호 아래 허위정보를 퍼뜨리거나, 악성 댓글을 달거나, 해킹을 통해 다른 사람의 정보를 불법적으로 훔쳐가는 행위에 초점을 맞추어 왔다. 그러나 오늘날 인터넷에서 문제가 되고 있는 윤리 문제는 사용자가 아닌 서비스 제공자의 윤리이다. 최근 검색엔진 구글이 WiFi 망을 통해 고객들의 위치정보를 추적하고 저장해 왔다는 사실이 알려진 바 있다. 인터넷 관련 업체들이 고객들의 인터넷 사용 내역을 토대로 구축된 맞춤형 검색 및 마케팅 전략을 쓰고 있는 것도 더 이상 비밀이 아니다. 이들 업체들은 고객들의 컴퓨터에 저장된 쿠키 파일 등을 통해 고객들 자신들이 모르는 사이에 여러 가지 정보를 수집하여 활용하고 있다. 이제 개인 정보의 관리는 개인이 책임져야 할 영역이 아닌지도 모른다. 자신조차 알지 못하는 자신의 정보들을 기업들이 이미 알고 있기 때문이다. 더 심각한 문제는, 남이 나에게 적합하다고 정한 정보들이 선별적으로 나에게 제공되고, 그를 통해 내가 만들어져 간다는 것이다. 이 문제에 대한 해결을 기업의 도덕성에 맡긴다는 것은 어불성설이다. 기업들을 견제하는 강력하고 투명한 관리체계를 구축해야 할 뿐 아니라, 인터넷의 사용이 점점 일상화되는 세상에서 개인의 자유가 무엇인지에 대한 근본적인 논의가 필요한 시점이다.

사이버윤리는 사이버 공간에서 지켜져야 할 규범이 어떤 것인지를 고민한다. 물리적 환경과 소통의 양식이 다르기 때문에 전통적인 윤리적 규범들을 사이버 공간에 그대로 적용할 수는 없다. 악플이나 해킹, 사생활 침해와 같은 문제들은 사이버 공간의 특수성과 밀접한 관련이 있다.

또한 사용자 중심의 사이버윤리뿐 아니라 공급자의 사이버윤리에 대한 논의로 필요하다. 최근 관심을 끌고 있는 인터넷 산업의 소위

개별화 전략은 사이버 공간에 올려진 정보의 사용과 관리, 사이버 공간을 운영하는 기술적 기반의 지배구조 등에 대한 윤리적 고찰을 요구한다(프레이저, 2011). 인터넷 사용자의 성향에 대한 광범위한 데이터를 이용하여 개인들 각자에게 맞는 정보를 공급하는 마케팅 기법은 이미 널리 사용되고 있는데, 그 편리함과는 별도로 개인의 자율적 판단과 객관적인 정보 수집의 가능성과 기회를 침해하는 것으로 볼 수도 있다.

④ 나노윤리, 로봇윤리, 신경윤리

환경오염이나 생명윤리, 사이버윤리의 물음들이 현대 과학기술 사회에서 이미 일어나고 있는 문제들을 다루고 있다면, 로봇윤리나 나노윤리, 신경윤리와 같은 분야들은 가까운 미래에 실현될 과학기술적 성취들에 대한 윤리적 고찰이다.

이미 많이 사용되고 있고 점차 정교화되어 가고 있는 로봇과 관련한 윤리적 문제들은 주로 인간과 비슷하게 생긴 로봇이나 인공지능으로 상당할 정도의 인지기능을 가진 미래의 로봇과 관련되어 제기되곤 한다. 어떤 로봇을 개발하고 어떤 종류의 로봇 개발을 자제해야 할 것인지, 어떻게 로봇의 올바른 사용을 보장할 수 있는지 등에 대한 논의가 있다. 약간 요원하기 들리기도 하지만, 미래의 로봇이 인간과 거의 비슷해진다면 로봇들도 윤리적 행위의 주체가 되어야 할 것인가에 대한 논의도 있다.

나노윤리는 나노 수준에서의 물리적 조작이 인간의 건강과 환경에 미치는 영향, 나노 기술 발전으로 인한 사생활 침해의 문제, 나노 폐기물 문제 등이 거론된다. 기술적 조작의 대상이 극소화되면서 해당 물질의 특성이 완전히 달라지기 때문에 조작의 결과를 예상하기가 힘들어진다. 또한 그 결과가 눈에 보이지 않기 때문에 여러 가지 악용의 소지가 있다는 우려가 나올 수밖에 없다. 따라서 나노윤리에서는 나노기술이 보다 바람직한 방향으로의 발전하기 위해 관련 기술들로 인한 위험의 문제를 어떻게 통제하고 관리할 것인지에 대한 논의가 활발하게 이루어지고 있다.

신경윤리는 신경 조작을 통한 치료나 인간 능력의 향상의 가능성과 관련된 문제를 다룬다. 이는 나노윤리와 생명윤리의 문제의식이 복합된 것으로 이해할 수도 있겠다. 신경 조작을 통해 인간의 물리적 측면뿐 아니라 정신적 측면에까지 영향을 미칠 수 있는 능력이 생겨나게 되면, 그러한 가능성을 어디까지 허용해야 할 것인지에 대한 논의가 필수적이다. 이미 인간의 신경체계와 유전자에 대한 다양한 연구를 통하여 점점 더 많은 것이 알려지고 있고, 치료를 목적으로 하는 의학 관련 기술들이 계속 개발되고 있기 때문에 앞으로 이와 관련된 논의들이 점점 더 부각될 가능성이 많다.

그런데 이들 논의들이 가지는 큰 한계는 일단 해당 기술이 충분히 발전하지 않은 상태에서 미래에 일어날 수 있는 일들을 가정하여 사유할 수밖에 없다는 것이다. 새로운 과학기술의 개발은 극심한 경쟁 상태에 있기 때문에 아직 실제로 일어나지 않은 윤리적 문제에 대한 우려는 자칫 한가로운 소리로 들릴 수도 있다. 그럼에도 불구하고, 실제 문제가 일어난 다음에 대처 방안을 찾기는 매우 힘들다. 핵발전의 예에서 보듯이 현대의 과학기술들이 초래하는 결과들은 시공간적으로 너무 크기 때문이다. 따라서 미래 기술들에 대한 윤리적 탐구를 불가피한 것으로 인식하고 과학기술 개발의 한 과정으로 받아들이는 노력이 필요하다.

3) 전문가 윤리

흔히 '인류의 과학기술'이라 하지만 이러한 표현은 과학기술이 인간의 삶에 미치는 영향이라는 측면에서만 옳다고 할 수 있다. 대다수의 사람들은 과학기술의 혜택이나 폐해를 경험할 뿐 과학기술을 직접 개발하고 운영하는 사람들은 소수이다. 이 때문에 과학자와 공학자들 등 전문가들에게 부여되는 규범이 있는데, 이것이 과학기술과 윤리가 만나는 또 하나의 통로가 되는 전문가 윤리이다.

과학기술과 연결된 전문가 윤리로는 연구윤리, 공학윤리, 의료윤리 등이 있다. 연구윤리는 물론 인문학자나 사회과학자의 연구윤리도 포함하지만, 여기서는 과학자와 공학자들에게 제한해서 살펴보도록 한다. 공학윤리는 공학연구뿐 아니라 실제 공학활동의 현장에 있는 공학자를 포함한 이들의 윤리이다. 의료윤리는 주로 의사들의 윤리를 말한다. 의료윤리는 위에서 말한 생명윤리를 포함한 포괄적인 생명의료윤리의 일부이기도 하다.

① 연구윤리

전통적인 학문사회에서 연구윤리는 "거짓말을 하면 안 된다." 수준을 넘어가지 않았다. 학자 사회가 워낙 한정되어 있었기 때문에 다른 학자들의 글을 인용하더라도 굳이 출처 확인을 하지 않아도 되었다. 토마스 아퀴나스(Thomas Aquinas)를 비롯한 중세 철학자들은 자신이 쓴 글은 결국 다른 학자들에게서 배운 것에 불과하고, 그마저도 신이 내린 지혜라 보았기 때문에 자신의 책에 이름을 쓰지 않

위조, 변조, 표절

연구윤리 확보를 위한 지침(교육과학기술부, 2011년 개정안)은 위조, 변조, 표절을 다음과 같이 정의하고 있다.

- 위조: 존재하지 않는 데이터 또는 연구결과 등을 허위로 만들어내는 행위
- 변조: 연구 재료, 장비, 과정 등을 인위적으로 조작하거나 데이터를 임의로 변형, 삭제함으로써 연구 내용 또는 결과를 왜곡하는 행위
- 표절: 타인의 아이디어, 연구 과정, 결과 등을 적절한 인용 없이 사용하는 행위

기도 했다.

그러나 현대의 학문세계에서는 '학문을 위한 학문'이 더 이상 통하지 않는다. 특히 과학기술의 영역에서는 새로운 발견과 방법에 대한 치열한 경쟁이 있기 때문에 전문가들 사이에서의 공정한 규칙이 반드시 필요하다. 또한 학문 활동이 더 이상 개인의 차원에서 이해되지 않고 사회 전체에 파급효과를 가진다는 사실도 더욱 명백해져서 전문가들이 지는 책임의 부담이 더욱 커지게 되었다.

연구윤리는 기본적으로 연구자들 사이에 공정한 경쟁과 상호 협조가 잘 일어나도록 하는 것과, 그를 통해 객관적 정보가 효과적으로 사회에 긍정적인 영향을 미치도록 하는 역할을 담당한다. 우리나라에서는 2005년 황우석이 저지른 연구부정 사건을 계기로 연구윤리 관련 제도와 지침들을 마련하였다.

연구윤리에는 위조, 변조, 표절 등 대표적인 연구부정행위(Research Misconduct)를 방지하기 위한 규정과 저자결정, 이해충돌(Conflict of Interests), 실험실 생활, 연구자의 사회적 책임 등 학문연구를 하는 사

람들이 알아야 할 내용들이 포함된다. 이와 같은 규칙들은 보다 나은 지식의 창출을 위한 치열한 경쟁이 공정하게 이루어지고, 그 결과가 많은 사람들에게 유익을 주도록 하는 데 중요한 역할을 한다.

연구윤리는 과학기술 연구의 내용보다는 그 연구가 이루어지는 방법과 맥락이 가지는 윤리적인 측면을 강조한다. 연구윤리의 강조가 경우에 따라서는 특정 연구의 내용을 일부 제한하거나 위축시키는 결과를 가져온다는 반론도 제기된다. 예를 들어 저자결정의 기준이나 실험 결과의 변조 여부 등은 학문 분야에 따라 다르고, 연구자의 사회적 책임이 어디까지인가 매우 모호하다는 점 등이 지적된다. 그러나 이러한 비판은 연구윤리에 대한 논의가 더욱 정교하게 이루어져야 한다는 것을 보여 주는 것이지, 연구윤리의 자체를 부정하는 것으로 볼 수 없다.

② 공학윤리

공학윤리는 공학자가 자신의 활동의 현장에서 지켜야 할 규범을 말한다. 공학자 중에는 연구를 주로 하는 사람도 있고, 일선에서 고객을 직, 간접으로 상대하는 사람도 있기 때문에 일부 내용은 연구윤리와 겹치는 부분도 있다. 그러나 공학윤리의 뿌리를 살펴보면 근대 공학이 시작된 20세기 초 공학 분야별 단체들이 맺은 일종의 신사협정 성격을 띠고 있음을 알 수 있다. 따라서 고객 및 고용자의 비밀을 지키는 것, 다른 사람이 선점한 계약관계에 끼어들지 않는 것, 서로의 전문 분야를 존중하는 것, 이해충돌의 배제 등, 동일한 분야에 종사하는 사람들이 서로에게 피해를 주지 않도록 하기 위한 내용이 중요한 부분을 차지한다.

그림 11-2. 1986년 1월 28일 발사된 우주선 챌린저호는 발사 직후 공중 폭발했다. 이후 조사 과정에서 O-링이라는 부품의 결함이 발견되어 공학자들이 반대했음에도 불구하고 발사를 강행한 것이 밝혀져 논란이 일어났고, 공학윤리에서 의사결정 과정에 대한 사례로 자주 논의된다.

20세기 후반에 들어서 공학의 중요성이 커지면서 공학자의 사회적 책임에 대한 강조도 이루어지고 있다. 그러나 구조적으로 많은 사람들이 함께 일하고 일정한 위계에 속한 공학자가 어떤 식으로 그 책임을 수행해야 하는지를 명확히 하기는 쉽지 않다. 예를 들어 고용주와의 계약관계를 중시하고 그 비밀을 지켜야 하는 의무와 공익을 위한 내부 고발 사이에서 어떤 선택을 해야 하는가의 문제는 판단하기 어려운 경우가 많다. 또 대부분의 공학활동이 주어진 제한 조건 하에서 최대한의 효율을 추구하게 마련인데, 이 과정에서 어느 정도의 위험을 감수할 만한 것으로 보아야 하는지에 대한 논란도 계속되고 있다.

③ 의료윤리

의료윤리는 앞서 다룬 바 있는 생명윤리와 밀접히 연결되어 있기는 하지만, 전통적으로 의사들이 환자를 치료하고 상담하는 과정에 대한 규범을 말한다. 환자에게 정확한 정보를 알려줄 의무, 환자의 인격과 인권을 보호할 의무뿐 아니라, 정확한 진단과 처방을 위해 지켜야 할 여러 가지 규칙들을 다룬다. 유명한 히포크라테스 선서에서도 볼 수 있듯이 인간의 생명을 다루는 의사들에게 특별한 도덕적 요구가 부여되는 것은 어찌 보면 당연한 일이라 할 수 있겠다.

공학윤리에서 사회적 책임에 대한 논의가 활발하게 일어나고 있는 것처럼, 의학 관련 과학기술이 급속도로 발전하면서 의료윤리에서 다루어야 할 내용들도 점차 확대되고 있다. 의술이 가지는 사회적 차원의 의미 변화 역시 반영되고 있다. 과거에는 의사들이 지도자나 아버지와 같은 위치에서 환자를 대했지만, 이제 의사와 환자의 관계가 사업가와 고객의 관계처럼 되는 경향이 있다. 이러한 변화를 의사의 권위가 떨어지거나 환자의 지위가 향상된 것으로만 보는 것은 단순한 견해다. 현대 과학기술의 발달은 수많은 가능성은 제공하기도 하지만 동시에 엄청난 불확실성을 동반한다. 따라서 의사가 환자에 대한 모든 판단을 내리고 그에 대한 책임을 담당할 수 없다. 충분한 정보에 의거한 동의(informed consent)가 의료 현장에서 더욱 중요해지는 것은 결정의 책임 소재를 명확히 하여 환자뿐 아니라 의사를 보호하려는 노력의 일환이다.

4) 좋은 과학기술의 추구

과학기술에 윤리적 요소가 반영되는 세 번째 방식은 지금까지 익숙하게 받아들여져 온 과학기술의 발전 방향에 대한 반성이다. 이는 과학기술로 인해 새로 생겨난 문제들에 대한 윤리적 고찰이나, 과학기술인에 대한 윤리적 평가에서 한 걸음 더 나아가, 과학기술 자체를 윤리적인 방향으로 발전시켜 보자는 적극적인 입장이라 할 수 있다.

① 환경 친화적 과학기술

과학기술이 야기하는 환경문제에 대한 논의들에 대해서는 이미 위에서 다루었다. 환경에 대한 문제의식은 여기서 그치지 않고 보다 환경 친화적인 기술의 발전을 위한 노력으로 이어지고 있다. 물론 이러한 노력을 윤리적인 고민의 결과라고만 볼 수는 없다. 화석원료 감소에 따른 에너지 비용 향상에 따른 부담과 온실가스로 인한 지구 온난화 등 직접적인 피해들이 환경 친화적인 기술에 대한 관심을 고조시키고 있다.

환경에 대한 관심이 과학기술의 영역에 반영된 것은 산업혁명으로부터 이어져 온 효율성 중심의 과학기술 발전에 다른 가치가 개입될 여지를 제공했다는 점에서 중요한 의미가 있다. 환경에 대한 고려조차 효율성의 계산에 포함시키는 것으로 생각할 수도 있지만, 좀 더 많은 비용을 들이더라도 환경 친화적인 기술을 도입하고 사용하려는 움직임도 일어나고 있다. 소비자의 환경에 대한 관심이 관련 과학기술의 개발을 촉진시키기도 하고, 정부와 세계기구들의 정책적 지원으로 이어지기도 한다.

핵발전에 대한 논란은 환경문제에 대한 효율성 중심의 접근과 윤리적 접근이라는 측면에서도 흥미로운 예가 될 수 있다. 핵발전 찬성론자들은 핵에너지를 온실가스 배출이 거의 없는 친환경 에너지로 규정한다. 그러나 반대론자들은 당장 측정 가능한 기술적 효율성 외에도 미래세대에 대한 책임의 문제, 장기적인 위험의 문제 등 전통적인 과학기술 발전의 과정에서는 고려하지 않았던 측면들이 새롭게 반영되어야 한다고 주장한다.

② 적정기술운동

적정기술을 간단히 정의하기는 쉽지 않지만, 일반적으로 소규모이며 지역에서 구할 수 있는 재료로 제작·수리가 가능한 기술을 말한다. 이는 지역적 특성이 고려되지 않은 채 대규모로 생산되고, 지역에서는 사용만 할 수 있을 뿐 제작할 수 없는 기술에 대한 문제의식에서 시작되었다. 이는 특별히 제3세계에서 경제적 종속이 과학기술적 종속으로 이어지는 고리를 차단하는데 효과적인 방법으로 제시되었다.

적정기술은 영국 직물의 수입에 저항하며 직접 물레를 돌려 실을 자았던 인도의 간디에게로까지 그 역사가 올라간다고 할 수 있다. 그러나 이 말은 보다 자율적이고 독립적인 소규모 공동체를 통해 인간답게 살아갈 것은 제안한 경제학자 에른스트 슈마허(Ernst Schumacher)의 『작은 것이 아름답다(*Small is Beautiful*)』는 책에서 사용되었다. 이후 미국 등 선진국에서도 과학기술사회라는 거대한 시스템의 일부로 살아가는 것에 대한 거부감으로 적정기술이 유행하기도 했다.

우리나라에서는 귀농하여 풀뿌리자치를 실현하려고 하는 사람들과, 보다 효과적인 제3세계 원조를 추구하는 사람들이 적정기술에 관심을 쏟고 있다. 최근에는 공학교육에도 접목되어 공학설계교육의 일환으로 적정기술이 다루어지고 있다.

적정기술 운동은 환경 친화적 기술보다 더 급진적이고 직접적으로 기존 과학기술 발전의 패러다임에 근본적인 문제를 제기하고 있다. 적정기술의 이면에는 팽창적이고 공격적인 현대의 과학기술이 과연 인류를 행복하게 하였는가에 대한 물음이 숨어 있다. 적정기술이 기존의 과학기술을 대체할 수는 없겠지만, 적어도 현대 과학기술의 발전 방향과 속도, 그리고 그 지향점에 대한 건전한 견제의 역할을 담당할 수 있다.

3. 과학기술학과 윤리

전통적으로 과학기술학은 과학과 기술에 대한 사회학적 분석에 치중하면서 윤리의 문제에서 일정한 거리를 두어 왔다(Johnson and Wetmore, 2008). 그러나 앞에서도 본 바처럼, 과학기술과 윤리가 만나게 되는 것은 현대기술의 발전에 따라 거의 필연적이기 때문에, 사회과학적 분석과 윤리의 문제를 끝까지 분리시키기는 어렵다. 설사 과학기술학자가 윤리적으로 중립적인 태도를 취한다 하더라도, 그 연구의 결과는 더 타당하고 설득력 있는 윤리적 판단을 내리는데 큰 영향을 미칠 수밖에 없다.

앞서도 언급한 바 있지만, 이 책의 목차가 이러한 사실의 좋은 예라 할 수 있다. 여성이 과학기술과 관련을 맺은 여러 방식들, 과학기술의 발전에 미친 대중의 역할과 시민참여의 문제, 위험의 문제, 과학의 상업화, 과학기술정책 등 여러 장에서 다루는 내용들은 모두 규범적, 윤리적인 물음으로 이어지게 된다는 것을 금방 알 수 있다.

환경윤리나 공학윤리는 과학기술학적 연구와 가장 밀접하게 연결될 수 있는 분야이다. 특히 공학윤리의 경우, 과학기술학의 심층적인 분석이 도움이 되는 경우가 많다. 공학활동의 의사결정과정, 피고용자로서 공학자의 역할, 공학 설계에 반영되는 다양한 요소, 특정 기술의 사회적 영향에 대한 연구들은 공학이 단순히 목적을 위한 도구적 활동이 아님을 보여 준다. 나아가, 사회 전체의 바람직한 발전을 위해 공학자들이 담당할 수 있는 부분이 생각보다 많다는 것을 알게 해 준다. 겉으로 보기에는 공학자가 시장의 질서에 따라 수동적으로 주어진 일을 수행하는 것처럼 보이지만, 사실 매우 사소해 보이는 부분에서도 공학자의 윤리적 판단이 큰 변화를 일으킬 수 있다.

물론 다른 한편으로는 공학활동이 일어나는 복잡한 과정들을 일일이 검토하는 것을 통해, 과학기술로 인해 생겨난 문제의 책임소재를 정확하게 가리는 것이 간단하지 않음이 드러나기도 한다. 특히 허용 가능한 위험의 문제나 과학기술에 내재하는 장기적인 불확실성 등은 서로 다른 윤리적인 입장과 책임의 범위를 지지하는 근거로 사용되기도 한다. 그러나 이러한 경우 역시 좀 더 객관적이고 과학적인 자료에 근거하여 윤리적 쟁점에 대한 토론과 판단이 가능해진다는 점에서 긍정적으로 볼 수 있다. 이렇듯, 과학기술학이 직접적으로 윤리적 문제를 다루고 가치판단을 내리지 않는 경우에도 이 분야가 현대 과학기술사회에서 차지하는 윤리적 의미는 작지 않다.

4. 결론

과학기술과 윤리가 본래부터 밀접하게 연결되어 있었던 것은 아니다. 인간 삶의 중요한 축이라 할 수 있는 이들 두 분야의 만남은 현대 과학기술의 발전과 함께 시작되었다. 과학기술은 전통적 윤리가 전제했던 여러 가지 물리적 조건을 바꾸면서 인간의 윤리적 판단에 근본적인 변화를 일으켰다. 그러나 그 만남이 일방적이었던 것만은 아니다. 과학기술이 윤리의 변화를 이끌어 낸 것처럼, 윤리 역시 과학기술의 발전에 일정한 영향력을 행사하고 있다. 사실 오늘날 우리가 윤리적 고찰의 구체적인 사례로 확인할 수 있는 것들은 대부분 후자로 분류할 수 있다.

인간만이 윤리적 고민으로 스스로를 괴롭히고, 인간만이 과학기술을 통해 자기 삶의 방법을 송두리째 바꾸어버린다. 따라서 과학기술과 윤리의 문제는 단순히 학문적인 물음이 아니라 인간 실존의 문제이다. 당장 손에 잡을 수 있는 결론이 나오지 않더라도 좀 더 바람직하고 건설적이며, 그래서 윤리적인 과학발전의 방향을 고민해야 하는 이유가 여기에 있다.

더 생각해 볼 문제

1. 과학기술로 인해 윤리적 판단의 기준이 바뀐 대표적인 예를 생각해 보자.
2. 그 발전의 방향이 윤리적 기준에 의해 바뀐 과학기술의 예를 생각해 보자.
3. 법률가나 종교인, 정치가에게 요구되는 윤리와 과학기술인에게 요구되는 윤리는 어떤 차이가 있는가?
4. "미디어는 메시지"를 이해할 수 있는 다른 예들을 제시해 보라.
5. 지금과는 전혀 다른 기술 발전의 방향을 상상할 수 있는가? 있다면 구체적으로 이야기해 보고, 불가능하다면 그 이유를 토의해 보라.

〈심화학습을 위한 자료〉

- 강양구·김병수·한재각(2006), 『침묵과 열광: 황우석 사태 7년의 기록』, 후마니타스.
- 이상욱·조은희 외(2011), 『과학 윤리 특강: 과학자를 위한 윤리 가이드』, 사이언스북스.
- 해리스, 찰스 외, 김유신 외 옮김(2006), 『공학윤리』, 북스힐.
- 하이데거, 마틴, 이기상 옮김(1993), 『기술과 전향』, 서광사.
- 맥루한, 마샬, 꽹땡 피오르, 김진홍 옮김(2001), 『미디어는 마사지다』, 커뮤니케이션북스.
- 스미스, 신시아 외, 허성용·허영란 옮김(2010), 『소외된 90%를 위한 디자인』, 에딧더월드.

12장

과학기술학이 바라보는 공공정책

김은성

김은성(경희대학교 사회학과 교수)

경북대학교 화학과와 한국과학기술원 대학원 화학과를 졸업한 후 한솔기술원 및 한솔화학에서 5년 동안 주민등록증카드에 활용되는 열전사필름을 개발하는 데 참여하였다. 이후 미국 랜슬러 공대(Rensselaer Polytechnic Institute) 과학기술학과에서 석사와 박사학위를 이수하고, 위스콘신-메디슨 대학 Holtz 센터 포닥연구원, 한국생명공학연구원 생명공학정책연구센터, 한국행정연구원 부연구위원을 거쳐, 현재 경희대 사회학과 교수로 있다. 한국행정연구원에서 유전자변형식품, 광우병, 나노기술, 기후변화, 고엽제, 전사적 위험관리관련 위험정치 및 정책에 대한 연구를 했으며, 경희대 부임 후 장기적 연구주제로 소리연구(sounds studies)를 수행하고 있다. 주요 논문들은 *Science, Technology, and Human Values*, *New Genetics and Society*, *Minerva*, *Journal of Risk Research*, *Journal of Environmental Policy and Planning* 등의 국제 저널에 출판되었다.

* 이 글은 김은성 편저(2009), 그리고 김은성(2010)을 재구성 및 보완하여 작성되었다.

공공정책이란 무엇인가? 대부분의 학생들, 정책학자, 그리고 공무원들에게 공공정책이란 현대사회가 직면하고 있는 다양한 현실적 문제를 해결하는 정책적 방안을 도출해내는 것이다. 하지만, 과학기술학자들에게 동일한 질문을 한다면 아마도 같은 답변이 나오지는 않을 것이다. 과학기술학의 기본적인 철학적 개념인 구성주의적 관점에서 볼 때 공공정책은 정책적 방안을 제시하는 규범적인 목적을 넘어 매우 다양한 인문사회과학적 함의를 가진다. 과학기술학자들은 인터뷰, 참여관찰, 문헌분석 등 질적연구를 통하여 공공정책을 둘러싼 사회적, 문화적, 정치적 특성을 분석한다.

이 장은 과학기술학의 관점에서 공공정책은 어떤 모습을 가지고 있는지를 살펴보고자 한다. 더불어 과학기술학이 공공정책을 어떻게 분석하며, 어떤 정책적 모델을 제시하는지를 소개한다. 첫째, 실증주의적, 기술관료주의적 공공정책에 대한 과학기술학적 비판을 다룬다. 이를 위하여 정책의 정의, 목적, 형성과정, 정책학자의 역할과 관련하여 실증주의가 어떠한 함의를 가지는지 고찰하고 비판한다. 둘째, 과학기술학적 관점에서 시도되고 있는 공공정책에 대한 경험적 정책분석의 핵심개념과 최근 사례를 소개한다. 셋째, 과학기술학자들이 추구하는 대안적 정책모델들을 살펴본다.

1. 기술관료주의적 공공정책에 대한 과학기술학적 비판

공공정책연구에서 과학기술학의 목적은 전통적인 공공정책이 배태하고 있는 실증주의(positivism)의 한계를 비판적으로 검토하고 대안적인 정책모델을 제시하는 것이다. 실증주의란 19세기 초 오귀스트 콩트(Auguste Comte)에 의해 발전된 과학철학으로 과학적 방법을 통하여 형이상학을 대체하고자 하는 철학적 사조이다. 이후 실증주의는 사회학, 정치학, 경제학, 윤리학 등 다양한 인문사회과학에서 과학적·계량적 방법을 선호하는 조사방법론의 철학적 토대가 되었다. 공공정책에서 실증주의는 전문가들의 과학기술적 지식과 증거에 의존하여 정책적 의사결정을 추진하는 기술관료주의로 발전하였다.

그렇다면 실증주의적 관점에서 공공정책이란 무엇일까. 실증주의의 핵심적인 개념은 사실에 대한 확인과 가치판단을 구분하는 것이다. 사실이란 경험적으로 검증이 가능한 것을 의미하며, 존재론적 범주가 이에 해당한다. 가치란 경험적으로 검증이 불가능한 판단을 의미하며 윤리와 당위의 범주가 이에 해당한다. 사실과 가치의 구분은 공공정책에서도 나타나는데, 실증주의적 관점에서 정책적 문제란 이해관계와 가치의 개입이 없는 사실의 범주에 해당한다. 따라서 공공정책은 정책분석가의 주관적인 판단과 이해관계자들의 가치를 배제하고 객관적인 과학적 조사방법을 통하여 정책문제를 객관적으로 '확인'하는 것으로부터 출발한다.

실증주의적 관점에서 정책문제의 확인은 비정치적인 과학적 문제이며, 정책적 의사결정은 정치적 문제이다. 정책문제를 가치와 이해관계가 배제된 사실의 범주로 다루기 때문에 정책문제를 확인하는 과정에서 정치가 배제될 수 있다. 이 주장은 바로 이해관계자와 시민들의 개입이 없이 객관적인 전문가에 의해 정책적 문제가 확인되어야 한다는 것을 의미한다. 따라서 정책문제의 확인과 정책적 의사결정사이에 노동의 분화가 일어난다. 과학적 전문가들이 정책문제에 대해 분석하고 그들이 분석한 정책문제에 대한 의사결정은 정치인, 이해관계자, 그리고 시민들의 몫이다. 이러한 공공정책에서 실증주의는 과학기술전문가들의 권위에 의존하여 정책을 분석하고 결정하는 기술관료주의로 발전되었다. 기술관료주의에서 정책분석가는 사회적 문제에 대한 객관적 사실을 의사결정자에게 제공하는 이해관계로부터 독립적인 탈정치적이며, 객관적인 전문가로 묘사된다.

실증주의적 관점에서 공공정책의 모델은 선형적인 과정을 통하여 만들어진다. 실증주의 공공정책에서 정책이란 정책적 문제를 해결하기 위한 법과 규칙들을 만드는 것을 의미하며, 정책을 수립하는 과정은 마치 공장에서 컨베이어벨트(conveyer belt) 위에서 물건을 생산하는 분업화된 과정과 유사하다. 정책 문제의 확인→ 문제를 해결하기 위한 정책의 기획→정책의 집행→정책평가 및 환류 등 단계적, 연쇄적 과정으로 이루어져 있으며, 각 과정들은 서로 분리 되어 있다.

실증주의적 공공정책은 불확실성을 제거할 수 있다는 믿음을 가지고 있다. 실증주의적 공공정책은 불확실성을 해결하기 위하여 과학적 지식을 증가시키는 데 초점을 둔다. 왜냐하면, 불확실성은 객관적 지식의 부족으로부터 비롯되는 것이기 때문이다. 특히 불확실성은 과학적 문제일 뿐이며, 사회적, 정치적 문제는 아니라고 간주한다. 오히려 정책을 둘러싼 정치적 이해관계와 가치를 제거함으로 불확실성이 감소될 수 있다고 본다.

실증주의적 공공정책에 대해 과학기술학은 어떤 입장을 가지는지 알아보자. 우선 과학기술학은 실증주의적 공공정책이 추구하는 사실과 가치의 분리 또는 사실과 이해관계의 분리에 대해 매우 비판적이다. 과학기술학자들은 정책 분석을 정치로부터 분리하려는 실증주의적 공공정책의 한계를 지적해 왔다. 과학기술학은 정책적 문제가 사회적으로 구성된다고 본다. 정책적 문제는 이해당사자들 사이에서 동일하게 이해되지 않으며, 서로 다르게 해석된다. 공공정책은 정책문제에 대한 표준화된 정의가 없다면 조작적인 정의를 만들고 그 정의와 범주에 따라 문제를 분석한다. 하지만, 과학기술학은 다양한 이해관계와 가치에 의해 정책문제가 어떻게 정의되고 해석되는지에 관심을 가진다.

과학기술학 관점에서 볼 때 정책적 문제에 대한 과학적 분석과 이 문제를 해결하기 위한 정책적 의사결정은 서로 분리되지 않는다(Bacchi, 1999). 문제에 대한 해결책은 문제에 대한 정의를 내리는 과정 속에서 동시에 만들어진다. 특정 정책적 문제에 대한 해석은 어떠한 해결방안을 선택할 것인가와 밀접하게 연계된다. 그러므로 정책제언으로부터 독립적인 정책문제의 분석은 존재할 수 없다. 정책문제의 분석과정에서 가치의 개입이 항상 일어난다. 어떻게 정책문제를 해석하느냐에 따라 정책방안은 다르게 만들어진다. 그러므로 공공정책에 제시하는 선형적 정책입안모델은 정책의 실제와 다르다. 데보라 스톤(Debora Stone)은 정책결정과정은 사실상 선형적으로 구성되고 단계적 구분이 되어 있는 것이 아니라, 서로 혼합되어 있다고 주장한다(Stone, 2000). 그러므로 정책분석과 정책적 의사결정을 구분하는 실증주의의 모델은 하나의 이상에 불과하며, 실제로는 정책문제를 분석하는 과정에 가치판단이 개입되고 정책적 대안이 형성된다는 것이다.

불확실성에 대한 관점에서 과학기술학은 실증주의적 공공정책과 다른 태도를 가진다. 과학기술학적 관점에서 불확실성은 지식의 한계뿐만 아니라 이해당사자들에 의해 사회적으로 구성되는 것이다. 구성주의적인 관점에서 불확실성은 이해관계자의 다양한 목소리(multivocality)를 의미한다(Campbell, 2000). 이해당사자들이 주어진 정책문제에 대해 서로 다른 지식을 주장함으로써 불확실성이 만들어진다. 정책적 문제를 바라보는 이해당사자들의 입장의 차이에 의해 불확실성이 생성되는 것이다.

구로사와 아키라 감독의 1950년도 영화 〈라쇼몽〉은 구성주의적 혹은 후기근대주의 관점에서의 불확실성을 이해하기 위한 좋은 영화이다. 이 영화는 스님, 산적, 나무꾼, 귀신 등 다양한 화자의 입장에서 한 사무라이의 죽음의 원인을 서술한 영화이다. 화자들은 사건의 진실에 대해 서로 다른 이야기를 한다. 결국 사건의 진범은 미궁에 빠지고 나무꾼은 "모르겠다. 정말 모르겠다"라고 외친다. 나무꾼의 이 말은 바로 다양한 화자들에 의해 구성된 사건의 진실에 대한 불확실성을 의미한다. 이 영화는 사건의 진실이 과연 무엇인지를 밝히는 것보다 각 인물의 입장에서 사건들이 어떻게 다르게 해석되는지를 살펴보는 영화이다. 공공정책에 대한 과학기술학적 접근도 마찬가지다. 과학기술학은 이 영화처럼 하나의 정책문제를 둘러싼 다양한 이해관계자들의 견해를 조사한다. 과학기술학은 불

그림 12-1. 불확실성의 사회적 구성을 잘 보여 주는 영화 〈라쇼몽〉. 과학기술학은 이 영화처럼 정책문제를 둘러싼 다양한 이해관계자들의 견해를 조사한다.

확실성을 매우 중요한 정책분석의 도구로 활용한다. 불확실성에 대한 분석을 통하여 정책문제를 둘러싼 사회적 이해관계를 고찰할 수 있다.

공공정책에 대한 과학기술학적 접근은 탈실증주의(postpositivism)에 기초하고 있다. 탈실증주의란 정책에 대한 해석적인 관점을 강조하는 사회구성주의, 후기구조주의, 페미니즘, 그리고 기술관료주의적 의사결정을 비판하는 점증주의와 참여민주주의를 포괄하는 철학적, 정치적 사조를 지칭한다. 공공정책에 대한 과학기술학적 접근은 크게 두 가지 흐름이 있으며, 경험적 접근과 규범적 접근으로 구분될 수 있다. 과학기술학적 관점에서 경험적 분석은 공공정책이 배태하고 있는 정책문화와 의사결정과정에서 나타나는 정치와 권력 등 정책을 둘러싼 사회적·문화적·정치적 맥락을 분석하는 것을 의미한다. 규범적 접근은 실증주의에 기반한 기술관료주의적 정책의사결정을 비판하고 대안적인 정책모델을 도출하는 것을 말한다.

표 12-1. 기술관료주의적 공공정책과 과학기술학적 접근의 비교

구분	기술관료주의적 공공정책	과학기술학
기본 철학	실증주의	구성주의, 후기구조주의, 페미니즘 점증주의
사실/가치	사실과 가치의 분리	사실과 가치 분리 불가능
정책 문제	문제는 객관적 사실로 확인되는 것	문제는 정의되고 사회적으로 구성됨
정책분석	정치와 별개	정치와 불가분
정책연구의 목적	정책 문제의 해결	정책 문제의 정의, 재현 혹은 구성에 대한 분석
정책입안	단선/연쇄 모델, 컨베이어벨트 모델	문화적 장치, 이해관계정치(정책조정과 합의)
불확실성	불확실성의 제거	불확실성에 대응, 불확실성을 정책분석의 도구로 활용
정책학자의 역할	탈정치적, 객관적 전문가	정책비판가, 갈등관리자

2. 과학기술학은 공공정책을 어떻게 분석하는가

이제 과학기술학을 통하여 공공정책은 어떠한 모습을 드러내는지에 대해 살펴보자. 과학기술학은 공공정책이 배태하고 있는 정책문화 속에 당연하게 받아들여지는 범주, 분류, 개념, 정의, 상징 등을 분석하고 비판함으로써 그 문화를 낯설고, 불편하고, 어색하게 만들어, 그 문화를 다시 성찰하게 만들고자 한다.

과학기술학은 지식사회학으로부터 발전하였다. 그러므로 공공정책의 분석에서 과학기술학이 가장 관심을 가지고 있는 것은 정책형성과정에서 또는 결과물로 만들어지는 지식과 그 지식의 사회적, 문화적, 정치적 맥락이다. 과학기술학에서 지식은 사회적 질서를 형성할 뿐만 아니라, 사회적 질서로부터 만들어진다. 즉, 과학기술학은 지식과 사회적 질서의 '공동생산(co-production)'에 대해 주목한다

(Miller, 2008: 1898; Jasanoff, 2004). 이러한 관점에서, 정책은 바로 정치적 이해관계와 가치를 상징, 이미지, 담화로 드러내는 하나의 담론이며, 이러한 담론은 권력을 가진다. 정책이란 바로 권력이 담론을 매개로 충돌하는 장소이다.

과학기술학에서 정책에 활용되는 지식의 맥락은 매우 중요하다. 과학기술학은 정책형성과 관련된 지식 또는 담론을 분석함으로써 정책의 문화적, 사회적, 정치적 맥락을 분석한다. 정책적 문제는 지역, 제도, 역사 등 여러 가지 맥락에 따라 다르게 구성된다(Bacchi, 1999: 7). 또한 과학기술학은 변하지 않는 견고한 법과 제도로서 정책을 연구하는 것이 아니라, 다양한 사회적 맥락에서 변하는 실천으로서의 정책을 연구하는 것이다. 특히 과학기술학은 맥락의 다양성을 중요하게 생각한다. 하나의 맥락만을 고려하는 것이 아니라, 매우 다양한 맥락에서 정책이슈가 다르게 구성되고, 차이가 발생하는지를 고찰한다.

과학기술학적 정책분석은 미시사회적 맥락과 거시사회적 맥락의 경계를 가로지른다. 과학기술학은 행위자와 구조 사이의 이분법을 넘는다. 개인의 실천, 담화, 인식 등의 미시사회적 행위와 법 및 제도 등 거시사회적 구조를 분석함으로써 미시와 거시사회적 맥락을 연결시킨다. 그러므로 정책이란 사회, 국가, 집단의 정체성을 생산하는 장치이며 개인의 주관적 사고와 몸을 정치화시키는 틀이다. 과학기술학적 정책분석은 정책과 제도 속에서 제시되고 있는 몸에 대한 개념과 개인적인 몸의 실천 속에서 구현되는 제도를 분석한다.

미시적 관점에서 정책은 '자신(self)'의 주관적 의식과 몸을 관리하는 정치적 기술이다(Foucault, 2000). 예를 들어, 바이오정책 및 의료

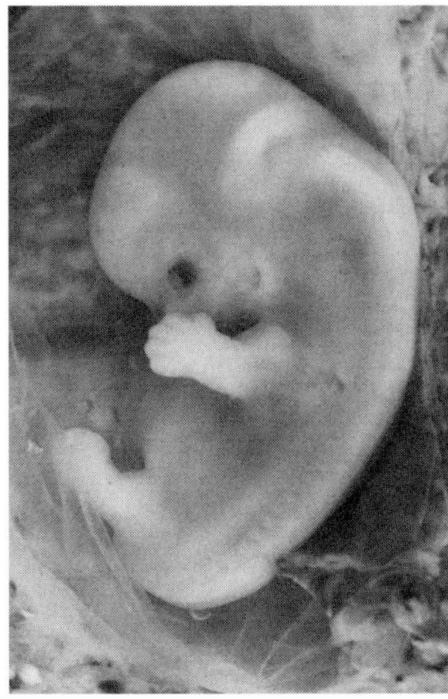

그림 12-2. 9주 배아의 모습: 배아정책은 인간과 여성의 몸을 특정한 방식으로 정의하고 국가와 민족의 정체성을 형성한다.

정책은 몸과 인간을 특정방식으로 정의하고, 물화하며, 통치한다. 배아연구정책은 배아, 여성, 인간에 대한 개념과 윤리를 생산함으로써 개인이 스스로 자기를 통제하는 양식을 만들어낸다. 반면, 거시적 관점에서 정책이란 사회적, 집단적, 국가적 정체성과 같은 큰 규모의 문화적 정체성을 생산하는 문화적 장치이다(Shore and Wright, 1997). 예를 들어 황우석 사태 당시의 과학적 애국주의의 정책 담론과 나로호 발사과정에서 일어난 과학기술정책담론을 살펴보자. 우리나라 과학기술정책담론은 바로 개발도상국으로서의 성장지상주의와 민족주의에 기초한 국가의 정체성을 담론 속에서 끊임없이 만들어내고 있다.

이제부터는 최근에 이루어지고 있는 주요 과학기술학적 정책분석 사례를 살펴보기로 한다.

1) 공공인식론

쉴라 자사노프(Shiela Jasanoff) 및 클락 밀러(Clark Miller)는 '공공인식론(civic epistemology)'[1]의 개념을 활용하여 지식과 사회적 질서의 공동생산에 대해 연구하고 있다. 밀러는 공공인식론을 정치적 공동체가 정치와 관련된 지식을 구성하고, 평가하고, 유효화하고, 숙의하는 사회적 제도적 실천으로 정의한다(Miller, 2008). 자사노프에 따르면 공공인식론은 "문화적으로 특수하며, 역사적 · 정치적인 토대를 가진 공공지식의 방식(public knowledge-ways)"을 의미한다(Jasanoff, 2005a : 249).

여기서 공공 지식이란 바로 과학, 위험, 윤리, 국가, 민주주의, 시민권, 전문성 등을 의미한다. 즉, 공공인식론은 공공정책의 실천 속에서 과학, 위험, 윤리에 대한 지식과 국가, 민주주의, 시민권, 전문성 등의 정치적 개념들이 어떻게 같이 생산되는지에 대해 연구한다. 공공인식론 관점에서 정부, 국가, 전문가, 시민권 등의 개념은 선험적으로 그리고 본질적으로 주어지는 것이 아니라, 정책적 담론 속에서 구성되고, 끊임없이 재구성되는 것이다. 공공정책은 끊임없이 정부, 국가, 시민, 기업, 전문가의 개념과 역할을 생산하는 담론적 장치이며, 우리의 인식은 공공정책이 생산하는 공공지식의 개념에 의해 영향을 받는다. 극단적으로 표현하여 정부는 어디에 있는가라고 질문을 던져 보자. 아마 대부분의 사람들은 청와대와 정부청사를 머

1 공공인식론(civic epistemologies)에서 civic의 사전적 의미는 '시민의' '시정의' '공민의'로 번역이 된다. 그러나 civic epistemologies가 단순히 시민들의 인식론(citizens' epistemologies)에만 국한된 의미가 아니라 다양한 정책적 행위자들에 의해 만들어지는 공공영역(public sphere)의 지식을 다룬다는 측면에서 '공공인식론'으로 번역한다.

재난대응에 대한 공공인식론 연구

쉴라 자사노프는 인도의 보팔참사, 영국의 광우병사태 그리고 미국의 9/11사태에 대한 정부의 사후 대응에 있어서 국가 간 정책적 스타일의 차이를 비교하였다 (Jasanoff, 2005b). 재난대응과정에서 공공의 지식이 형성되는 과정은 국가마다 달라 차이가 발생한다. 인도는 보팔사태에 대한 정부의 사후대응이 피해자들과 시민단체들에 의해 실패로 인식되자 사회적 소요와 시위가 일어났다. 이에 따라 공공지식은 정부측 엘리트들의 지식과 피해자 및 운동가의 경험으로부터 만들어진 지식 간의 논쟁을 통하여 형성되었다. 영국은 전문가를 동원한 정부측 광우병조사가 실패하자 국민들의 신뢰가 추락하자 전통적으로 신뢰가 있는 사법적 조사를 통하여 광우병에 대한 조사를 실시하였다. 이를 통하여, 사법적 원칙에서 구현된 지식과 판례의 경험 그리고 법적 협상을 통하여 합의가능한 공공지식이 만들었다. 미국의 9/11사태의 사후대응은 양당국가위원회(bipartisan national committee)를 통한 다원주의적 이해관계정치와 기술관료주의적 사회-기술실험으로 통하여 공공지식을 형성하였다.

릿속에 우선 떠올릴 것이다. 하지만, 정부는 정책문건과 보고서에서 존재한다. 또한 시민단체의 비판 속에서 정부의 개념은 생산된다. 다만, 정부와 시민단체사이에는 정부의 역할에 대한 개념적 차이가 있음으로 서로 충돌한다.

공공인식론에 대한 연구들은 주로 과학적 심사, 정부자문위원회, 사법적 조사 등에서 만들어지는 증거적 표준, 전문성의 형태, 정치적, 정책적 문제의 프레이밍과 정책문제해결을 위한 정책적 합리성(policy reasoning)의 스타일 등에 대해 연구한다(Miller, 2008: 1900).

공공인식론에 대한 연구는 최근 과학기술과 거버넌스[2]의 공동생산에 주목하고 있다. 과학기술학은 과학기술과 거버넌스가 서로 독립적으로 형성되는 것이 아니라, 서로 밀접한 상호작용을 하면서 공동생산된다는 것을 강조한다. 특히, 과학기술학자들은 생명공학 및 나노기술 등 신기술의 등장으로 인하여 전통적인 하향식 관료주의적이며 명령과 통제에 기반한 거버넌스로부터 시민참여, 민주적, 유연한 거버넌스로 거버넌스가 전환되는 것에 대해 주목한다(Kearnes, 2010). 강력한 법/제도에 기반한 명령과 통제의 접근법에서 거버넌스로 위험정책이 변화되는 가장 큰 이유는 신기술이 매우 불확실하기 때문이다. 엄격한 법/제도는 위험에 대한 구체적인 과학적인 증거가 없을 경우 규제를 강제하기란 매우 어렵기 때문에 불확실성에 대한 대응하는 방법으로 시민참여를 강화하는 거버넌스 체계가 구축되고 있는 것이다.

2) 기술적 미래 담론의 지식정치

최근 과학기술학은 기대의 사회학(sociology of expectation)의 관점에서 기술적 미래에 대한 지식과 담론에 대한 정치적 연구를 하고 있다(Selin, 2007). 과학기술학은 정책담론이 생산하는 정치적 상상과 이미지에 대해 연구한다. 정책이란 사회, 국가, 조직의 미래에 대한 정치적 상상과 기대에 대한 담론을 끊임없이 양산하는 '공장'과 같다.

2 거버넌스의 정의는 "통치에서 거버넌스로(from government to governance)"라는 구호가 의미하듯 협의적 측면에서는 정부정책에서의 기업과 시민사회의 참여를 의미하나, 최근 들어 거버넌스라는 용어는 일반명사로서 관료주의적 통치의 개념을 포괄하여 매우 광의적으로 사용되고 있다.

나노기술의 서로 다른 미래?

기술에 대한 평가방식에 따라 서로 다른 미래가 형성될 수 있다. 나노기술에 대한 영향평가는 보이지 않는 미래를 특정한 형태의 미래로 전환하여 제도화하는 역할을 수행한다. 마리오 카이저(Mario Kaiser)는 왕립학회, 기술영향평가, 나노 윤리, 그리고 싱크탱크에서 나노기술의 미래가 어떻게 생산되는지에 대해 분석하였다. 예컨대, 왕립협회의 보고서는 현재 제도의 활동에 맞는 구체적인 미래에 초점을 두며 대표화된(delegated) 미래를 만든다. 아카데믹한 윤리적 담론에서의 생산되는 나노기술의 미래는 기술영향평가와 대조적이다. 기술영향평가가 불확실하지만 결정될 수 있는 미래 중에서 보다 구체화되고 연구될 수 있는 미래에만 초점을 둔다면, 윤리적 담론은 나노기술의 미래에 대한 적극적인 가공을 한다. 윤리적 담론은 미래 그 자체에 대한 영향보다는 현재 속에서의 미래에 대한 준비와 모니터링에 초점을 둔다. 씽크탱크들은 미래에 대한 생산이 대중적인 평가, 숙의를 통해 이루어져야 한다는 것을 강조함으로써 민주화된 미래를 주장한다. 이와 같이 나노기술의 미래의 생산에 참여하는 이해당사자와 평가방식의 차이에 따라 서로 다른 미래가 만들어질 수 있다(Kaiser, 2010).

미래에 대한 지배적인 담론은 미래를 진보의 궤도 속에서의 한 지점으로 현재와 동떨어진 것으로 이해하는 경향이 있다. 예를 들어 진보에 대한 계몽주의적 견해는 현재와 별개의 것으로 미래를 상정하고 발전의 크기, 속도, 생산성, 효율성에 초점을 맞추어 왔다. 그러나 미래는 현재로부터 동떨어져 있는 피안의 그 무엇이 아니라, 우리 사회의 현재의 가치 및 이해관계와 밀접하게 결합되어 있다는 것을 유념할 필요가 있다.

과학기술학적 관점에서 볼 때 미래는 사회적 구성물이다. 과학기술학은 맥락없는 보편적인 미래의 이미지를 벗어나 국소적이며 문화적으로 틀 지워진 미래에 대한 연구를 추진한다. 구성물로 미래를 분석하기 위해서는 미래이미지의 생산되는 과정—미래의 열림과 닫힘—에서 발생하는 집단 간 권력과 정치 등 정치적 맥락과 국가적 차이 등 국소적 맥락에 대한 분석을 추진한다. 특히 신기술의 미래에 대한 과학기술학 연구는 기술의 미래에 대한 정확한 예측을 하는 데 그 목적이 있는 것이 아니라, 미래의 이미지가 형성되는 담론 전략과 그 맥락을 분석함으로써 현재의 정책문화를 분석하고자 하는 것이다.

3. 과학기술학이 제시하는 대안적 정책 모델

과학기술학자들은 탈실증주의적 정책분석을 주로 하는 경향이 있으나, 일부의 과학기술학자들은 대안적인 정책모델을 만들어내는 데 있어서도 중요한 역할을 해 왔다. 그들은 기술관료주의를 비판하면서 대의민주주의 혹은 참여/숙의민주주의에 기초한 새로운 정책모델을 제시하고 있다. 정당정치의 대의민주주의를 옹호하는 과학기술학자들은 대체로 점증주의(incrementalism)에 기초한 의사결정모델을 제안하고 있으며, 참여민주주의를 옹호하는 과학기술학자들은 시민참여와 이해관계자간의 조정에 기초한 숙의적, 참여적 의사결정모델을 제시하고 있다.

1) 점증주의적 접근법

찰스 린드볼룸(Charles Lindblom)과 아론 윌답스키(Aron Wildavasky), 데이비드 브레이부룩(David Braybrooke)과 에드워드 우드하우스(Edward Woodhouse) 등 점증주의자들은 정책형성에 있어 탈정치적 전문성에의 의존보다는 이해관계정치를 강조한다. 즉, 정책이란 전문가들의 합리적, 탈정치적 분석에 맡기는 것이 아니라, 이해당사자들 간의 상호조정을 통하여 이루어져야 한다고 그들은 주장한다(Lindblom and Woodhouse, 1993). 그러므로 정책학자는 정치를 과학으로 대체하려 해서는 안 되며, 이해관계정치를 지원하고, 민주적 방식으로 이해관계를 조정하여 갈등을 해결하는 '갈등관리자'가 되어야 한다. 불확실성에 대한 태도에 있어서도 실증주의와 달리, 점증주의자들은 불확실성이 완전히 제거되는 것은 불가능하며, 단지 시행착오기법과 이해관계자 상호조정을 통하여 불확실성에 대해 '대응'할 수 있다고 주장한다(Lindblom and Woodhouse, 1993). 점증주의자들은 정책적 문제들이 쉽게 해결되지 않는다는 것을 이해하고 있다. 정책 집행이후에도 정책은 해결되지 않고, 계속 논쟁이 지속될 수 있다. 그래서 점증주의자들은 실증주의와 달리 정책 문제의 완전한 해결보다는 문제를 해결하기 위한 '상황의 지속적인 개선'에 초점을 둔다.

점증주의적 접근은 정책 문제를 개선하는 방안은 참여자 간의 상호조정을 증진시켜 보다 더 상호적 정책 개발을 추진하는 것을 말한다. 여기서 전문가의 의무는 정책적 의사결정에 참여하는 다양한 이해관계자를 지원하는 것이다. 이와 관련하여 우드하우스와 니아주마(Woodhouse and Nieusma, 2001)는 '민주적 전문성'이라는 개념을 만들었다. 민주적 전문성은 두 가지의 특성을 가지고 있다. 첫째, 전문성을 '진부한 가치중립성(phony neutrality)'로부터 '사려 깊은 당파성(thoughtful partisanship)'으로 이동시켜 편견에 대항하는 것, 둘째, 불확실성에 대항하는데 있어 이해관계자를 지원하는 것이다. 민주적 전문성의 개념은 대의 민주주의적 체제속의 전문성이라 할 수 있으며, 참여민주주의 관점에서의 전문성의 민주화를 주장하는 것은 아니다.

한편 점증주의계열 학자들은 불확실성을 다루는 구체적인 방법을 제시하였다. 점증주의의 목적은 불확실성을 제거하는 것이 아니라, 불확실성에 대항하는 것이다. 이해당사자들의 경험 등 사회적 지능을 활용하면서, 시행착오(trial and error)기법을 사용하여, 불확실성에 대응하는 것이 점증주의적 접근법이다. 시행착오기법이란 낮은 단계의 정책실행의 실수로부터 얻은 경험을 통하여 불확실성을 점차적으로 해결하는 방법이다. 그러나 일상적인 시행착오기법은 몇 가지 결점을 가지고 있다. 첫째, 하나의 정책을 시행하는 데 너무 비싼 댓가를 치를 수 있다. 둘째, 새로운 정책으로의 전환은 유연성이 너무 적어, 정책의 시행착오를 수정하기에 어려울 수 있다. 셋째, 실수에 대한 배움이 너무 느릴 수 있다(Lindblom and Woodhouse, 1993).

이러한 기존의 시행착오기법을 개선하기 위해서 모론과 우드하우스(Morone and Woodhouse, 1986)는 "지능적 시행착오(intelligent trial and error)"를 소개하면서 전통적인 시행착오기법이 직면할 수 있는 문제를 해결하고자 하였다. 지능적 시행착오의 핵심원리는 받아들일 수 없는 위험에 대해서는 초기경고(initial precaution)하에서 시행하고, 정책에 대한 우선순위선정을 통하여 정책의 유연성을 제고하

4대강 사업과 시행착오기법

시행착오기법은 단계적 과정을 통하여 얻은 실패의 경험으로 통하여 정책을 개선하는 것을 의미한다. 하지만 다른 어떤 나라보다도 우리나라의 공공정책은 시행착오기법을 사용하지 않는다. 그 이유는 아마도 우리나라 사람들은 모든 일을 신속하게 처리하려는 '빨리빨리' 문화에 익숙하기 때문이다. 따라서 우리나라의 공공정책은 신속하게 만들어지고 또한 지속적으로 변경된다. 예를 들어, 이명박정부가 추진한 4대강 사업은 시행착오기법을 사용하지 않는 대표적 사례이다. 시행착오기법을 활용한다면, 당시 준설이 가장 절실하게 필요한 영산강에 대한 정비사업을 완료하여 준설작업으로 인한 다양한 장점과 문제점에 대한 경험으로 토대로 낙동강, 한강, 금강에 대해 준설사업을 시도했어야 했다. 하지만, 이명박 정부는 4대강에 대해 동시다발적으로 준설사업을 추진했다. 이와 같은 동시다발적 사업 추진으로 인하여 시행착오를 통한 경험의 교훈을 얻지 못했을 뿐만 아니라, 많은 중장비를 동시에 사용함으로써 경제적 비용의 낭비를 가져왔다. 이명박정부가 4대강 사업을 이와 같은 방식으로 추진한 이유는 아마도 정권임기 내에 이 사업을 완수하지 않으면 실패할 수 있다는 우려 때문일 것으로 판단된다.

며, 모니터링과 피드백 메커니즘을 개선하여, 실수의 경험으로부터의 배움의 속도를 가속화시키는 것이다. 지능적 시행착오의 원리는 다음과 같은 순서로 이루어진다. 첫째, 받아들일 수 없는 에러에 대해서는 가장 높은 위험에 견딜 수 있는 가외시스템을 구축하거나, 위험생산자에게 증명의 책임을 이전시킴으로써 초기 경고를 시행한다. 둘째, 정책의 유연성 확보하기 위하여, 우선순위에 의한 테스트와 모니터링으로 부정적인 피드백 존재시 빠르게 정책을 전환할 수 있도록 한다. 셋째, 정책적 피드백을 증가시킴으로써 경험으로부터의 학습을 증가시켜 불확실성에 대응한다.

2) 참여/숙의 민주주의적 접근법: 대중역학 및 구성적 기술영향평가

참여민주주의적 접근법은 시민 및 다양한 전공자들이 의사결정과정에 참여하게 함으로써 정책문제를 해결하는 방법이다. 공공정책에서 최근에 대두되고 있는 통치(government)에서 거버넌스(governance)로의 전환은 바로 참여민주주의적 의사결정방식의 도래를 의미한다. '통치'란 전통적인 관료주의를 지칭하며 관료와 전문가 주도에 의한 의사결정방식을 의미하며, '거버넌스'란 이해관계자, 시민, 다양한 전문가의 공동참여를 통하여 의사결정을 추진하는 것이다. 참여민주주의를 주장하는 정책학자들은 보다 폭 넓은 참여는 보다 나은 의사결정에 공헌할 수 있다고 주장한다. 또한 보다 다양한 가치를 의사결정에 통합할 수 있으며, 시행착오의 확률을 감소시킬 수 있다고도 주장한다.

민주주의적 의사결정방식을 옹호하는 학자들은 시민 전문성(lay expertise)을 강조한다. 시민 전문성은 지식의 문화적, 해석학적 차원의 합리성에 기초한다(Fischer, 2000; Krimsky, 1984; Wynne 1992; 1996). 시민 전문성은 일상적이고 맥락적이며, 상황지워진 지식이다(Fischer, 2000). 셸던 클림스키(Sheldon Krimsky)에 의하면, 문화적 합리성은 한 지역에서의 일반대중의 오랜 기간 동안의 경험의 축적에 의해 만들어졌다. 이러한 경험은 "많은 세대를 걸쳐 시행착오를 통하여 또는 그들 자신과 환경의 다른 형태의 삶의 형태에 대한 직접적이며 감각적인 인식을 통하여 만들어졌다"(Krimsky, 1984: 254, 256).

몇몇 학자들은 시민의 지식은 기술관료주의적 지식에 많은 성찰성을 제공할 수 있다고 주장한다. 브라이언 윈(Brian Wynne)은 "전문성 및 그것의 제도와 대중의 관계는 항상 합리적-계산적 모델에서보다, 보다 철저한 해석학적 관점에서 성찰적이다"라고 주장한다. 특히 그는 모든 형태의 지식의 합리적/계산적 타당성을 기각한다. 즉, 그는 시민의 지식은 문화적/해석적 합리성에 기초하고, 전문가적 지식은 합리적/계산적 지식에 기초한다고 주장하지 않는다. 오히려 두 가지 유형의 지식은 서로 다른 문화적/해석적 맥락에 기초할 뿐이라고 주장한다(Wynne 1992; 1996). 알란 어윈(Alan Irwin)은 시민이 동질적이고, 수동적이며, 비이성적이며, 과학적 지식에 대해 무지하다고 보는 기술관료주의적 사고에 반대한다(Irwin, 1997).

프랭크 피셔(Frank Fischer)는 시민참여적 접근법을 강조하면서도 그 한계를 지적한다. 피셔는 일반사람들이 복잡한 정책적 문제를 다루는 데 예상보다 더 능력이 있다는 점을 강조하면서도, 그는 시민참여가 정책문제 해결의 만병통치약은 아니며, 과학적 전문성은 중요하지 않다는 것을 의미하는 것은 아니라는 것을 강조한다. 그는 시민참여의 요구는 시민이 전문가들이 하는 모든 일을 다룰 수 있으며, 전문가들을 대체할 수 있다는 것을 의미하지는 않는다고 주장한다(Fischer, 2000). 더불어 시민 참여는 저절로 일어나기가 쉽지 않으며, 시민참여는 "조직화되어야 하고, 조성되어야 하고, 길러져야 한다"고 주장한다. 그래서 피셔는 과학적 전문성과 시민 전문성 사이의 협력적 모델을 제안한다.

과학적 전문성과 시민전문성과 협력적 모델의 하나의 예는 대중역학(popular epidemiology)이다(Brown, 1997; Fischer, 2000). 대중역학이란 지역에서 발생하는 환경, 보건적 위험 및 재해에 대한 역학조사에 잠재적·직접적 피해자가 전문가와 공동으로 직접 참여하여 피해를 조사함으로써 역학조사결과에 대한 신뢰를 확보하는 것이다. 실제로 미국 메사추세스주 우번(Woburn)에서 대중역학조사가 실시된 적이 있다.

대중역학과 같은 참여적 정책분석의 이점은 전문가와 시민 간의 신뢰를 증진시킬 수 있다는 것, 책임을 서로 공유하면서 정책의 유연성을 증진시킬 수 있다는 것을 들 수 있다. 단점으로는 시간적 소모, 문화적 차이, 시민대표 선정의 어려움 등 과정상의 문제점을 들 수 있다(Delon, 1994). 다만 참여적 정책분석에서 주의해야 할 점은 시민의 유능함이나 시민과 전문가 간의 합의에 중점을 두어서는 안 된다는 것이다. 더불어 참여적 정책분석이 모든 정책입안과정에 도입될 필요는 없으며, 전문가와 시민, 정부와 시민간의 신뢰가 부족할 경우에 가능하다.

과학기술학자들이 주목하는 참여적 접근법의 대표적인 사례 중의 하나는 신기술에 대한 구성적 기술영향평가이다(Rip et al. 1995). 기술영향평가는 기술이 제품으로 출시되기 전 연구개발단계에서 기술의 사회적·환경적·보건적·윤리적 영향을 사전에 평가하는 것이다. 기술영향평가는 기술영향평가의 평가주체에 따라 전문가 중심의 기술영향평가와 시민 중심의 기술영향평가로 나누어질 수 있다(이영희 2007). 일반적인 기술영향평가가 전문가 주도로 기술영향평가가 일어났다면, 구성적 기술영향평가는 일반시민들이 기술영향평가를 수행하여 시민들의 지식을 기술영향평가에 반영하는 것이다. 덴마크 데니쉬기술위원회(Danish Board of Technology)에서 추진한 합의회의는 대표적인 구성적 기술영향평가의 사례이다. 우리나라에서도 합

표 12-2. 한국의 기술영향평가 추진현황

시행 년도	대상기술	특징	운영방법
2003	NBIT 융합기술	최초에 시행한 TA로 다양한 분야의 전문가들이 참여하는 위원회 중심으로 시도	TA위원회, 과학기술, 산업경제, 사회문화전문분과
2005	RFID 기술, 나노기술	객관성과 전문성을 높이기 위하여 TA 과정에 다양한 전문가와 시민단체 등이 참여하는 대상기술선정위원회, TA위원회, 전문분과를 운영	TA위원회, 산업경제, 사회문화전문분과
2006	줄기세포, 나노소재, 유비쿼터스, 컴퓨팅기술 (UCT)	대상기술 선정의 객관성/공정성을 확보하기 위하여 대상기술선정위원회에 일임하여 대상기술을 선점 TA 추진의 효율화를 위하여 대상기술의 기술동향, 산업발전전망 등의 기술분석을 기술의 사회적 영향을 평가하는 본평가 앞서 실시 시민참여형 방법론을 시범도입하여 TA의 객관성을 강화-UCT기술의 시민공개포럼을 개최하여 시민합의를 이끌어 냄	TA위원회, 기술분석소(위), 영향평가소(위), 시민공개포럼#(UCT기술에 한함)
2007	기술변화 대응기술	관련부처 정책설명회 및 전문가 세미나 등을 통해 정책활용도를 높일 수 있는 평가결과 도출	TA위원회, 시민공개포럼
2008	국가재난질환 대응기술	대상기술이 과학기술 및 여러 사회적 측면에 대하여 갖는 파급효과, 시사점 정책 대응, 정책 제언 등 도출 시민배심원제의 시민단체 위탁운영을 통한 공정성 및 활용도 제고	TA위원회, 시민배심원제

* 자료: 유지연 외(2010).

의회의가 개최된 적이 있는데, 1999년 유네스코한국위원회와 시민과학센터가 실시한 유전자변형식품 및 생명복제관련 합의회의가 최초의 사례이다.

한국에서 기술영향평가의 제도화는 2001년 7월 17일 부로 발효된 과학기술기본법 제 14조 제 1항 및 동법 시행령 제23조에 명시됨으로써 이루어졌다. 우리나라 정부는 2003부터 2008년 동안 총 5회에 걸쳐 기술영향평가를 실시하였다. 초기에는 전문가 중심의 기술영향평가를 추진했으나, 2006년 이후로 유비커터스 기술 및 재난대응 기술등을 중심으로 시민공개포럼 또는 시민배심원제 등 시민참여방식의 기술영향평가방식을 시도해 왔다(유지연 외, 2010).

3) 예견적 거버넌스: 실시간 기술영향평가

예견적 거버넌스(anticipatory governance)는 미래예측과 다양한 전문성을 활용한 지식의 통합, 그리고 시민과 대중의 직접 또는 온라인 참여를 통하여 성찰적인 기술혁신시스템을 구축하는 것을 목적으로 한다(Karinen and Guston, 2010). 예견적 거버넌스의 세 가지 요소는 예측, 시민참여, 그리고 사회과학과 자연과학 및 공학 간의 통합이다(Barben et al., 2008).

예견적 거버넌스는 혁신연구, 과학기술학, 기술영향평가, 점증주의적 사고 등에 의해 비롯되었다. 예견적 거버넌스의 예로는 2002년 데이비드 구스통(David Guston)과 다니엘 사레위츠(Daniel Sarewitz)가 제안한 실시간 기술영향평가(real-time technology assessment, RTTA)를 들 수 있다(Guston and Sarewitz, 2002). 실시간 기술영향평가란 연구개발단계에서 과학기술자와 인문사회과학자가 서로 협업을 통하여 기술의 사회적·환경적·윤리적 영향을 평가하고 같이 고민하면서 보다 책임있는 연구개발을 추진하는 것이다. 미국 아리조나 주립대학교의 나노기술과 사회센터는 2003년에 제정된 21세기 나노기술연구개발법에 기초하여 나노기술에 대한 실시간 기술영향평가를 수년간 실시해 왔다. 이 센터는 대학 내부의 과학기술자와 인문

사회과학자들 간의 네트워크를 통하여 다양한 전문성간의 통합을 시도하였다.[3]

실시간 기술영향평가는 생명공학기술에 대한 윤리적·법적·사회적 함의(ELSI) 연구의 한계로부터 비롯되었다. 생명공학과 관련하여 인문사회과학자(특히 윤리학자들)들이 ELSI 연구를 했음에도 불구하고 실제적인 기술혁신과정과 별도로 이루어졌기 때문에 사실상 기술개발에 거의 영향을 주지 못했다는 비판이 있었다(Fisher 2005). 이는 실험실의 기술설계단계에서 ELSI연구자들은 참여하지 못했기 때문이다. ELSI와 달리 실시간 기술영향평가는 연구개발단계에서 인문사회과학자와 과학기술자 간의 협업을 추진한다. 성공적인 실시간 기술영향평가가 되기 위해서는 기술개발의 초기 단계에 개입할 수 있어야 하고, 단순한 협업을 넘어 이 평가결과를 신기술의 연구개발정책과 규제정책에 반영할 수 있어야 한다.

4. 공공정책에서 과학기술학의 역할

과학기술학은 실증주의에 기반한 공공정책과 긴장을 가진다. 법과 정책은 분명하고 단순한 원칙을 선호하기 때문에, 공공정책은 복잡한 정책적 질문을 축소하고 단순화하려는 경향을 가진다. 공공정

3 이 센터는 총 4회에 걸친 실시간 영향평가를 실시하였으며 주 내용은 연구 및 혁신시스템 분석(1차 RTTA), 대중의견 및 가치들(2차 RTTA), 숙의와 참여(3차 RTTA), 성찰성, 영향평가(assessment), 그리고 성과평가(evaluation)(4차 RTTA) 등이다.

책은 많은 사람들이 받아들일 수 있는 정책을 만들기 위해 정책에 배태되어 있는 불확실성을 제거하고, 이해당사자들 간의 정책적 합의를 도출해내려고 한다. 이러한 점에서 공공정책은 질서를 추구하며 국가, 조직, 타자, 개인의 몸을 특정한 방식으로 규칙적인 그리고 습관적인 실천을 하도록 만드는 역할을 수행한다.

과학기술학은 공공정책이 추구하는 질서 속에 무질서가 존재하고 있음을 보여 주며, 공공정책이 추구하는 보편성과 동일성 속에서 차이가 존재한다는 것도 보여 준다. 탈실증주의에 대해 알레르기 반응을 보이는 공공정책자들은 복잡함과 다양성을 추구하는 과학기술학이 정책학의 근본을 흔드는 위협으로 인식할지도 모른다. 하지만 과학기술학적 관점에서 볼 때 공공정책과 과학기술학은 숙주와 기생충의 관계를 가진다. 과학기술학은 공공정책인 숙주에 기생하는 기생충처럼 숙주의 생산물인 공공정책에 다른 맥락을 제시하면서 차이를 만들어낸다. 그러나 숙주와 기생충은 서로 죽이지 않으며, 서로 보충하면서 상대방이 생존하게 한다. 그들은 공생관계이다.

과학기술학은 빠른 의사결정을 위한 쉬운 지름길을 찾는 것보다, 정책제언을 향하는 길 주변의 산, 강, 들, 그리고 다양한 샛길들의 풍경들을 보다 섬세하게 드러내는 '짙은' 정책학을 추구하고자 한다. 과학기술학은 공공정책으로 하여금 성급한 정책제언을 제시하기 전에 정책문제를 둘러싼 다양한 사회적 맥락과 차이에 대한 보다 폭넓은 질문을 하고 구체적 맥락을 살펴볼 것을 요구한다. 이와 같은 성찰이 없다면 바람직한 정책이 만들어질 수 없다.

과학기술학은 공공정책이 정책과 관련된 불확실성과 복잡성을 보다 더 긍정하도록 요구한다. 주류 정책학자들은 완벽한 그리고 반론

없는 의사결정을 위해 불확실성을 제거해야 된다고 생각하며, 이를 위해 과학을 동원한다. 하지만 의사결정이란 선택이다. 불확실성이 완전히 제거된다면, 결정은 저절로 주어지는 것이지 선택할 필요가 없다. 불확실성이 없는 의사결정은 의사결정이 아니다. 의사결정이란 항상 불확실하며 위험하다. 따라서 바람직한 공공정책은 불확실성과 차이를 긍정하면서 비판적이며 성찰적인 의사결정을 하는 것이다.

더 생각해 볼 문제

1. 실증주의와 탈실증주의 관점에서 바라보는 공공정책에 대한 정의, 정책 형성과정, 정책의 역할 등에 대한 차이를 심도 있게 토의해 보자.
2. 과학기술학적 정책분석은 불확실성을 정책을 분석하기 위한 도구로 사용한다. 과학기술학이 보는 불확실성의 개념은 무엇이며, 정책에서의 함의는 무엇인가?
3. 불확실성을 관리하는 데 있어서 기술관료주의적 공공정책과 과학기술학적 접근의 차이는 무엇인가?
4. 우리나라 공공정책의 정책문화는 어떠한지에 대해 생명공학, 광우병, 원자력, 나노기술, 기후변화, 정보기술 등의 다양한 사례를 중심으로 논의해 보자.
5. 우리나라 공공정책의 의사결정이 어떻게 이루어지는지에 대해 생명공학, 광우병, 원자력, 나노기술, 기후변화, 정보기술 등의 다양한 사례를 중심으로 논의해 보자.

〈심화학습을 위한 자료〉

- 김은성 편저(2009), 『불확실성에 대응하는 위험거버넌스: 신기술 및 신종재난을 중심으로』, 법문사.
- 김은성(2010), "짙은 정책학: 탈실증주의 정책학 어떻게 할 것인가?", 《한국정책학회보》 제19권 4호.
- 웹스터, 앤드류, 김환석 · 송성수 옮김(2002), 『과학기술과 사회』, 한울아카데미.
- 유지연, 한민규, 임현, 안병민, 황기하(2010), "한국의 기술영향평가, 현황과 과제", 《과학기술혁신학회지》 제13권 4호.
- 이영희(2007), "기술의 사회적 통제와 수용: 기술영향평가의 정치", 《경제와 사회》 73호.

13장

기술혁신정책의 진화와 과제

송위진

송위진(과학기술정책연구원 선임연구위원)

서울대학교 해양학과를 졸업하고 동 대학원 과학사 및 과학철학 협동과정에서 석사학위를 받았다. 고려대학교 행정학과에서 과학기술정책으로 박사학위를 취득했으며, 현재 과학기술정책연구원(STEPI)의 선임연구위원으로 재직하고 있다. 주요 연구 분야는 사회문제 해결형 혁신정책, 탈추격 혁신, 사회·기술시스템 전환이다. 저서로는 『사회문제 해결을 위한 과학기술혁신정책』, 『창조와 통합을 지향하는 과학기술혁신정책』, 『기술정치와 기술혁신』 등이 있다.

* 이 글을 작성하는 데 송위진(2002), 송위진(2009)을 많이 활용하였다.

'혁신연구(innovation studies)'의 틀에서 발전해 온 혁신정책 연구는 과학기술학과는 다른 연구 전통을 갖고 있다. 과학기술지식이 창출·활용·실용화되는 혁신과정과 경제발전에 초점을 맞추는 혁신연구는, 기술의 사회적 구성을 이론적 기반으로 하여 현상을 분석하고 현재의 기술시스템에 대한 성찰을 통해 새로운 기술구성을 탐색하는 과학기술학과 다른 접근을 취해 왔다.

이렇게 다른 전통에서 발전해 왔지만 혁신연구는 혁신활동을 규율하는 제도를 강조함과 동시에, 신기술에는 그와 부합되는 새로운 제도가 필요하다는 '기술과 제도의 공진화'를 주장하면서 과학기술학과 연계를 맺는다(Nelson and Sampat, 2001). 근래 정보통신기술, 생명공학기술, 나노기술과 같은 새로운 기반 기술이 등장하고 그와 관련된 경제·사회 제도를 새롭게 구축해야 하는 상황이 전개되면서 그 접점은 더욱 확대되고 있다. 더불어 혁신정책에서도 경제적 목표뿐만 아니라 삶의 질 향상, 지속가능성 제고, 사회통합 등이 새로운 정책목표로 등장함에 따라 혁신연구와 과학기술학을 통합하려는 노력도 이루어지고 있다(Geels, 2004).

이 장에서는 혁신정책의 세대별 진화과정을 살펴본다. 각 세대별로 혁신정책의 논리적 근거가 되는 혁신이론을 검토하고 그것을 구현하는 정책의 특성을 논의할 것이다. 선형모델에 입각한 제1세대 정책, 혁신연구의 성과인 혁신체제론에 근거한 제2세대 정책, 과학기술학과 혁신연구의 연계가 나타나는 제3세대 정책을 살펴보면서 이런 변화가 혁신정책의 기본 관점과 특성에 어떤 영향을 미쳤는지를 서술한다. 그리고 혁신정책 진화의 관점에서 한국 혁신정책의 과제를 정리한다.

이 장에서 혁신정책은 넓은 의미의 개념으로 사용한다. 즉 과학발전을 활성화하기 위한 '과학정책', 기술개발을 촉진하기 위한 '기술정책'을 모두 포괄하는 정책으로 파악한다. 과학정책과 기술정책도 결국에는 혁신을 통해 사회·경제 문제 해결을 지향하고 있기 때문이다.

표 13-1. 혁신정책의 진화

	제1세대 혁신정책	제2세대 혁신정책	제3세대 혁신정책
혁신을 바라보는 관점	선형적 관점	시스템적 관점	시스템적 관점
정책목표	경제성장	경제성장	경제성장, 삶의 질 향상, 지속가능성
정책의 주요 관심영역	과학을 위한 정책	• 혁신을 촉진하기 위한 정책 • 혁신친화적 고용정책, 금융정책	• 정책문제 해결을 위한 혁신정책 • 환경정책과 혁신정책의 통합
혁신정책에 참여하는 주요 주체	과학기술계	과학기술계와 경제계	과학기술계와 경제계, 사용자 및 시민사회

* 자료: 성지은·송위진(2007)에서 일부 수정.

1. 선형모델과 제1세대 혁신정책

1) 선형모델

기술혁신의 선형모델(linear model)은 연구(과학)→개발(기술)→경제·사회문제 해결이라는 지식흐름의 일방향성을 강조하면서 기술혁신이 이루어지는 과정에 위계를 설정한다. 선형모델에서는 개발에서 연구로, 생산에서 개발·연구 쪽으로의 피드백과 상호작용을 중요하게 생각하지 않으며, 연구성과는 큰 어려움 없이 개발과 생산에 응용될 수 있다고 파악한다. 따라서 혁신활동에서 중요한 것은 대학과 공공연구소의 새로운 지식을 창출하는 연구활동, 즉 과학활동이 된다. 이 때문에 과학활동을 수행하는 집단은 기술개발과 생산을 수행하는 집단보다 지식의 측면에서 우위에 서며, 기술자, 생산자들은 과학자들이 발견한 지식을 응용하는 역할을 담당한다. 결국 과학기술지식의 창출과 발전은 지식 창출에 핵심적인 역할을 담당하는 과학자 집단이 주도하게 된다.

2) 제1세대 혁신정책의 특성

선형모델에 토대를 두고 있는 제1세대 혁신정책은 연구활동과 인력 육성에 초점을 맞춘다. 연구활동에 공공 자금을 투입하고 고급 연구인력을 양성하는 대학을 지원하여 대학·연구소·기업에서 지식이 창출되면 그것이 자연스럽게 응용·활용되면서 경제활동과 보건, 안보 문제 해결에 기여한다고 보기 때문이다. 연구와 고등교육 지원을 목표로 하고 있는 미국의 국립과학재단(National Science Foundation, NSF)은 이런 관점을 구현하기 위해 설립된 조직이다.

선형모델의 원조:『과학, 끝없는 프런티어』

기술혁신의 선형모델은 제2차 세계대전 직후인 1945년 미국의 부시(Vannevar Bush)가 루스벨트 대통령에게 보고한 『과학, 끝없는 프런티어(*Science, the Endless Frontier*)』에서 제시되었다. 이 보고서에는 제2차 세계대전 과정에서 원자폭탄과 레이더 개발과 같은 성과를 보여 준 과학기술활동에 대한 낙관적 믿음과 함께 과학활동이 경제·사회 발전에 도움이 될 것이라는 관점이 바탕에 깔려있다. 부시는 기초연구와 고급인력 양성 지원 프로그램이 필요하다는 것을 강조하면서 과학자사회의 자율성에 입각한 연구수행을 이야기하고 있다.

선형모델은 그 후 혁신체제론이나 과학기술학의 연구를 통해 신랄한 비판을 받았지만, 여전히 많은 과학기술자와 정책결정자들의 사고를 지배하는 틀로 영향력을 행사하고 있다. 특정 분야의 과학기술에 투자하면 사회·경제적 문제를 해결할 수 있다는 단순하고 명쾌한 논리를 제시하고 있어 정치적으로 상당히 매력적인 논의이기 때문이다.

이때 연구 및 과학분야에 대한 정부지원의 정당성은 '시장실패(market failure)'론에 근거한다. 이 논의에 따르면 과학과 연구활동의 성과는 누구나 사용할 수 있는 공공지식의 특성을 지니고 있기 때문에 민간부문이 그에 투자를 하더라도 사회·경제적 수익을 독점할 수 없다. 따라서 경제시스템 전체의 발전에서 과학 및 연구활동은 중요한 의미를 가지고 있지만 그에 대한 민간부문의 투자 유인요인은 크지 않다. 수익을 추구하는 경제주체로 구성된 시장에서 과학 및 연구활동에 대한 자원배분이 실패하는 '시장실패' 현상이 나타나는 것이다. 이런 상황에서는 사회·경제적으로 유용한 지식을 창출하기 위해 정부 차원에서 과학 및 연구활동에 투자할 필요가 있다.

특히 국방이나 보건의료 연구와 같은 공공적 목표를 지향하는 임무지향적 연구는 우선적인 정부 지원 영역이 된다.

제1세대 정책에서 정부는 상당한 정보처리능력을 가지고 있는 사회기획자로서 파악된다. 시장실패를 정확히 인식하고 그것을 보정하기 위해 '최적 정책'을 기획·집행할 수 있는 존재로 인식되는 것이다. 한편 정부의 자원 배분 및 투자 결정 권한은 지식 창출의 주역을 담당하고 있는 과학자사회에게 위임된다. 과학자사회에서 작동하는 동료평가(peer review)의 규범에 따라 창의적 지식을 창출하거나 경제·사회 문제를 해결할 수 있는 연구분야가 선정된다.

제1세대 혁신정책은 연구 및 과학활동에 초점을 맞추었기 때문에 그것이 어떤 경로를 통해 산업화로 이어질지, 어떤 방식을 통해 질병치료나 국방 문제를 해결할 제품과 서비스로 구현될지에 대해서는 깊이 고려하지 않았다. 지식이 창출되면 자동적으로 응용연구나 상업화 활동을 수행하는 조직들이 이를 활용해서 문제를 해결할 것으로 보았기 때문이다.

제1세대 혁신정책이 수행될 당시 산업정책 또한 중요한 정책으로 다루어졌다. 산업정책은 철강, 자동차, 전자산업 등을 육성하기 위해 국가 대표기업을 선정·지원하거나 석탄산업과 같은 사양산업의 원활한 구조조정을 지원하는 방식으로 진행되었다. 그러나 산업육성과 구조조정을 기술혁신의 측면에서 다루지는 않았으며 혁신정책과 산업정책은 서로 연계되지 않은 채 개별적으로 집행되었다.

당시는 냉전시대였기 때문에 국방과 안보, 에너지와 같은 전략분야에 대한 임무지향적 응용연구 프로그램도 제1세대 혁신정책의 주요 정책영역이었다. 그러나 대학과 정부연구소를 중심으로 이루어진 응용연구 프로그램도 상업화를 중요한 목표로 고려하지 않았다. 연구 그 자체가 중요한 것이었으며 이것이 자연스럽게 흘러들어가(spin off) 산업에 활용된다고 파악하였다.

2. 혁신체제론과 제2세대 혁신정책

1) 혁신체제론

1980년대에 들어와 선형모델을 근본적으로 비판하는 상호작용모델(chain-linked model)이 등장하기 시작했다(Kline and Rosenberg, 1987). 연구와 과학활동에 많은 사회적 자원이 투입되었지만 그로부터 만족할만한 경제적 성과가 얻어지지 않았기 때문이다. 이런 상황은 연구 및 과학활동에서 창출된 지식이 자연스럽게 활용되어 사회적·경제적 효과를 나타낼 것이라는 선형모델의 가정에 대해 근본적인 문제를 제기했다.

상호작용모델에 따르면 기술혁신은 과학기술지식의 사용자인 기업의 문제해결 활동에서 시작한다. 그리고 이 활동은 본질적으로 불확실한 것으로서 수많은 시행착오를 거치면서 이루어진다. 과학이나 연구는 기술혁신의 출발점이 아니라 현장의 기술혁신과정에서 사용되는 자원이다. 연구, 개발, 생산활동은 선형모델처럼 일방향적인 위계구조를 이루는 것이 아니라 지속적으로 상호작용하면서 지식을 교류하여 문제를 해결하는 수평적 관계를 맺는다. 선형모델과 달리 연구와 과학분야는 혁신과정에서 특권적인 지위를 갖지 않는다. 그렇지만 혁신활동에서 중요한 역할을 담당한다.

이런 인식전환의 배경에는 1970년대 말의 경제위기가 있었다. 포드주의의 붕괴로 인해 나타난 경제위기는 연구개발에 대한 투자에도 불구하고 생산성 향상은 부진한 '생산성 패러독스'를 초래하였다. 경제위기와 생산성 패러독스는 정책결정자들로 하여금 과학기술지식의 공급측면만이 아니라 그것이 실제적으로 활용되어 경제적 효과를 얻을 수 있는 조건에 관심을 갖게 하였다. 이와 함께 1980년대 일본이 기술혁신을 통해 서구 선진국을 추월한 것도 인식 변화에 기여했다. 미국이나 유럽보다 과학 및 연구활동에 대한 자원 투입이 적고 성과도 뛰어나지 못했던 일본이 반도체와 자동차와 같은 선진국을 대표하는 산업에서 앞서 나갔기 때문이다. 일본의 사례를 통해 과학기술지식의 창출보다는 그것을 효과적으로 활용하고 개선하는 활동이 더 중요하며 이를 위해서는 지식과 정보가 효과적으로 공유될 수 있는 사회시스템이 필요하다는 점이 논의되기 시작했다.

기술혁신을 시스템적 관점에서 접근하는 혁신체제론은 상호작용 모델을 제도주의론에 입각해 체계화한 논의이다(Freeman, 1987; Lundvall, 1992). 혁신체제론에서는 기술혁신을 수행하는 기업을 필두로 대학, 연구소 등과 같은 매우 다양한 기관들이 사회시스템을 형성하여 기술혁신을 수행한다고 본다. 기업과 대학, 연구소 등과 같이 직접적으로 지식을 창출·확산·활용하는 조직과 함께 이들 조직에 필요한 물적·인적 자원을 공급하는 금융기관, 교육기관들이 시스템의 중요한 구성요소이다. 이와 함께 혁신주체들의 활동을 규율하는 금융제도, 노사관계, 경쟁관련 제도도 시스템의 구성요소이다. 따라서 혁신체제는(즉 국가혁신체제)는 한 국가에서 사회·경제적으로 유용한 지식과 정보를 창출·확산·활용하는 데 영향을 미치는 조

국가혁신체제의 정의와 유형

국가혁신체제는 한 국가에서 새로운 기술을 획득하고 개발하며 확산시키기 위해 활동하는 공공 및 민간부문 조직들의 네트워크로 정의된다. 즉 사회·경제적으로 유용한 지식과 정보를 창출하고 활용하는 데 영향을 미치는 조직과 제도로 구성된 시스템이다.

국가혁신체제는 크게 영국·미국형(자유시장경제형: liberal market economy)과 독일·일본형(조정시장경제형: coordinated market economy) 혁신체제로 유형화할 수 있다. 각 유형은 혁신조직 방식이 다르다. 영국·미국형 과학 지식에 기반한 급진적 혁신에 적합하며 인력과 자금 공급의 유연성을 필요로 한다. 반면 독일·일본형은 개발부문과 현장에서 축적된 노하우에 기반을 둔 점진적 혁신에 적합하며 내부 노동시장과 장기 거래관계를 활용한다.

표 12-2. 영국 · 미국형 혁신체제와 독일 · 일본형 혁신체제의 특성

	영국 · 미국형	독일 · 일본형
기술혁신의 성격과 지적재산권 체제	• 연구에 기반을 둔 혁신이 중요하며 주로 급진적 혁신에 초점 • 특허체제를 중심으로 한 기술혁신 결과 전유 • 기초연구에 대한 지적재산권 강화	• 개발에 기반을 둔 혁신이 중요하며 점진적 혁신이 중요 • 기술혁신결과의 전유과정에서 지적재산권보다는 기업비밀 유지나 보완적 자산이 중요 • 기초연구의 개방이 이루어져 공공재화
교육, 노사관계, 노동시장	• 혁신활동에 필요한 전문성을 지닌 인력들이 유연하게 공급되는 외부노동시장 발전	• 기업 내부에서 축적된 능력을 바탕으로 한 내부노동시장 발전
기업지배 구조와 금융시스템	• 주주에 의한 통제가 강하여 외부자(outsider) 중심 지배구조 구축 • 자본시장 중심의 혁신자금 조달	• 은행이나 노동조합과 같은 내부자(insider)가 의사결정과정에서 중요 • 은행을 중심으로 한 혁신자금 조달
주요 기술 및 산업 영역	• 정보통신산업, 생명공학산업	• 자동차산업 등과 같은 규모집약형 산업, 공작기계, 사용자 주도형 산업

* 자료: Coriat and Weinstein(2004).

직들 및 제도로 구성된 시스템이라 할 수 있다. 이 시스템이 어떻게 구성되는가에 따라 기술혁신의 방향과 속도, 그리고 경제적 성과가 달라진다(박스글 참조).

혁신체제론이 논의되면서 혁신정책은 과학기술과 산업발전 · 경제성장을 연계시키게 되었다. 선형모델에서는 연구를 통해 창출된 과학기술지식이 자연스럽게 응용 · 실용화될 것으로 가정하면서 지식발전을 정책 목표로 설정하였다. 반면 혁신체제론에서는 지식이 창출 · 응용 · 실용화되는 과정이 자연스러운 것이 아니라 혁신주체들 사이에 형성된 독특한 시스템을 통해 이루어진다고 파악하고, 효과적으로 지식이 창출 · 확산 · 활용되는 시스템을 구축하여 산업발전 · 경제성장 · 고용창출을 이룩하는 것을 주요 정책 목표로 삼게 되었다.

혁신체제론에서 핵심적인 개념은 혁신주체들의 '혁신능력'이다. 혁신능력이란 혁신주체들이 조직 내 · 외부의 자금, 인력, 지식 등과 같은 '자원'들을 통합하여 새로운 자원을 창출해낼 수 있는 능력(resource creating capability)으로써 이는 주체의 일하는 방식인 조직루틴(organizational routine)을 통해 구현된다. 훌륭한 인력과 많은 자금, 지식들이 있어도 그것들을 효과적으로 조직할 수 있는 혁신능력이 없다면 혁신주체들은 경쟁우위를 확보해나가는 데 어려움을 겪게 된다(Dodgson and Bessant, 1996; Teece et al, 1997; Cohen and Levinthal, 1990).

이러한 입장은 선형모델과는 다른 틀에서 혁신정책을 접근하게 한다. 아무리 좋은 과학기술지식이 공급되어도 그것을 기업의 경영자원과 통합해서 실용화할 능력이 없다면 경제적 성과를 얻을 수 없기 때문이다. 따라서 혁신체제론에 입각한 혁신정책은 기술개발과 관련된 연구개발인력, 자금, 정보 등과 같은 '자원'들을 원활히 공급하는 활동을 넘어 기업, 연구소, 대학 등과 같은 기술혁신 주체들의 '혁신능력'을 향상시키는 방안을 강조한다. 혁신주체들에게 물고기를 직접 공급하는 것보다는 물고기를 잡는 법을 가르쳐 주는 것이 더 좋은 정책이 된다는 것이다.

그러나 혁신주체들이 혁신능력을 확충하도록 하는 정책을 입안하고 집행하는 것은 쉬운 일이 아니다. 대다수의 정책과정에서 자금과 사람 또는 지식 등의 지원이 이루어질 때, 자원을 지원해 주는 자와 지원 받는 자 사이에 일방적인 관계가 형성되기 쉽기 때문이다. 그렇게 되면 더 많은 지식과 경험을 가지고 있는 지원자가 지식과 경험, 능력이 떨어지는 피지원자를 지도·지원한다는 선형적 관점이 지배하게 되어, 피지원기업이 자신들의 조건에 맞게 이전된 지식들을 개량하고 학습할 수 있는 기회가 축소된다(Dodgson and Bessant, 1996).

이 문제를 해결하기 위해서는 상호작용적 학습(interactive learning)이 무엇보다 중요하다. 상호작용이 원활히 이루어지면 공동기술개발 컨소시엄 등과 같은 틀을 통해 훌륭한 기술개발 결과가 산출되고 공동기술개발에 참여했던 혁신주체들의 혁신능력이 향상된다. 상호작용적 학습은 혁신주체들이 기술개발과 관련된 문제해결과정에 공동으로 참여하여 문제를 어떻게 인식하고 그 문제에 해결할 수 있는 대안을 어떻게 찾으며, 그것을 어떻게 구현할 것인가를 학습하는 활동이기 때문이다. 이는 지식이나 자원이 많은 조직이 그렇지 않은 조직을 대상으로 문제를 지적하고 그것을 해결하기 위한 대안을 일방적으로 지도하는 학습과 근본적인 차이가 있다.

2) 제2세대 혁신정책의 특성

제2세대 혁신정책은 이렇게 상호작용적 학습을 통해 혁신주체들의 능력이 향상되어 혁신이 지속적으로 추진될 수 있는 시스템 구축을 지향한다. 만약 혁신체제가 가지고 있는 구조적 문제로 인해 혁신의 창출·확산이 제약된다면 이것을 해소하기 위한 정부의 개입이 필요하다. 혁신체제가 가지고 있는 구조적 문제가 해결되지 않은 상태에서는 자원이 아무리 많이 투입된다 하더라도 소기의 성과를 얻을 수 없으며 오히려 비효율적인 시스템을 온존·확장시키는 결과를 낳게 된다.

따라서 제2세대 정책에서는 좋은 성과를 낼 수 있거나 국가적으로 필요한 과학기술분야를 선정해서 자원을 배분하는 선택과 집중 전략보다 지식이 창출되고 활용되는 시스템과 일하는 방식을 변화시키는 정책을 선호한다.

선형적 접근에서는 연구개발투자나 인력의 확대와 같은 '투입요소의 증대', 또는 논문, 특허, 기술이전과 같은 '산출의 증대'가 정책의 초점이 되었다. 즉 '투입 부가성(input additionality)'과 '산출 부가성(output additionality)'이 정책의 중요 기준이 되었던 것이다. 그러나 제2세대 정책에서는 정책을 통해 혁신주체들의 혁신활동에 변화가 생기거나 새로운 행동이 형성되는 '행동 부가성(behavioral additionality)'을 중시한다(OECD, 2006). 어떤 정책을 취했을 때, 혁신주체들의 기술기획 활동과 능력이 향상되는 정도, 연구개발인력 관리 활동과 능력이 향상되는 정도, 대학·연구소와 공동연구개발활동과 상호작용 학습이 강화되는 정도 등이 정책의 주요 관심사가 된다. 이런 측면에서 보면 전략기술을 개발하는 연구개발사업의 경우 기술개발만이 아니라 기술개발과정에서 형성되는 산·학·연 혁신주체들의 네트워크, 기술개발을 주도하는 조직의 연구관리 능력의 향상 등도 중요한 목표가 된다.

이런 접근은 특정 지역이나 공간에 적용될 수 있다. 지리적으로 근접한 특정 공간에서 전·후방으로 서로 연관성이 있는 기술을 개발하는 혁신주체들이 상호작용을 통해 혁신능력을 향상시키고 지식교류를 위한 네트워크를 강화·발전시키는 정책은 혁신클러스터 정책 혹은 지역혁신정책으로 구체화된다. 이를 통해 지역차원에서 혁신체제가 구성되고 특정 산업을 중심으로 한 혁신네트워크가 발전하게 된다.

제2세대 혁신정책에서 정부는 완전한 합리성을 가진 사회기획자가 아니라 제한된 합리성을 갖는 존재로서, 정책을 실행하고 그 과정에서 발생한 오류를 교정해가는 '적응적 정책(adaptive policy)'을 통해 '정책학습'을 수행한다. 정부는 최적의 정책을 채택하는 것이 아니라 어느 정도 만족할 만한 성과를 내는 정책을 채택·집행하고 문제가 생기면 새로운 정책을 탐색하는 활동을 수행하여 정책의 진화를 추진하는 존재인 것이다.

이때 정책문제의 발견은 보통 비교를 통해 이루어진다(Ediquist, 1999). 다른 나라나 다른 지역의 상황과 자국의 상황을 비교하여 차이점을 발견해서 시스템 문제와 정책문제를 파악하는 것이다(OECD, 2005). 비교방법을 동원하면 혁신체제를 구성하는 관련 조직이나 제도가 없거나 혹은 부적절하게 위치할 때, 또 조직·제도들 사이의 상호작용이나 연계가 없을 때 시스템 문제가 발생하고 있다는 것을 인식할 수 있다.

이렇게 정책문제를 발견해도 정책문제의 원인과 결과에 대한 인과적 지식이 있어야만 정책이 소기의 효과를 거둘 수 있다. 그러나 인과적 지식을 학습하는 것은 매우 어렵기 때문에, 많은 경우 매우 불확실한 상황에서 정책을 형성·집행하게 된다. 이때에도 다른 나라에서 취한 정책경험은 정책을 개선해나가는 데, 소중한 지적자산이 된다. OECD와 EU에서 각국의 혁신체제와 정책에 대한 활발한 비교연구(예를 들어 OECD Country Review Report, EU Trendchart 등)가 수행되고 있는 것은, 최적의 정책을 선택할 수 없는 조건에서 문제를 인식하고 상대적으로 나은 대안을 찾기 위한 노력이라고 할 수 있다. 그러나 이 과정에서 무조건적인 벤치마킹은 피해야 한다. 정책의 맥락이 다르기 때문에 이를 고려한 성찰적 벤치마킹(reflexive benchmarking)이 이루어져야 한다(Kemp and Loorbach, 2006).

한편 정책의 변화는 기술혁신처럼 시스템적 방식으로 이루어진다. 혁신주체들이 구조적인 특성을 가진 혁신 네트워크를 형성해서 기술혁신활동을 수행하는 것처럼 정부를 위시한 혁신주체들은 정책 네트워크(혹은 거버넌스)를 형성해서 환경변화에 대응한 정책결정 과정에 참여하게 된다. 이 정책 네트워크에는 과학기술자 집단만이 아니라 기술혁신을 사용하고 활용하는 산업계·경제계도 참여하기 때문에 과학기술정책과 산업정책이 연계되는 통로가 만들어진다.

사회적 협의의 전통이 강한 유럽은 '유럽 기술플랫폼(European Technology Platform)'이라는 중간조직을 형성해서 정책 네트워크를 구축하고 있다. 기술플랫폼은 기업, 금융기관, 정부부처, 연구기관, 대학 등 기술개발 관련 이해당사자들이 모여, 유럽차원에서 전략적으로 중요하고 사회적으로 의미 있는 전략적 연구주제를 정의하고 공동연구개발활동을 조직하는 장으로 기능하고 있다.

3. 혁신체제론의 발전과 제3세대 혁신정책

1) 혁신체제론의 발전

혁신체제론은 기술혁신에 참여하는 행위자들의 혁신활동을 규율하는 제도와 패턴을 파악하는 데 관심을 기울여 왔다. 이 과정에서 구조적 특성이 강조되면서 혁신체제의 형성과 발전은 중요한 주제로 다루어지지 못했다. 혁신체제에 대한 정태적인 접근이 주로 이루어진 것이다.

그러나 정보통신기술, 생명공학기술, 재생에너지 기술과 같은 새로운 기반기술이 등장하게 되면서 관련기술을 개발하고 활용하기 위한 경제·사회 시스템 구축에 대한 논의가 등장했다. 새로운 기술은 새로운 사회시스템을 필요로 하기 때문에 석유나 석탄과 같은 탄소에너지가 아니라 풍력·태양광·바이오매스와 같은 재생에너지 기술이 사용되기 위해서는 새로운 전력생산시스템과 생활방식이 요구된다. '기술과 제도의 공진화'와 '혁신체제의 형성과 발전'에 대한 논의가 본격적으로 이루어지기 시작한 것이다. 한편 새로운 시스템 형성은 기존 사회시스템의 권력구조에 변화를 가져오기 때문에 정치적 과정이 될 수밖에 없다. 이 때문에 새로운 기술과 사회시스템의 사회적 정당성 확보를 위한 노력이 혁신체제의 형성과정에서 중요한 요소로 고려되기 시작했다. 기술변화와 그와 결부된 제도변화의 사회 · 정치적 측면이 주요한 이슈로 부상했다(Bergek et al, 2008;

Smits et al, 2010).

이와 함께 혁신활동의 사회적 측면에 관심이 집중되는 변화가 나타났다. 그동안 혁신체제론에서 경제적 목표 달성이 무엇보다 중요했다. 또한 기술혁신의 최종소비자인 시민들은 수동적 위치에 있었다. 그러나 기후변화와 같은 전 세계 차원의 문제가 핵심 정책 의제로 등장하고 신기술의 도입과 함께 기술위험에 대한 우려가 증가하면서 기술혁신과 사회문제를 연계시키는 논의가 등장하기 시작했다. 이와 함께 세계화로 인한 양극화가 심화되면서 소외된 90퍼센트를 위한 과학기술에 대한 논의가 중요한 이슈로 부상하였다. 이로 인해 에너지·환경·보건복지·안전 분야에서 사회문제 해결을 위한 혁신활동에 대한 요구가 구체화되고 경제적 목표를 넘어 사회적 목표를 달성하는 것이 혁신체제론의 주요 이슈가 되었다. 사회적 측면에 초점을 맞추는 이러한 경향은 EU의 연구자들이 21세기를 대비한 혁신정책의 지향점을 부시의 책제목을 패러디하여 "사회: 끝없는 프런티어(Society: The Endless Frontier)"라고 명명한 데에서 잘 나타난다(Caracostas and Mulder, 1998). 사회문제 해결과정에서 기술혁신의 계기가 마련된다는 주장이 등장한 것이다.

이와 함께 시민사회를 혁신체제의 중요한 주체로 파악하는 변화가 나타나고 있다. 시민사회는 과학기술의 단순 사용자를 넘어 혁신정책결정에 참여하고 과학기술 사용현장에서 축적한 경험과 지식을 바탕으로 기술혁신 과정까지 참여하는 주체로 등장하게 되었다. 이로 인해 '사용자 주도형 혁신', '혁신 거버넌스', '수요에 기반한 혁신정책'에 대한 논의들이 발전하고 있다(Smits et al, 2010).

2000년대에 나타난 이런 이론적·실천적 변화는 혁신체제론을 넘어 '사회·기술시스템(socio-technical system)'론이 등장할 수 있는 배경을 만들었다(Geels, 2004; Foxen and Pearson, 2008). 사회·기술시스템론은 기술사, 과학기술학, 조직이론의 논의를 활용하여 혁신체제론의 공급·경제 중심적 접근을 보완한다. 여기서는 혁신의 수요자와 사회적 활용 영역인 수요시스템이 혁신체제의 주요 구성부문이 된다. 또 지속가능성과 같은 사회적 가치를 사회·기술시스템이 지향해야 하는 목표로 설정하여 시스템의 진화 방향과 정책에 대한 규범적 논의를 제시하고 있다. 사회·기술시스템론에서는 특정 성격을 갖는 기술이 지속적으로 개발되고 활용되는 사회·기술시스템 구축을 중요한 과제로 삼는다. 혁신정책의 목표는 기존 사회·기술시스템에서 지속가능성과 같은 사회적 목표가 실현되는 사회·기술시스템으로의 전환(system transition)이 된다(Elzen et al 2004; Kemp and Loorbach, 2006). 이는 기술과 관련된 공공연구소, 기업, 대학 등과 같은 혁신주체, 사용자, 금융기관, 교육·훈련기관, 물리적 하부구조, 법적 하부구조, 문화 등이 관련 기술과 함께 새로운 시스템으로 조직화될 수 있는 정책을 필요로 한다. 따라서 기술개발과 함께 그 기술을 사용하는 사회를 기획하고 형성해 나가는 정책이 요구된다.

예를 들어 지속가능한 교통시스템을 구축하기 위해서는 지하철·철도-전차-승용차-에너지 공급 시스템-도로교통시스템-환경·안전성 평가기술 등과 같은 기술시스템과 보험제도-환경규제-라이프스타일-교통수단 소유방식-노사관계 등과 같은 사회시스템이 동시에 구축되어야 한다. 특정 문제 해결을 위한 기술은 그것을 위한 새로운 사회·기술시스템을 필요로 한다. 그리고 이 과정에서 기술공

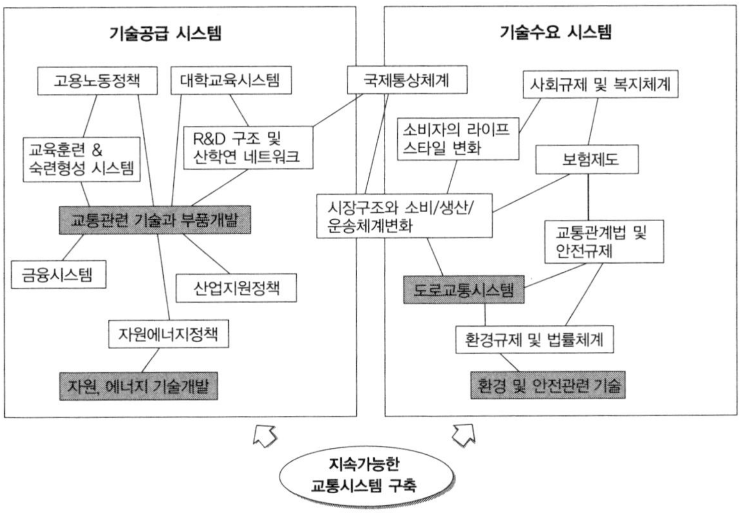

그림 13-1. 사회 · 기술시스템의 구성. 음영이 있는 영역은 기술영역, 음영이 없는 영역은 사회영역이다. 기술공급시스템은 기술개발·공급 관련 사회·기술시스템, 기술수요시스템은 기술사용·수요 관련 사회·기술시스템으로 구성되어 있다.

급영역과 기술수요영역이 밀접한 관계를 형성해야 효과적인 혁신활동이 이루어진다.

한편 새로운 사회·기술시스템의 구성과정은 1) 새로운 기술을 지지하고 개발하는 조직 형성과 그 네트워크 형성(actor and network), 2) 사회·기술시스템의 비전 제시와 기대 형성(vision and expectation), 3) 사회·기술시스템 운영을 위한 지식학습(learning)이 이루어지는 복잡한 과정이다. 이를 통해 새로운 사회·기술시스템을 선호하는 주체가 형성되고, 이들이 수행하는 혁신활동의 정당성을 높이고 지원 제도를 구축하는 '정치'활동이 진행되며, 시스템 구현을 위한 '학습'활동이 이루어져 시스템의 진화가 이루어진다. 이때 새로운 사회·기술시스템을 주도하는 주체는 기존 시스템이 지배하는 공간에서 니치를 확보하여 그것을 확대하는 전략을 취하는 것이 필요하다. 한 번의 정책을 통해 새로운 사회·기술시스템으로의 전환은 어렵기 때문이다.

2) 제3세대 혁신정책의 특성

제3세대 혁신정책은 다양한 사회·경제적 요소를 고려하기 때문에 정책의 영역이 대폭 확대되어 과학기술의 틀을 넘어서게 된다. 또한 삶의 질 향상, 지속가능성 확보와 같은 사회적 목표도 고려하게 된다(European Commission, 2003).

이로 인해 '제3세대 혁신정책'은 새로운 거버넌스를 필요로 한다. 과거에는 과학기술계 전문가, 혹은 경제전문가 중심으로 정책결정이 이루어졌지만 제3세대 정책에서는 다양한 경제·사회 분야의 이해관계자가 참여하게 된다. 또 전문가 중심의 정책결정구조에서 시민사회도 참여하는 열린 구조로 변화하게 된다.

이렇게 다양한 요소를 고려하게 되면 한 부문의 정책을 다른 부문의 정책과 분리해서 생각하기가 어려워진다. 한 분야에 타당한 정책이 다른 분야에는 부정적인 효과를 낳을 수 있기 때문이다. 따라서 기술혁신정책과 교육훈련 정책, 금융정책, 사회정책, 환경정책들의 정합성(coherence)이 정책결정 단계에서 미리 고려되어야 한다.

정책과정에 연관된 다양한 요소를 종합적으로 접근하기 위해서는 '정책통합(policy integration)'이 필요하다. 정책통합은 합의된 비전과 목표를 설정해서 상충 가능성이 있는 정책들을 공동의 목표 달성을 위하여 한 방향으로 이끄는 접근이다. 정책조정과 정책협력이 공통

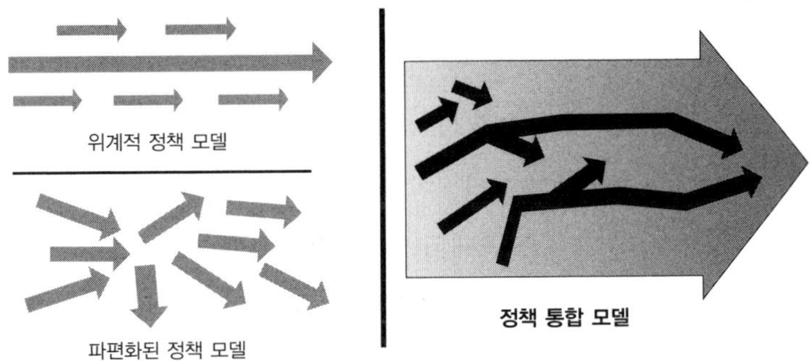

그림 13-2. 정책통합의 특성.

의 목표 설정 없이 타협과 협력에 초점을 두고 있다면, 정책통합은 정책문제 해결을 위해 목표를 설정하고 부문 정책 간의 연계를 높여 정책들을 같은 방향으로 배열시키는 노력을 강조한다(Stead, 2007; 성지은·송위진, 2008). 이는 일회로 끝나는 것이 아니기 때문에 정책통합은 통합을 위한 일련의 과정이라고 할 수 있다.

또한 정책통합은 위계적 권위에 따라 각 부문 정책의 자율성을 무시하고 특정 입장을 강제하는 접근도 아니며, 파편화된 부문 정책이 각개약진 하도록 방치하는 접근도 아니다. 정책통합은 각 부문 정책의 자율성을 유지하면서, 전체적인 차원에서 정책들을 같은 방향으로 이끄는 접근이라고 할 수 있다. 정책통합적 접근을 취하게 되면서 혁신정책은 관련 정책의 연계와 정합성을 종합적으로 검토하는 통합형 혁신정책(integrated innovation policy), 혹은 총체적 혁신정책(holistic innovation policy)로 변화하게 된다. 핀란드의 연구혁신위원회(Research and Innovation Council), 네덜란드의 혁신플랫폼(Innovation Platform), 일본의 종합과학기술회의, 우리나라의 국가과학기술위원회 등은 이러한 통합형 혁신정책의 필요성 때문에 설치된 조직이라 할 수 있다.

한편 이렇게 통합적인 접근이 취해지면 혁신정책 수립시 다른 정책과의 연계를 신중하게 고려해야 되기 때문에, 정책결정에 필요한 정보와 지식의 양이 대폭 확대되어 정부의 '전략적 지식·정보관리(strategic intelligence)' 기능 강화가 그 어느 때보다 요구된다. 혁신정책에 영향을 미치는 요소, 혁신정책에 의해 영향을 받는 영역에 대한 정보수집과 지식확보는 정책의 효과성을 높이기 위해 반드시 필요한 활동이다. 혁신정책이 성공하기 위해서는 혁신체제의 여러 부문과 조직에서 이루어지는 기술 발전전망을 탐색하는 기술기획 활동, 기술개발사업의 성과평가, 기술이 초래하는 사회적 효과를 점검하는 기술영향평가 및 민간의 혁신활동에 대한 정보를 분석·종합할 수 있는 능력이 요구된다.

제3세대 혁신정책은 장기적으로 국가혁신체제(사회·기술시스템)의 전환을 목표로 한다. 재생에너지에 기반한 기술시스템, 치료보다는 예방에 초점이 맞추어진 의료시스템으로의 시스템 전환은 기존 기술과 제도들의 시스템을 새로운 기술과 운영 논리에 기반한 시스템으로 변화시키는 것을 의미한다. 이 시스템 전환 정책은 기존 시스템의 문제점을 개선하거나 보완하는 정책과는 다른 정책적 접근을 필요로 한다.

첫 번째로 필요한 것은 시스템 전환에 대한 '공동의 비전 형성'이다. 시스템 전환은 장기간에 걸쳐 기술과 혁신체제를 새로운 방식으로 재편하는 것이기 때문에, 전환 방향성에 대한 사회 구성원들의 합의와 비전 형성이 필요하다. 이를 위해서는 이해당사자들이 미래

사회·기술시스템 전환정책으로서 네덜란드 '에너지 전환' 정책

네덜란드의 '에너지 전환'은 시스템 전환 정책을 잘 보여 주는 사례이다. 네덜란드의 경제부가 추진하고 있는 에너지 전환은 2000년 11월에 발간된 『2005년의 에너지와 사회(Energy and Society in 2050)』라는 시나리오 보고서에 근거하고 있다. 국내외의 다양한 이해관계자와 전문가가 참여한 이 보고서는 시스템 변화의 4가지 시나리오를 제시하고 다양한 의견들을 청취한 뒤 새로운 에너지 정책의 기본 방향을 제시했다.

이를 토대로 발간된 에너지 전환 정책은 각 기술분야 플랫폼 단위로 20년 이후에 달성할 수 있는 '전략적 비전'을 제시하고, 이를 달성하기 위한 수단으로 '전환경로(transition path)'와 각각의 경로를 구체화하는 '전환실험(transition experiments)'을 제시했다. 에너지 전환은 장기비전→중기 전략적 비전→전환 경로→전환 실험의 틀에 따라 진행된다. 물론 이 정책과정은 한 방향으로 시행되는 것이 아니고 협의를 통해 계속 조정되는 특성을 가지고 있다. 이미 결정된 미래 목표를 달성하기 위해 정책을 위계적으로 집행하는 것이 아니라 구체적인 현실과의 상호작용을 통해 미래의 가능성을 탐구해나가는 과정인 것이다.

'플랫폼'은 각 분야별로 정부와 산·학·연·시민사회 대표자 10~15명으로 구성된 거버넌스형 조직으로서 전략적 비전, 전환 경로, 전환 실험을 기획하고 의결하는 활동을 수행한다. 2007년 현재 플랫폼은 에너지 사슬 효율성, 바이오매스, 새로운 가스, 지속가능한 전력, 지속가능한 교통, 건조환경(built environment), 에너지 생산온실 등 7개로 구성되어 있다.

의 발전 방향을 전망하고 숙의할 수 있는 장이 필요하다. 이는 이해관계가 단순히 표출되는 장이 아닌, 혁신체제가 지향해야할 가치와 발전 비전들이 논의·비판되며 진화하는 장이다. 비전에 입각해 구체적인 사업을 기획·실험해서 그 결과를 바탕으로 방향들을 조정해

나가는 활동이 이 공간에서 이루어진다.

두 번째는 새로운 시스템의 맹아들을 '정책실험'을 통해 발전시켜 나가는 것이다. 시스템 전환은 기술시스템과 더불어 혁신체제 전반의 변화를 필요로 한다. 그리고 전환은 한 번의 혁명적 정책으로 새로운 시스템을 형성하는 것이 아니다. 소규모의 정책실험들을 추진하여 대안적 기술시스템과 혁신체제의 맹아들을 형성하고 발전시켜 나가는 것이다. 정책실험은 아직 작동가능성이 불분명한 새로운 기술시스템과 혁신체제를 소규모로 구축하는 활동이다. 이 과정에서 여러 요인들이 고려되며 각 요소들의 새로운 배열방식들을 학습하게 된다. 또 규모가 상대적으로 작기 때문에 실험설계가 가능하며 실험이 실패해도 정치·경제적으로 큰 부담이 되지 않는다. 여기서 중요한 것은 학습이다. 이를 통해 새로운 기술시스템과 혁신체제에 대한 지식이 축적되어 불확실성에 대한 대응 능력을 향상시키게 된다. 또한 이 실험은 소규모로 이루어지기 때문에 기존 시스템의 견제가 적은 편이다.

4. 한국의 혁신정책과 제3세대 혁신정책

한국의 기술혁신활동은 급속한 발전을 이룩했다. 기술혁신활동에 대한 자원투입은 이제 선진국에 필적하고 있으며 혁신활동의 성과도 상당한 수준에 도달하였다. 과학기술성과와 기업의 혁신능력은 선진국에 크게 뒤지지 않는다. 한국의 기술혁신활동은 이제 선진국이 제시한 기술과 제도를 모방하고 그것을 소화·개량하는 추격단계를 넘어 스스로 새로운 기술과 제도의 궤적을 형성하는 탈추격(post catch-up) 단계에 진입하고 있다.

새로운 궤적을 형성하는 탈추격형 혁신은 민간부문의 기술혁신과 공공부문의 혁신정책에서 새로운 접근을 요구한다. 탈추격 상황은 기존에 없었던 기술을 개발하면서 동시에 사회를 구성해야하는 과정이다. 사용된 적이 없는 기술을 경제·사회 속에서 작동하도록 하는 것이기 때문이다. 이러한 상황에서 기술혁신과정은 기술개발을 넘어 기술을 개발하고 활용하는 데 영향을 미치는 사회제도의 개발·형성까지 내포하게 된다. 사회와 기술의 동시구성 능력이 요구되는 것이다.

한편 추격과정에서 취해진 불균형 발전 전략 때문에 경제 · 사회의 양극화가 심화되면서 경제성장만이 아니라 사회문제 해결이 중요 정책 의제로 부상하고 있다. 성장주도형 체제에서 그동안 주변부에 있던 복지와 삶의 질, 동반성장 이슈가 핵심 의제로 부각되고 있는 것이다. 혁신정책에서도 이런 의제의 수용이 요구되고 있으며 기술혁신의 사회적 측면에 대한 종합적인 접근이 시작되고 있다. 한국의 혁신정책은 이제 추격형 정책을 넘어 경제성장과 사회문제 해결을 동시에 지향하는 과제를 갖게 되었다.

한국의 이런 상황은 창조와 통합을 지향하는 제3세대 혁신정책을 필요로 하고 있다. 최근 들어 환경변화를 반영해서 과학기술정책, 인력정책, 산업정책, 지역정책을 통합적 관점에서 접근하는 종합조정조직인 국가과학기술위원회가 설치 · 운영되고 있으며, 경제성장을 넘어 삶의 질과 환경을 중시하는 새로운 유형의 사업들이 등장하고 있다. 통합형 혁신정책을 구현하기 위한 다양한 노력과 사회문제

해결을 위한 혁신정책이 시도되고 있는 것이다.

그러나 과거 추격형 혁신활동을 뒷받침했던 일하는 방식들이 아직도 정책결정과정에서 힘을 발휘하고 있다. 개발국가(developmental state)의 특성이 남아 있기 때문에 정책결정은 아직도 정부가 특정 분야를 선정해서 집중 지원하는 '선택과 집중(targeting)' 방식으로 진행되는 경우가 많다. 이것은 변형된 제1세대 혁신정책이라고 할 수 있다. 정부가 특정 기술 분야를 선정해서 자금과 인력을 지원하면 경제적 성과가 얻어질 것이라고 가정하기 때문이다. 다만 과학이 아니라 외국에서 도입하거나 모방한 기술에서 혁신의 시작을 이야기한다는 점에서 선진국의 선형모델과 차이가 있다.

혁신체제라는 개념이 정책의 키워드로 등장하고 있지만 기술혁신활동과 정책에 대한 시스템적 관점은 아직 정책커뮤니티에서 널리 받아들여지지 않고 있다. 과거 개발국가의 주요 정책수단이었던 전략산업, 전략기술에 대한 선택과 집중이 여전히 중요시되고 있으며 혁신주체들 간의 관계와 상호작용 방식을 변화시켜 혁신체제를 고도화하는 정책은 상대적으로 낮게 평가된다. 시스템을 변화시키는 정책은 그 효과가 나타나기까지 상당한 시간이 걸리고, 정책 내용의 가시성이 떨어져 언론과 시민사회의 주목을 받기 어려워 정책의 추진력이 떨어지는 경향이 있기 때문이다.

한편 이러한 선택과 집중형 정책은 대기업 중심의 혁신네트워크를 강화시키는 효과를 낳고 있다. 개발국가 단계에서도 그러했지만 특정 산업이나 기술에 대한 선택과 집중을 통해 자원을 집중적으로 배분할 때 정부는 사업을 추진 파트너로 대기업을 선택하는 경향이 있다. 대기업이 중심이 되는 기술혁신관련 사업은 상대적으로 성공

가능성이 높고, 또 실패해도 정책의 오류보다는 능력의 한계로 파악되어 실패가 정당화될 수 있기 때문이다. 더불어 사회문제 해결을 지향하는 정책이 기획·집행되고 있지만 이 정책이 추격단계의 경제중심의 혁신정책을 모델로 하고 있기 때문에 공공복지를 지향하는 연구개발사업도 경제중심의 틀을 따라가는 경향이 있다. 환경이나 보건·복지관련 연구개발사업 임에도 불구하고 우선적 목표인 삶의 질 향상보다는 부차적 목표인 산업육성 및 경쟁력 강화가 강조되는 경우가 많다.

현재 한국에서는 새로운 사회·기술시스템을 지향하면서 경제적 목표와 사회적 목표의 통합적 접근을 시도하는 제3세대 혁신정책이 요구되고 있지만 상충되는 효과를 산출하는 개발시대의 모델에 따라 정책이 형성·집행되고 있다. 정책의 내용과 형식이 서로 모순되고 있는 것이다.

이런 상황을 타개하기 위해서는 무엇보다 정책결정시스템과 정책네트워크의 변화가 필요하다. 정책결정과정을 수평화·개방화하고 과학기술계의 틀을 넘어 다양한 이해당사자들이 참여할 수 있는 거버넌스 구축이 요청된다. 정책결정구조와 과정의 혁신이 필요한 것이다. 이와 함께 제3세대 혁신정책을 형성하고 주도해나갈 수 있는 정책 주체들이 형성되어야 한다. 그리고 이들을 중심으로 제3세대 정책의 정당성과 필요성을 제시하고 확산시키는 정치활동과, 새로운 유형의 혁신정책을 효과적으로 추진하는데 필요한 다양한 지식을 학습하는 활동이 이루어져야 한다.

이러한 일련의 과정에서 과학기술학은 일익을 담당할 수 있다. 기술결정론과 선형모델에 대한 비판적 시각, 기술과 사회의 동시구성, 시민참여와 기술민주주의 등은 제3세대 혁신정책의 기본관점과 궤를 같이 하고 있기 때문에 과학기술학은 새로운 혁신정책을 옹호하는 이론적 · 실천적 지원 세력이 될 수 있다. 그리고 이런 과정에 참여함으로써 과학기술학도 자신의 영역을 확장할 수 있다. 그동안 이론 분석과 현실 비판에 초점을 두었던 과학기술학을 좀 더 현실에 근접시켜 대안 제시 활동을 수행하도록 함으로써 새로운 연구영역과 이론을 개발할 수 있는 기회를 마련할 수 있는 것이다. 특히 한국에서 나타나고 있는 독특한 탈추격 상황은 과학기술학에서도 외국 이론의 학습과 적용을 넘어 새로운 이론을 개발할 수 있는 기회를 제공할 것이다. 더 나아가 제3세대 혁신정책의 구현과 확장을 위한 이론개발과 실천은 사회 · 기술시스템론이 그랬던 것처럼 혁신연구와 과학기술학의 창조적인 결합을 이끌어낼 수 있는 장이 될 것이다.

더 생각해 볼 문제

1. 기술혁신의 선형모델은 여전히 많은 과학기술자와 정책결정자들의 사고방식을 지배하고 있다. 선형모델에 대한 이론적·실천적 비판에도 불구하고 이런 현상이 나타나는 이유를 생각해 보자. 그리고 선형모델을 극복하기 위해서 어떤 노력이 필요한지 논의해 보자.
2. 혁신체제론은 기술혁신이 이루어지는 제도적 맥락에 초점을 맞춘다. 이 논의는 국가수준뿐만 아니라 산업수준(sectoral innovation system)이나 지역수준(regional innovation system)에도 적용될 수 있다. 이때 국가수준의 혁신체제와 산업수준, 지역수준의 혁신체제가 맺는 관계에 대해서 토론해 보자. 국가혁신체제는 산업혁신체제 혹은 지역혁신체제의 단순한 합인가 아니면 그 이상인가? 그리고 분석단위에 따라 정책 내용은 어떻게 변화하는가?
3. 제3세대 혁신정책은 2000년대에 등장한 정책 사조이다. 왜 이런 정책이 나타나게 되었는지 논의해 보자. 그리고 제3세대 혁신정책을 기획·집행하는 과정에서 직면하는 어려움은 무엇인지 검토해 보자.
4. 혁신이론과 혁신정책은 서로 상호작용하면서 발전한다. 이론과 정책이 어떤 과정과 통로를 거쳐 서로 영향을 주고받는지 논의해 보자. 그리고 이론과 정책의 상승작용을 위해 바람직한 상호작용방식은 무엇인지 토의해 보자.
5. 정책도 기술과 마찬가지로 인공물(artifact)이다. 따라서 기술변화를 둘러싼 논쟁과 정책을 둘러싼 논쟁은 유사한 구조를 보인다. 선형모델, 시스템 모델, 사회·기술시스템 모델과 같은 기술혁신모델에 대한 논의를 정책에 적용해보고 그것을 음미해 보자

〈심화학습을 위한 자료〉

- 송성수 엮음(1995), 『우리에게 기술은 무엇인가』, 녹두.
- 송성수(2011), 『과학기술과 사회의 접점을 찾아서』, 한울.
- 송위진(2006), 『기술혁신과 과학기술정책』, 르네상스.
- 송위진(2010), 『창조와 통합을 지향하는 과학기술혁신정책』, 한울아카데미.
- 이영희(2011), 『과학기술과 민주주의』, 문학과지성사.
- OECD, 기술과 진화의 경제학 연구회 옮김(1995), 『과학과 기술의 경제학』, 경문사.
- 포레이, 도미니크, 서익진 옮김(2003), 『지식경제학』, 한울아카데미.

참고 문헌

- 강양구(2006), 『세 바퀴로 가는 과학자전거』, 뿌리와이파리.
- 강양구 · 김병수 · 한재각(2006), 『침묵과 열광: 황우석 사태 7년의 기록』, 후마니타스.
- 강윤재(2011), 『세상을 바꾼 과학논쟁』, 궁리.
- 과학과 인간 편집위(1988), 『과학기술자들의 사회운동』, 온누리.
- 기든스, 앤서니 · 벡, 울리히 · 래쉬, 스콧, 임현진 · 장일준 옮김(1998), 『성찰적 근대화』, 한울.
- 김경만(1994), "과학지식사회학이란 무엇인가", 《과학사상》 제10호(가을), 132-154.
- 김경만(2004), 『과학지식과 사회이론』, 한길사.
- 김동광(1998), "과학대중화의 새로운 가능성 모색", 고려대학교 과학기술학협동과정 석사논문.
- 김동광(1999), "과학대중화의 새로운 시각", 참여연대 과학기술민주화를 위한 모임 엮음, 『진보의 패러독스』, 당대, 42-46.
- 김동광(2002), "과학과 대중의 관계변화", 《과학기술학연구》, 제2권 제2호(2002년 여름호), 한국과학기술학회, 1-24.
- 김동광(2004), "과학기술대중화와 시민참여: 전매된 과학대중화와 국가주의", 2004년 한국과학기술학회 전기학술대회 발표문.
- 김명심 · 박희제(2011), "한국 과학자의 경력초기 생산성과 인정의 결정요인들: 대학원 위신과 지도교수 후광효과의 영향을 중심으로", 《한국사회학》 제45권 5호.
- 김명진(2008), 『야누스의 과학: 20세기 과학기술의 사회사』, 사계절.
- 김명진 엮음(2001), 『대중과 과학기술: 무엇을, 누구를 위한 과학기술인가』, 잉걸.
- 김영식 · 김근배(1998), 『근현대 한국사회의 과학』, 창작과비평사.
- 김영우 · 최영락 · 이달환 · 이영희 · 하헌표 · 오동훈(1997), 『한국 과학기술정책 50년의 발자취』, 과학기술정책관리연구소.
- 김용학 · 윤정로 · 조혜선 · 김영진(2007), "과학기술 공동연구의 연결망 구조", 《한국사

회학》 제41권 4호.

- 김은성(2010), "짙은 정책학: 탈실증주의 정책학 어떻게 할 것인가?", 《한국정책학회보》 제19권 4호.
- 김은성(2011), 『나노융합기술의 지식거버넌스 분석 및 안전관리전략연구』, 한국행정연구원.
- 김은성 편저(2009), 『불확실성에 대응하는 위험거버넌스: 신기술 및 신종재난을 중심으로』, 법문사.
- 김환석(1997), "과학기술에 대한 사회학적 이해", 《과학사상》 제20호(봄), 222-238.
- 김환석(2006), 『과학사회학의 쟁점들』. 문학과지성사.
- 김환석(2010), "과학기술 민주화의 이론과 실천: 시민참여를 중심으로", 비판사회 학회, 《경제와 사회》 제85호.
- 김환석(2011), "행위자-연결망 이론에서 보는 과학기술과 민주주의", 《동향과 전망》 83권, 11-42.
- 김환석 외(2010), 『한국의 과학자사회: 역사, 구조, 사회화』, 궁리.
- 김환석(2002), "부르디외의 과학사회학: '과학장' 의 생성과 구조", 《경제와 사회》 제56권.
- 나카야마, 시게루(1982), 『과학과 사회의 현대사』, 풀빛.
- 노블, 데이비드, 송성수 편역(1995), "기계 설계에 있어서 사회적 선택: 수치제어 공작기계의 경우", 『우리에게 기술이란 무엇인가』, 녹두.
- 노진철(2004), "위험시설 입지 정책결정과 위험갈등", 《에코》 6권, 188-219.
- 더글라스, 메리 · 빌다브스키, 아론(1993), 『환경위험과 문화: 기술과 환경위험의 선택에 대한 소고』, 명보문화사.
- 듀이, 존, 홍남기 옮김(2010), 『현대 민주주의와 정치 주체의 문제: 존 듀이의 민주주의론』, 씨 · 아이 · 알.
- 라베츠, 제롬, 이혜경 옮김(2007), 『과학, 멋진 신세계로 가는 지름길인가?』, 이후.
- 라투르, 브뤼노 외, 홍성욱 엮음(2010), 『인간·사물·동맹 : 행위자네트워크 이론과 테크노사이언스』, 이음.
- 라투르, 브뤼노, 홍철기 옮김(2009), 『우리는 결코 근대인이었던 적이 없다』, 갈무리.
- 마틴, 브라이언, 장여경 · 김명진 옮김(1999), "다른 세상에서의 기술", 참여연대 과학기술 민주화를 위한 모임, 『진보의 패러독스: 과학기술의 민주화를 위하여』, 당대.
- 맥길리브레이, 알렉스(2005), 『세계를 뒤흔든 침묵의 봄』, 그린비.
- 맥루언, 마샬, 김상호 옮김(2011), 『미디어의 이해』, 커뮤니케이션북스.

- 맥루한, 마샬 · 피오르, 쾡땡 김진홍 옮김(2001), 『미디어는 마사지다』, 커뮤니케이션북스.
- 머천트, 캐롤린, 전규찬 · 천우영 · 이윤숙 옮김(2005), 『자연의 죽음』, 미토
- 머튼, 로버트, 석현호 · 양종회 · 정창수 옮김(1998), 『과학사회학』, 민음사.
- 바이커, 위비 외, 송성수 편저(1999), 『과학기술은 사회적으로 어떻게 구성되는가』, 새물결.
- 바이커, 위비, 존 로, 송성수 편저(1999), "기술은 지금과 다를 수도 있다", 『과학기술은 사회적으로 어떻게 구성되는가』, 새물결.
- 박성래 · 신동원 · 오동훈(2001), 『우리과학 100년』, 현암사.
- 박재창 외(2009), 『시민참여와 거버넌스』, 오름.
- 박진희(2004), "과학기술 관련 시민사회운동의 역사와 그 역할", 《과학기술학연구》 제4권 1호.
- 박진희(2011), "과학은 평등하지 않다: 과학지식과 여성", 한국방송통신대학교 문화교양학과 편 『성, 사랑, 사회』, 한국방송통신대학교출판부.
- 박찬웅.(2006), "여성 고학력자들의 취업: 생화학 분야 여성과학자 교수임용과정을 중심으로", 《한국인구학》 제29권 1호.
- 박희제(2002), "공중의 과학이해 연구의 두 흐름", 《과학기술학연구》 제2권 제2호(2002년 여름호), 한국과학기술학회, 25-54.
- 박희제(2004), "위험인식의 다면성과 위험갈등", 《에코》 제6호, 8-38.
- 박희제(2006a), "과학의 상업화와 과학자사회 규범구조의 변화: 공유성과 이해관계의 초월규범을 중심으로", 《한국사회학》 제40권 제4호.
- 박희제(2006b), "한국 대학에서의 과학연구의 성격과 변화: 1980년대 이후 연구개발비 흐름을 중심으로", 《사회이론》 제30권.
- 박희제(2007), "한국 과학자들의 과학자사회 규범에 대한 인식과 평가: 물리학 · 화학 · 생물학을 중심으로", 《과학기술학연구》 제7권 제2호.
- 박희제(2008), "연구규범과 가치관을 통해 본 한국 과학기술자사회의 성격: 공공부문 연구자를 중심으로", 《기술혁신연구》제16권 제1호.
- 백영경 · 박연규 편(2008), 『프랑켄슈타인의 일상』, 밈.
- 버트하임, 마가렛, 최애리 옮김(1997), 『피타고라스의 바지』, 사이언스북스
- 번스타인, 피터 L., 안진환 옮김(2008), 『리스크』, 한국경제신문.
- 벡, 울리히, 박미애 · 이진우 옮김(2010), 『글로벌 위험사회』, 길.

- 벡, 울리히, 홍성태 옮김(2006), 『위험사회: 새로운 근대(성)을 향하여』, 새물결.
- 벡위드, 존, 김동광 · 이영희 · 김명진(2009), 『과학과 사회운동 사이에서』, 그린비.
- 벨, 다니엘, 이동만 옮김(2002), 『정보화사회의 사회적 구조』, 한울.
- 부르디외, 삐에르, 조홍식 옮김(2002), 『과학의 사회적 사용』, 창작과비평사.
- 르윈스타인, 브루스 외, 김동광 옮김(2003), 『과학과 대중이 만날때』, 궁리.
- 블루어, 데이비드, 김경만 옮김(2000), 『지식과 사회의 상』, 한길사.
- 서영표(2009), 『런던코뮌』, 이매진.
- 성지은 · 송위진(2007), "총체적 혁신정책의 이론과 적용: 핀란드와 한국의 사례", 《기술혁신학회지》 제10권 3호.
- 성지은 · 송위진(2008), "정책조정의 새로운 접근으로서 정책통합: 과학기술혁신정책을 중심으로", 《기술혁신학회지》 제11권 3호.
- 송성수(2003), "과학기술자사회의 형성과 특징", 송위진 · 이은경 · 송성수 · 김병윤 저, 『한국 과학자사회의 특성분성: 탈 추경체제로의 전환을 중심으로』, 과학기술정책연구원.
- 송성수(2009), 『과학기술과 문화가 만날 때: 과학기술문화론 탐구』, 한울.
- 송성수(2011), 『과학기술과 사회의 접점을 찾아서: 과학기술학 탐구』, 한울.
- 송성수 편역(1995), 『우리에게 기술이란 무엇인가』, 녹두.
- 송성수 편저(1999), 『과학기술은 사회적으로 어떻게 구성되는가』, 새물결.
- 송위진(2002), "기술혁신정책의 진화와 기술혁신이론", 《과학기술학연구》 제2권 1호.
- 송위진(2006), 『기술혁신과 과학기술정책』, 르네상스.
- 송위진(2009), "국가혁신체제론의 혁신정책", 《행정논총》 제47권 3호.
- 송위진(2010), 『창조와 통합을 지향하는 과학기술혁신정책』, 한울아카데미.
- 쉬빙어, 론다, 조성숙 옮김(2007), 『두뇌는 평등하다: 과학은 왜 여성을 배척했는가』, 서해문집
- 슈마허, 에른스트, 이상호 옮김(2002),『작은 것이 아름답다』, 문예출판사.
- 스미스, 신시아 외, 허성용 · 허영란 옮김(2010), 『소외된 90%를 위한 디자인』, 에딧더월드.
- 슬로빅, 폴, 이영애 옮김(2012), 『일반인을 위한 위험판단 심리학(개정판)』, 시그마프레스.
- 시민과학센터 편(2011), 『시민의 과학: 과학의 공공성 회복을 위한 시민사회의 전략, 사이언스북스.
- 어윈, 알랜, 김명진 · 김병수 · 김병윤 옮김(2011), 『시민과학: 과학은 시민에게 복무하고 있는가?』, 당대.

- 예거, 로버트, 조희형 · 최경희 옮김(1997), 『STS 무엇인가』, 사이언스북스.
- OECD, 기술과 진화의 경제학 연구회 옮김(1995), 『과학과 기술의 경제학』, 경문사.
- 와이즈먼, 주디, 박진희 · 이현숙 옮김(2009), 『테크노페미니즘: 여성, 과학기술과 새롭게 만나다』, 궁리.
- 와츠맨, 주디, 조주현 옮김(2001), 『페미니즘과 기술』, 나남.
- 요나스, 한스, 이진우 옮김(1994),『책임의 원칙』, 서광사.
- 워스키, 게리, 김명진 옮김(2014), 『과학…… 좌파』, 이매진.
- 웹스터, 앤드류, 김환석 · 송성수 옮김 (2002), 『과학기술과 사회』, 한울아카데미.
- 위너, 랭든, 손화철 옮김(2010), 『길을 묻는 테크놀로지』, 씨아이알.
- 위너, 랭든, 송성수 편저(1999), "기술철학자의 사회구성주의 비판", 『과학기술은 사회적으로 어떻게 구성되는가』, 새물결.
- 유지연 · 한민규 · 임현 · 안병민 · 황기하(2010), "한국의 기술영향평가, 현황과 과제", 《과학기술혁신학회지》 제 13권 4호.
- 윤정로(1994), "새로운 과학사회학: 과학지식사회학의 가능성과 한계", 《과학과 철학》 제5집, 82-110.
- 윤정로(2000), 『과학기술과 한국사회: 구조와 일상의 과학사회학』, 문학과지성사.
- 이두갑 · 전치형(2001), "인간의 경계: 기술결정론과 기술사회에서의 인간", 《한국과학사학회지》 제23권 2호.
- 이상욱 · 조은희 외(2011), 『과학 윤리 특강: 과학자를 위한 윤리 가이드』, 사이언스북스.
- 이상욱 외(2009), 『욕망하는 테크놀로지: 과학기술학자들, 기술을 성찰하다』, 동아시아.
- 이영희(2000), 『과학기술의 사회학: 과학기술과 현대사회에 대한 성찰』, 한울.
- 이영희(2007), "기술의 사회적 통제와 수용: 기술영향평가의 정치", 《경제와 사회》 제73호.
- 이영희(2008), "과학기술 민주화 기획으로서의 합의회의: 한국의 경험", 《동향과 전망》 여름호.
- 이영희(2011), 『과학기술과 민주주의: 시민을 위한, 시민에 의한 과학기술』, 문학과지성사.
- 이은경(2012), "한국 여성과학기술인 지원정책의 성과와 한계", 《젠더와 문화》, 5권 2호, pp. 7-35.
- 이장규 · 홍성욱(2006), 『공학기술과 사회: 21세기 엔지니어를 위한 기술사회론 입문』, 지호.

- 이중원 · 홍성욱 외(2008), 『필로테크놀로지를 말한다: 21세기 첨단 공학기술에 대한 철학적 성찰』, 해나무.
- 장경석(2002), "시민배심원 모델", 참여연대 시민과학센터 편, 『과학기술 · 환경 · 시민참여』, 한울아카데미.
- 정광철(1993), "과학기술자들의 홀로서기", 과학기자모임 편, 『신한국 과학기술을 위한 연합보고서』, 희성출판사.
- 제인, 그레고리 외, 이원근 · 김희정 옮김(2001),『두 얼굴의 과학: 과학은 대중과 어떻게 커뮤니케이션하는가』, 지호.
- 조현석(2006), "숙의적 시민참여 모델 연구: 울산시 북구 음식물자원화시설 건립 사례", 《과학기술학연구》제6권 1호.
- 조혜선 · 김용학(2005), "과학기술자의 공동연구 네트워크: 성별 비교를 중심으로", 《한국사회학》 제39권 6호.
- 조혜선.(2007), "마태효과: 과학자사회의 누적이익", 《한국사회학》 제41권 6호.
- 조홍섭 편(1984), 『현대의 과학기술과 인간해방』, 한길사.
- 주성수(2006), 『시민참여와 민주주의』, 아르케.
- 진자부로, 다카기, 김원식 옮김(2011), 『시민과학자로 살다』, 녹색평론사.
- 참여연대 시민과학센터 편(2002), 『과학기술 · 환경 · 시민참여』, 한울.
- 카머너, 배리(1980), 『원은 닫혀야 한다』, 전파과학사.
- 카슨, 레이첼, 김은령 옮김(2011), 『침묵의 봄』, 에코 리브르.
- 칼롱, 미셸, 송성수 편저(1999), "전기 자동차와 만들어지고 있는 사회", 『과학기술은 사회적으로 어떻게 구성되는가』, 새물결.
- 켈러, 이블린 폭스, 민경숙 · 이현주 옮김(1996), 『과학과 젠더: 성별과 과학에 대한 제반성』, 동문선
- 코언, 루쓰, 김성희 외 옮김(1997), 『과학기술과 가사노동』, 신정
- 코완, 루쓰, 송성수 편역(1995), "어떻게 해서 냉장고는 윙윙하는 소리를 가지게 되었는가", 『우리에게 기술이란 무엇인가』, 녹두.
- 콜린스, 해리, 트레버 핀치, 이충형 옮김(2006), 『골렘: 과학의 뒷골목』, 새물결.
- 쿤, 토마스, 김명자 옮김(2002), 『과학혁명의 구조』, 까치글방.
- 쿨리, 마이크, 송성수 편역(1995), "루카스항공에서의 협동 계획", 『우리에게 기술이란 무엇인가』, 녹두.
- 포레이, 도미니크, 서익진 옮김(2003), 『지식경제학』, 한울아카데미.

- 프레이저, 엘리, 이현숙 · 이정태 옮김(2011), 『생각 조종자들』, 알키.
- 피시킨, 제임스, 김원용 옮김(2003), 『민주주의와 공론조사』, 이화여대출판부.
- 하딩, 산드라, 이재경 · 박혜경 옮김(2002), 『페미니즘과 과학』, 이화여자대학교 출판부.
- 하이데거, 마틴, 이기상 옮김(1993), 『기술과 전향』, 서광사.
- 한경희(2004), "이공계 위기의 재해석과 엔지니어의 자기성찰", 《한국사회학》 제38권 4호.
- 한재각 · 장영배(2009), "과학기술 시민참여의 새로운 유형: 수행되지 않은 과학 하기", 《과학기술학연구》 제9권 1호.
- 해러웨이, 다나, 민경숙 옮김(2002), 『유인원, 사이보그, 그리고 여자: 자연의 재발견』, 동문선
- 해리스, 찰스 외, 김유신 외 옮김(2006), 『공학윤리』, 북스힐.
- 허버드, 루쓰, 김미숙 옮김(1999), 『생명과학에 대한 여성학적 비판』, 이화여자대학교 출판부.
- 헤스, 데이비드, 김환석 옮김(2004), 『과학학의 이해』, 당대.
- 헤이거, 톰, 고문주 옮김(2003), 『화학 혁명과 폴링』, 바다출판사.
- 홍성욱(2012), "과학적 창의성의 벡터 모형" 『융합이란 무엇인가』, 사이언스 북스.
- 홍성욱 · 오조영란 엮음(1999), 『남성의 과학을 넘어서』, 창작과 비평사.
- 홍성욱(1999), 『생산력과 문화로서의 과학기술』, 문학과 지성사.
- 홍성욱(2004), 『과학은 얼마나』, 서울대학교 출판부, 제1-2장.
- 화이트, 린, 강일휴 옮김(2005), 『중세의 기술과 사회변화』, 지식의 풍경.

- Allison, P. D. and J. S. Long(1990), "Departmental effects on scientific productivity", *American Sociological Review*, Vol. 55, No. 4.
- Allison, P. D., J. S. Long, and T. K. Krauze(1982), "Cumulative Advantage and Inequality in Science", *American Sociological Review*, Vol. 47.
- Bacchi, C. L.(1999), *Women, Policy, and Politics; The Construction of Policy Problems*, Thousands Oaks, CA: SAGE.
- Bammer G. and Smithson, M.(2008), *Uncertainty and Risk: Multidisciplinary Perspectives*, London: Earchscan.
- Barben, D., Fisher, E., Selin, C., and Guston, D. H.(2008), "Anticipatory Governance of Nanotechnology: Foresight, Engagement, and Integration", In Hackett, E. J.,

Amsterdamska, O., Lynch, M. E., and Wajcman, J.(eds.), *Handbook of Science and Technology Studies*, Cambridge, Mass. 2008.

- Barnes, S. B. and Dolby, R. G. A.(1970), "The Scientific Ethos: A Deviant Viewpoint", *European Journal of Sociology*, Vol. 2, pp. 3-25.
- Barnes, S. B.,(1977), *Interests and the Growth of Knowledge*, London.
- Bauer, W., Martin, Allum Nick and Miller Steve(2007), "What can we learn from 25 years of PUS survey research? Liberating and expanding the agenda", *Public Understanding of Science*, 16, pp. 79-95.
- Bensaude-Vincent, Bernadette(2001), A Genealogy of the Increasing Gap between Science and the Public, *Public Understanding of Science*, 10(201) pp. 99-113.
- Berelson, B.(1960), *Graduate Education in the United States*, New York: McGraw-Hill.
- Bergek, A. Jacobsson, S., Carlsson, B., Linmark, S. and Rickne, A.(2008), "Analyzing the Functional Dynamics of Technological Innovation Systems: A Scheme of Analysis", *Research Policy*, Vol. 37.
- Bijker, W. E.(1993), "Do Not Despair: There Is Life after Constructivism", *Science, Technology and Human Values*, Vol. 18, No. 1.
- Bijker, W. E. and J. Law, eds.(1992), *Shaping Technology/Building Society: Studies in Sociotechnical Change*, Cambridge, MA: MIT Press.
- Bijker, W. E., T. P. Hughes, and T. J. Pinch, eds.(1987), *The Social Construction of Technological Systems: New Directions in the Sociology and History of Technology*, Cambridge, MA: MIT Press.
- Blisset, M.(1972), *Politics in Science*, Boston: Little, Brown.
- Bloor, D.(1999), "Anti-Latour", *Studies in History and Philosophy of Science*, 30:1.
- Bloor, David,(1976), *Knowledge and Social Imagery*, London.
- Bloor, David,(1981), "The Strengths of the Strong Programme", *Philosophy of Social Science*, Vol. 11, pp. 199-213.
- Bloor, David,(1991), "Afterword: Attacks on the Strong Programme", in *Knowledge and Social Imagery*, 2nd edition, pp. 163-185. London.
- Bourdieu, P.(1975), "The Specificity of the Scientific Field and Social Condition of the Progress of Reason", *Social Science Information*, Vol. 14, No. 6.
- Brooks, H.(1984), "The Resolution of Technically Intensive Public Policy Disputes",

Science, Technology, & Human Values, Vol. 9 Issue 1.

* Brown, James R.,(1989), *The Rational and the Social*, London. Routledge.
* Brown, P.(1997), "Popular Epidemiology Revisited", *Current Sociology*, Vol. 45, No. 3.
* Brown, Phil(1987), Popular epidemiology; community Response to toxic waste-induced disease in Woburn Massachusetts, *Science, Technology & Human Values*, Vol. 12, Issues 3 and 4. pp. 78-85.
* Brown, Phil(1992), Popular epidemiology and toxic waste contamination; lay and professional ways of knowing, *Journal of Health and Social Behavior*, Vol. 33, No. 3, pp. 267-281.
* Butcher, S. I.(2005), "The Origins of Russell-Einstein Manifesto", Pugwash History Series. http://www.pugwash.org/publication/phs/history9.pdf
* Callon, M.(1986), "Some Elements of a Sociology of Translation: Domestication of the Scallops and the Fishermen of St Brieuc Bay", pp. 196-233 in *Power, Action and Belief: A New Sociology of Knowledge*, edited by John Law, London, Routledge.
* Callon, M.(1987), "Society in the Making: the Study of Technology as a Tool for Sociological Analysis", W. Bijker, T. Hughes, and T. Pinch(eds.), *The Social Construction of Technological Systems: New Directions in the Sociology and History of Technology*, Cambridge, Mass: The MIT Press.
* Callon, M. and Latour, B.(1981), "Unscrewing the Big Leviathan: How Actors Macro-Structure Reality and How Sociologist Help Them To Do So", Knorr-Cetina, K. and Cicouvel, A.(eds.), *Advances in Social Theory and Methodology: Towards an Integration of Micro and Macro-Sociology*, Boston, MA; London: Routledge.
* Callon, M. and Latour, B.(1992), "Don't Throw the Baby Out with the Bath School! A Reply to Collins and Yearley", A. Pickering(ed.), *Science as Practice and Culture*, Chicago: University of Chicago Press.
* Callon, M. and Law, J.(1997), "After the Individual in Society: Lessons on Collectivity from Science, Technology and Society", *Canadian Journal of Sociology*, 22:2.
* Callon, M., Lascoumes, P. and Barthe, Y.(2009), *Acting in an Uncertain World: An Essay on Technical Democracy*, Cambridge, Mass: The MIT Press.
* Campbell. N.(2000), *Using Women: Gender, Drug Policy, and Social Justice*, New York: Routledge.

- Canel, Annie, Oldenziel, Ruth and Zachmann, Karin(Eds.)(2000), *Crossing Boundaries, Building Bridges*, New York: Routledge.
- Caracostas, P. and Muldur, U.(1998), *Society, the Endless Frontier: A European Vision of Research and Innovation Policies for the 21st Century*, European Communities.
- Cockburn, Cynthia(1983), *Brothers: Male dominance and technological change*, London: Pluto.
- Cohen, W. and Levinthal, D.(1990), "Absorptive Capacity: A New Perspective on Learning and Innovation", Administrative Science Quarterly, Vol. 35.
- Cole, S. and J. R. Cole.(1973), *Social Stratification in Science*, Chicago and London: University of Chicago Press.
- Collins, H. and Yearley, S.(1992), "Epistemological Chicken", A. Pickering(ed.), *Science as Practice and Culture*, Chicago: University of Chicago Press.
- Collins, H. M.(1981), "Stages in the Empirical Programme of Relativism", *Social Studies of Science*, Vol. 11, pp. 3-10.
- Collins, H. M.(1992), *Changing Order: Replication and Induction in Scientific Practice*, 2nd ed., Chicago.
- Collins, H. M.,(1975), "The Seven Sexes: A Study in the Sociology of a Phenomenon, or the Replication of Experiments in Physics", *Sociology* Vol. 9, pp. 205-224.
- Collins, H. M., and Shapin, Steven,(1989), "Experiment, Science Teaching, and the New History and Sociology of Science," in M. Shortland and A. Warwick eds., *Teaching the History of Science*, pp. 67-79, Oxford.
- Coriat, B., and Weinstein, O.(2004), " National Institutional Frameworks, Institutional Complementarities and Sectoral Systems of Innovation", in Malerba, F.(ed.)(2004), Sectoral Systems of Innovation, Cambridge University Press.
- Crane, D.(1965), "Scientists at Major and Minor Universities: A Study of Productivity and Recognition", *American Sociological Review*, Vol. 30.
- Crane, D.(1972), *Invisible Colleges: Diffusion of Knowledge in Scientific Communities*, University of Chicago Press.
- Delon, P.(1994), "Democracy and the Policy Sciences: Aspirations and Operations", *Policy Studies*, Vol. 22, No. 2.
- DiPrete, T. A and G. M. Eirich(2006), "Cumulative Advantage as a Mechanism for Inequality:

A Review of Theoretical and Empirical Developments", *Annual Review of Sociology*, Vol. 32.

- Dodgson, M. and Bessant, J.(1996), *Effective Innovation Policy: A New Approach*, International Thomson Business Press.
- Douglas, M.(1992), *Risk and Blame: Essays in Cultural Theory*, London: Routledge.
- Durant, John R., Geoffrey, Evans A. and Geoffrey, Thomas P.(1989), The Public Understanding of Science, *Nature*, Vol. 30, 6(July 1989), pp. 11-14.
- Edquist, C.(ed.)(1997), *Systems of Innovation: Technologies, Institutions and Organizations*, Cassel.
- Egan, M.(2009), "Why Barry Commoner Matters", *Organization & Environment*, Vol. 22, No. 1.
- Einsiedel, Edna F.(2000), Understanding "Publics" un the Public Understanding of Science, in Meinolf Dierkes and Claudia von Grote edit. *Between Understanding and Trust; The Public, Science and Technology*, Harwood Academic Publishers.
- Elzen, B., Geels, W. and Green, K.(2004), *System Innovation and the Transition to Sustainability: Theory, Evidence and Policy*, Edward Elgar.
- Epstein, Steven(1995), The Construction of Lay Expertise; Aids Activism and Forging of Credibility in the Reform of Clinical Trials, *Science, Technology & Human Values*, Vol. 20, No. 4, Autumn 1995, pp. 408-437.
- Etzkowiz, H., A. Webster, and P. Healey, eds.(1998), *Capitalizing Knowledge*, Albany: SUNY Press.
- European Commission(2002), *Innovation Tomorrow: Making Innovation an Integral Part of the Broader Structural Agenda*, European Commission.
- Faulkner, Wendy(2001), "The Technology Question in Feminism: A View from Feminist Technology Studies", *Women's Studies International Forum*, Vol. 24, No. 1, pp. 79-95.
- Faye, J.,(1988), "The Bohr-Høffding Relationship Reconsidered," *Studies in History and Philosophy of Science*, Vol. 19(3), pp. 321-346.
- Feenberg, A.(1999), *Questioning Technology*, London: Routledge.
- Fischer, F.(2000), *Citizens, Experts, and the Environment: The Politics of Local Knowledge*, Durham: Duke University Press.
- Fisher, E.(2005), Lessons Learned from the Ethical, Legal and Social Implications Program(ELSI): Planning Societal Implications Research for the National Nanotechnology

Program, *Technology in Society*, Vol. 27.

- Forman, Paul,(1971), "Weimar Culture, Causality, and Quantum Theory, 1918-1927", *Historical Studies in the Physical Sciences*, Vol. 3, pp. 1-116.
- Foucault, M.(2000), Faubion J. D.(eds.), Hurley, R.(Trans.), *Power: Essential Works of Foucault 1954-1984*, The New Press: New York.
- Foxon, T., and Pearson, P.(2008), "Overcoming Barriers to Innovation and Diffusions of Cleaner Technologies: Some Features of Sustainable Innovation Policy Regime", *Journal of Cleaner Production*, Vol. 16, No. 1.
- Frankenfeld, P.J.(1992), "Technological Citizenship: A Normative Framework for Risk Studies", *Science, Technology, & Human Values*, Vol. 17, No. 4.
- Freeman, C.(1987), *Technology Policy and Economic Performance: Lessons from Japan*, Pinter Publishers.
- Freudenthal, Gad(1979), "How Strong is Dr. Bloor's 'Strong Programme'", *Studies in the History and Philosophy of Science*, Vol. 10, pp. 67-83.
- Fuller, S.(1997), "Constructing the High Church-Low Church Distinction in STS Textbooks", *Technoscience*, Vol. 10, No. 3.
- Fuller, Steve(2005), Public Understanding of Science, Sal Restivo(edit), *Science Technology and Society An Encyclopedia*, Oxford University Press.
- Funtowicz, S. and Ravetz, J.(1992), "Three Types of Risk Assessment and the Emergence of Post-Normal Science", in Sheldon Krimsky and Dominic Golding edit, *Social Theories of Risk*, PRAEGER.
- Funtowicz, S. and Ravetz, J.(1999), "Post-Normal Science: an insight now maturing", *Futures*, Vol. 31, pp. 641-646.
- Galison, Peter(2004), *Einstein;s Clocks, Poincaré's Maps: Empires of Time*, W. W. Norton.
- Gaston, J.(1978), *The Reward System in British and American Science*, New York: A Wiley-Interscience Publication.
- Geels, F.(2004), "From Sectoral Systems of Innovation to Socio-technical Systems Insights about Dynamics and Change from Sociology and Institutional theory", *Research Policy*, Vol 33, No. 6-7.
- Goggin, M. ed.(1986), *Governing Science and Technology in a Democracy*, Knoxville: The University of Tennessee Press.

- Guston, D. and Sarewitz, D.(2002), "Real-time technology assessment", *Technology in Society*, Vol. 24, No.1.
- Hackett, E. J.(1987), "Funding and Academic Research in the Life Sciences: Results of an Exploratory Study", *Science & Technology Studies*, Vol. 5, No. 3/4.
- Hackett, E. J.(1990), "Science as a Vocation in the 1990s", *Journal of Higher Education*, Vol. 61, No. 3.
- Hackett, E. J., et al., eds.(2007), *The Handbook of Science and Technology Studies*, 3rd ed., Cambridge, MA: MIT Press.
- Hagstrom, W. O.(1965), *The Scientific Community*, New York: Basic Books.
- Hanson, N. R.,(1965), *Patterns of Discovery*, Cambridge.
- Hargens, L. L. and W. O. Hagstrom(1967), "Sponsored and Contest Mobility of American Academic Scientists", *Sociology of Education*, Vol. 40.
- Hesse, Mary,(1980), "The Strong Thesis of Sociology of Science", in her *Revolutions and Reconstructions in the Philosophy of Science*, pp. 29-60, Sussex.
- House of Lords Select Committee on Science and Technology 3rd Report(London; HMSO, 2000.
- Irwin, A.(1997), *Citizen Science*, New York: Routledge.
- Jasanoff S.(2005b), "Restoring Reason: Casual Narratives and Political Culture", in Hutter, Bridget & Michael Power(eds.), *Organizational Encounters with Risk*, Cambridge University Press.
- Jasanoff, S.(2005a), *Design on Nature: Science and Democracy in Europe and the United States*, Princeton University Press.
- Jasanoff, S., et al., eds.(1995), *Handbook of Science and Technology Studies*, London: Sage Publications.
- Johnson, D. G. and J. M. Wetmore(2008), STS and Ethics: Implications for Engineering Ethics. E. J. Hackett, et al.(eds.), *The Handbook of Science and Technology Studies*, 3rd ed., Cambridge, MA: MIT Press, 567-582.
- Jolly, J. C.(2002), "Linus Pauling and the Scientific Debate over Fallout Hazards", *Endeavour*, Vol. 26, No. 4.
- Kaiser, M.(2010), "Futures Assessed: How Technology Assessment, Ethics and Think Tanks Make Sense of an Unknown Future", in Kaiser, M., Maasen, S., and Kurath, M.,

Governing Future Technologies: Nanotechnology and the rise of an Assessment Regime, Springer.

- Kasperson, R. and Kasperson, J.(1996), "The Social Amplification and Attenuation of Risk", *Annals of the American Academy of Political and Social Science*, Vol. 545, pp. 95-105.
- Kasperson, R. and Stallen P.(1991), "Risk Communication: the evolution of attempts", in Kasperson, R. & Stallen P.(eds.), *Communicating Risks to the Public: International Perspectives*, Netherlands: Kluwer Academic Publishers, pp. 1-12.
- Kearnes, Mattew(2010), "Time of Science: Deliberation and the New Goverance of Nanotechnology", In Kaiser, M., Maasen, S., and Kurath, M. Governing Future Technologies: Nanotechnology and the rise of an Assessment Regime. Springer.
- Keith, B., J. S. Layn, N. Babchuk, and K. Johnson.(2002), "The Context of Scientific Achievement: Sex Status, Organizational Environments, and the Timing of Publication on Scholarship Outcomes", *Social Forces*, Vol. 80, No. 4.
- Kemp, R. and Loorbach, D.(2006), "Transition Management: a Reflexive Governance Approach", in Voss, J., Uauknecht, K. and Kemp, R(eds)(2006), *Reflexive Governance for Sustainable Development*, Edward Elgar.
- Kleinman, D. ed.(2000), *Science, Technology and Democracy*, New York: State University of New York Press.
- Kline, J. and Rosenberg, N.(1986), "An Overview of Innovation", in Landau, R. and Rosenberg, N.(eds)(1986), *The Positive Sum Strategy: Harnessing Technology for Economic Growth* , National Academy Press, Washington D.C.
- Kline, R. and T. J. Pinch(1996), "Users as Agents of Technological Change: The Social Construction of the Automobiles in the Rural United States", *Technology and Culture*, Vol. 37, No. 4.
- Krimsky S.(1984), "Epistemic Considerations on the Value of Folk-Wisdom in Science and Technology", *Policy Studies Review*, Vol. 3, No. 2.
- Krimsky, S.(2003), *Science in the Private Interest*, Lanham: Rowman & Littlefield.
- Krimsky, S. and Golding, D.(eds.)(1992), *Social Theories of Risk*, London: Praeger.
- Krohn, R.(1972), *The Social Shaping of Science*, Westport, CT: Greenwood.
- Kuhn, Thomas S.(1962), *The Structure of Scientific Revolutions*, Chicago.

- La Porte, T.(1994), "A Strawman Speaks Up: Comments on the The Limits of Safety", *Journal of Contingencies and Crisis Management*, Vol. 2, No. 4, 207-211.
- Latour, B.(1983), "Give Me a Laboratory and I Will Raise the World", K. Knorr-Cetina & M. Mulkay(ed.), *Science Observed*, London: Sage.
- Latour, B.(1986), "The Powers of Association", J. Law(ed.), *Power, Action and Belief: a New Sociology of Knowledge?*, Sociological Review Monograph 32, London: Routledge.
- Latour, B.(1987), *Science in Action: How to Follow Scientists and Engineers through Society*, Cambridge, Mass: Harvard University Press.
- Latour, B.(1988), *The Pasteurization of France*, Cambridge, Mass: Harvard University Press.
- Latour, B.(1998), "From the World of Science to the World of Research," *Science*, Vol 280, pp. 208-209.
- Latour, B.(1999), "For David Bloor.....and Beyond: A Reply to David Bloor's 'Anti-Latour'", *Studies in History and Philosophy of Science*, Vol. 30, No. 1, pp. 113-129.
- Latour, B.(2004), *Politics of Nature: How to Bring the Sciences into Democracy*, Cambridge, Mass: Harvard University Press.
- Latour, B. and Woolgar, S.(1979), *Laboratory Life: The Social Construction of Scientific Facts*, Princeton, NJ: Princeton University Press.
- Latour, B. and Woolgar, S.(1986), *Laboratory Life: The Construction of Scientific Facts*, 2nd ed. Princeton.
- Laudan, Larry,(1981), "The Pseudo-Science of Science," Philosophy of Social Science Vol. 11, pp. 173-198.
- Law, J.(1987), "Technology and Heterogeneous Engineering: the Case of Portuguese Expansion", W. Bijker, T. Hughes, and T. Pinch(eds.), *The Social Construction of Technological Systems: New Directions in the Sociology and History of Technology*, Cambridge, Mass: The MIT Press.
- Law, J.(2007), "Actor-Network Theory and Material Semiotics", Available at: http://heterogeneities.net/publications/Law2007ANTandMaterialSemiotics.pdf
- Law, J. and Callon, M.(1988), "Engineering and Sociology in a Military Aircraft Project: a Network Analysis of Technological Change", *Social Problems*, 35:3.
- Lear, L.(1993), "Rachel Carson's Silent Spring", *Environmental History Review*, Vol. 17, No. 2.

- Lindblom, C. E. and Woodhouse, E. J.(1993), *The Policy-Making Process. Englewood Cliffs*, NJ.: Prentice Hall.
- Long, J. S.(1978), "Productivity and Academic Position in the Scientific Career", *American Sociological Review*, Vol. 43.
- Long, J. S.(1990), "The Origins of Sex Differences in Science", *Social Forces*, Vol. 68.
- Long, J. S.(2001), *From Scarcity to Visibility: Gender Differences in the Careers of Doctoral Scientists and Engineers*, National Academy Press.
- Long, J. S. and M. F. Fox.(1995), "Scientific Career : Universalism and Particularism", *Annual Review of Sociology*, Vol. 21.
- Long, J. S. and R. McGinness.(1985), "The Effects of the Mentor on the Academic Career", *Scientometrics*, Vol. 7.
- Long, J. S., P. D. Allison, and R. McGinness(1979), "Entrance into the Academic Career", *American Sociological Review*, Vol. 44.
- Lundvall, B.(ed.)(1992), *National Systems of Innovation: Towards a Theory of Interactive Learning*, Pinter.
- MacKenzie, D. and J. Wajcman, eds.(1999), *The Social Shaping of Technology*, 2nd ed., Buckingham and Philadelphia: Open University Press.
- MacKenzie, Donald,(1978), "Statistical Theory and Social Interests: A Case Study," *Social Studies of Science*, Vol. 8, pp. 35-83.
- Martin, B.(1993), "The Critique of Science Becomes Academic", *Science, Technology and Human Values*, Vol. 18, No. 2.
- McCrea, F. B. and G. E. Markle(1989), "Atomic Scientists and Protest: The Bulletin as a Social Movement Organization", *Research in Social Movements, Conflict and Change*, Vol. 11.
- Michael, Mike(2002), Comprehension, Apprehension, Prehension; Heterogeneity and the Public Understanding of Science, *Science, Technology & Human Values*, Vol. 27, No. 3, Summer 2002, pp. 357-378.
- Miller, C. A.(2008), "Civic epistemologies: Constituting Knowledge and Order in Political Communities", *Social Compass*, Vol. 2, No. 6.
- Miller, D, John and Pardo Rafael(2000), Civic Scientific Literacy and Attitude to Science and Technology; A Comparative Analysis of the European Union, the United States, Japan, and

Canada, in Meinolf Dierkes and Claudia von Grote edit, *Between Understanding and Trust; The Public, Science and Technology*, Harwood Academic Publishers.

- Misa, Thomas(Eds.)(2010), *Gender Codes: Why Women Are Leaving Computing*, New Jersey: John Wiley & Sons.
- Mitcham, C.(1997), "Justifying Public Participation in Technical Decision Making.", *IEEE Technology and Society Magazine*, Spring.
- Mitcham, C.(2003), "Professional Idealism among Scientists and Engineers: A Neglected Tradition in STS Studies", *Technology in Society*, Vol. 25
- Mitroff, I.(1974), "Norms and Counter-Norms in a Selected Group of the Apollo Moon Scientists", *American Sociological Review*, Vol, 39.
- Moore, K.(1996), "Organizing Integrity: American Science and the Creation of Public Interest Organizations, 1955-1975", *American Journal of Sociology*, Vol. 101, No. 6.
- Moore, K.(2008), *Disrupting Science: Social Movements, American Scientists, and the Politics of the Military, 1945-1975*, Princeton: Princeton University Press.
- Morone, J. G. and E. J. Woodhouse(1986), *Averting Catastrophe: Strategies for Regulating Risky Technologies*, Berkeley, CA: University of California Press.
- Mulkay, M.(1976), "Norms and Ideology in Science", *Social Science Information*, Vol. 15.
- Nelson, R. and Sampat, B.(2001), "Making Sense of Institutions as a Factor Shaping Economic Performance", *Journal of Economic Behavior and Organization*, Vol. 44, 31-54.
- NRC(1983), *Risk Assessment in the Federal Government: Managing the Process*, National Academy Press.
- NRC(1989), *Improving Risk Communication*, National Academy Press.
- OECD(2005), *Governance of Innovation Systems*, Vol. 1, 2, 3., OECD.
- OECD(2006), *Government R&D Funding and Company Behavior: Measuring Behavioral Additionality*, OECD.
- Ormrod, Susan(1994), "Let's nuke the Discursive practices of gender in the creation of a new cooling process. in Cynthia Cockburn & Ruth Fürst Dilic(Eds.), *Bringing technology home: Gender and technology in a changing Europe*, pp. 42-58, Buckingham: Open University Press.
- Perrow, C.(1994), "The Limits of Safety: The Enhancement of a Theory of Accidents", *Journal of Contingencies and Crisis Management*, Vol. 2, No. 4, 212-220.

- Perrow, C.(1999), *Normal Accidents: Living with High-Risk Technologies*, Princeton: Princeton University Press.
- Plough, A. and Krimsky, S.(1987), "The Emergence of Risk Communication Studies: Social and Political Context", *Science, Technology, & Human Values*, Vol. 12, No. 3 & 4, 4-10.
- Polanyi, M.(1962), *Personal Knowledge*, Chicago: The University of Chicago Press.
- Quine, W. V. O.(1953), "Two Dogmas of Empiricism", in his *From a Logical Point of View*, pp. 20-46, Cambridge.
- Ravetz, J.(1999), "What is Post-Normal Science", *Futures*, Vol. 31, pp. 647-653.
- Renn, O.(2008), *Risk Governance: Copying with Uncertainty in a Complex World*, London: Earthscan.
- Reskin, B. F.(1977), "Scientific Productivity and the Reward Structure of Science", *American Sociological Review*, Vol. 42.
- Reskin, B. F.(1979), "Academic Sponsorship and Scientists's Careers", *Sociology of Education*, Vol. 52.
- Rip, A.(1986), "The Mutual Dependence of Risk Research and Political Context", *Science & Technology Studies*, Vol. 4, No. 3/4, 3-15.
- Rip, A., T.J. Misa and J. Schot(1995), Managing Technology In Society: The Approach of Constructive Technology Assessment. London: Pinter
- Rossiter, M. W.(1993), "The Matilda Effect in Science", *Social Studies of Science*, Vol. 23.
- Rotblat, J.(2001), "The Early Days of Pugwash", *Physics Today*(June).
- Royal Society(1985), *The Public Understanding of Science*, The Royal Society.
- Royal Society(1992), *Risk: Analysis, Perception and Management*, Report of a Royal Society Study Group.
- Schiebinger, Londa(1993), *Nature's Body: Sexual Politics and the making of modern science*, Boston: Beacon Press.
- Scott, A.(2000), "Risk Society or Angst Society?: Two Views of Risk, Consciousness, and Community", in Adam, B., Beck, U. & Van Loon, J.(eds.), *The Risk Society and Beyond: Critical Issues for Social Theory*, London: SAGE Publications, 33-46.
- Selin, C.(2007), "Expectations and the Emergence of Nanotechnology", *Science, Technology, Human Values*, Vol. 32, No. 2.

- Shapin, Steven,(1982), "History of Science and its Sociological Reconstructions", *History of Science*, Vol. 20, pp. 157-211.
- Shapin, Steven, and Schaffer, Simon,(1985), *Leviathan and the Air-Pump: Hobbes, Boyle, and the Experimental Life*, Princeton.
- Shore, C. and Wright. S.(eds.)(1997), *Anthropology of Policy: Critical Perspectives on Governance and Power*, New York: Routledge.
- Sismondo, S.(2004), *An Introduction to Science and Technology Studies*, Oxford: Blackwell Publishing.
- Sjöberg, Lennart(2002), The Allegedly Simple Structure of Expert's Risk Perception, An Urban Legend in Risk Research, *Science, Technology & Human Values*, Vol. 27, No. 4, Autumn 2002, pp. 443-459.
- Smits, R. Kuhlmann, S. and Shapira, P.(2010), *The Theory and Practice of Innovation Policy*, Edward Elgar.
- Spiegel-Rösing, I. and D. S. Price, eds.(1977), *Science, Technology and Society: A Cross-Disciplinary Perspective*, London: Sage Publications.
- Stead, D.(2007), "Institutional Aspects of Integrating Transport, Environment and Health Policies", *Transport Policy*, Vol. 15, No. 3.
- Stone, D. A.(2000), Policy Paradox; The Art of Political Decision Making. New York: Norton.
- Teece, D., Pisano, G., and Schuen, A.(1997), "Dynamic Capabilities and Strategic Management", *Strategic Management Journa* l, Vol. 18, No.7.
- Van Loon, J.(2002), *Risk and Technological Culture: Toward a Sociology of Virulence*, London; Routledge.
- Webster, Andrew(1991), *Science, Technology and Society: New Directions*, New Brunswick, NJ: Rutgers University Press.
- Wisnioski, M.(2003), "Inside "the System": Engineers, Scientists, and the Boundaries of Social Protest in the Long 1960s", *History and Technology*, Vol. 19, No. 4.
- Woodhouse, E.J., and D. C. Nieusma(2001), "Democratic Expertise," in Hischemoller et al.,(eds.), *Knowledge, Power, and Participation in Environmental Policy Analysis*, New Brunswick, NJ: Transaction Publishers.
- Wynne, B.(1989), "Sheepfarming After Chernobyl: A Case Study in Communicating

Scientific Information", *Environment*, Vol. 31, No. 2, pp. 10-15, 33-39.

- Wynne, B.(1991), "Knowledge in Context", in Helga Nowotny, Klaus Taschwer(edit.), *The Sociology of the Sciences*, Vol. 2(An Elgar Reference Collection).
- Wynne, B.(1991), "Knowledges in Context", *Science, Technology, & Human Values*, Vol. 19, No. 1.
- Wynne, B.(1992), B.(1992), "Public understanding of science research", *Public Understanding of Science*, Vol. 1, No. 1.
- Wynne, B.(1996), "May the Sheep Safely Graze: A Reflexive View of the Expert-Lay Knowledge Divide", In S. Lash, B. Szerzynski, B. Wynne(eds.) *Risk, Environment, and Modernity: Toward a New Ecology*, Newbury Park, CA: SAGE.
- Wynne, Brian(1995), Public Understanding of Science, in Jasanoff, S., Markle, G., Petersen, J. and Pinch, T.(eds), *Handbook of Science and Technology Studies*,(Sage, Thousand Oaks CA, London and New Delhi).
- Xie, Y. and K. A. Shauman.(1998), "Sex Difference in Research Productivity: New Evidence about Old Puzzle", *American Sociological Review*, Vol. 63.
- Young, Robert M.,(1969), "Malthus and the Evolutionists: The Common Context of Biological and Social Theory," *Past and Present*, Vol. 43, pp. 109-145.
- Ziman, J.(1991), *Public Understanding of Science, Science, Technology, & Human Values*, Vol. 16, No. 1, Winter 1991, pp. 99-105.
- Ziman, J.(1992), Not Knowing, Needing to Know, and Wanting to Know, in Bruce V. Lewenstein(eds), *When Science Meets the Public*, American Association for the Advancement of Science.
- Ziman, J.(2000), *Real Science: What it is, and what it means*, Cambridge: Cambridge University Press.

〈그림 출처 및 저작권〉

2-1. 한국과학기술연구원, 2-2. The Nobel Foundation, 3-3. North American AstroPhysical Observatory, 4-2. National Education Network, 4-3. Vestergaard Frandsen, 5-1. Callon et al.(2009: 69), 6-1. U.S. National Library of Medicine, 6-2. carpictures.com / Volvo, 7-3. A Civil Action(1998), 10-1. http://pugwash.org, 10-2. Owen Gingerich, Album of Science: The Physical Sciences in the Twentieth Century (New York: Charles Scribner's Sons, 1989), p. 267, 10-3. 게리 워스키, 『과학…… 좌파』(이매진, 2014), p. 134, 13-2. 성지은 · 송위진(2007).

찾아보기

ㄴ

ㄷ

ㄹ

ㅁ

ㅂ

ㅈ

ㅊ

ㅋ

ㅌ

ㅍ

ㅎ

과학기술학의 세계

과학기술과 사회를 이해하기

1판 1쇄 발행일 2014년 9월 11일
1판 3쇄 발행일 2025년 4월 14일

지은이 한국과학기술학회
엮은이 송성수 김명진

발행인 김학원
발행처 (주)휴머니스트출판그룹
출판등록 제313-2007-000007호(2007년 1월 5일)
주소 (03991) 서울시 마포구 동교로23길 76(연남동)
전화 02-335-4422 **팩스** 02-334-3427
저자·독자 서비스 humanist@humanistbooks.com
홈페이지 www.humanistbooks.com
유튜브 youtube.com/user/humanistma
페이스북 facebook.com/hmcv2001 **인스타그램** @humanist_insta

편집주간 황서현 **편집** 임은선 임재희 **디자인** 김태형 **조판** 홍영사
용지 화인페이퍼 **인쇄** 청아디앤피 **제본** 민성사

ISBN 978-89-5862-725-8 94400
978-89-5862-724-1 (세트)